Geschichtsbewußtsein in der deutschen Liter

# Geschichtsbewußtsein in der deutschen Literatur des Mittelalters

Tübinger Colloquium 1983

Herausgegeben von
Christoph Gerhardt, Nigel F. Palmer
und Burghart Wachinger

Max Niemeyer Verlag
Tübingen 1985

Dieses Buch erscheint gleichzeitig als Band 34 der Reihe
Publications of the Institute of Germanic Studies
University of London         (ISBN 0-85457-123-X)

CIP-Kurztitelaufnahme der Deutschen Bibliothek

*Geschichtsbewußtsein in der deutschen Literatur des Mittelalters* : Tübinger Colloquium 1983 / hrsg.
von Christoph Gerhardt ... – Tübingen : Niemeyer, 1985.

NE: Gerhardt, Christoph [Hrsg.]

ISBN 3-484-10479-1

# Vorwort

Seit 1966 treffen sich germanistische Mediävisten aus dem englischen und deutschen Sprachraum alle zwei bis drei Jahre zu Colloquien, abwechselnd diesseits und jenseits des Ärmelkanals. Der Teilnehmerkreis variiert, man achtet darauf, daß immer wieder auch jüngere Kollegen und Doktoranden eingeladen werden, für die es sich dann manchmal um die erste wissenschaftliche Tagung handelt, an der sie teilnehmen. Nach der Verabredung von Dublin 1981 galt die achte Begegnung dieser Reihe dem Thema Geschichtsbewußtsein in der deutschen Literatur des Mittelalters und wurde von den Tübinger Germanisten organisiert, von Walter Haug, Hans-Joachim Ziegeler und mir. Das Colloquium fand vom 12. bis 16. September 1983 in der Tagungsstätte der Stephanus-Gemeinschaft Heiligkreuztal bei Riedlingen/Donau statt. Es war wieder geprägt von Vorträgen, intensiven Diskussionen und vielen anregenden und freundschaftlichen Gesprächen am Rande. Neben den Teilnehmern selbst – sie sind am Schluß des Bandes verzeichnet – haben gewiß die Abgeschiedenheit des Orts und der von neuem freundlichen Leben erfüllte mittelalterliche Rahmen des ehemaligen Zisterzienserinnenklosters, den uns der Leiter der Tagungsstätte, Herr A. Bacher, in einer sachkundigen Führung nahegebracht hat, zu der zugleich konzentrierten und heiteren Atmosphäre beigetragen. Traditionsgemäß fand auch eine Exkursion statt. Sie führte auf die Reichenau und nach St. Gallen, wo wir Handschriften zur mittelalterlichen Geschichtsschreibung betrachten konnten und von Herrn Stiftsbibliothekar Dr. P. Ochsenbein mit unvergeßlicher Intensität und Lebendigkeit durch die Ausstellung ›St. Galler Klosterschule‹ und durch das neue Lapidarium geführt wurden.

Im vorliegenden Band sind die meisten Vorträge der Tagung abgedruckt. Den Druckfassungen sind die intensiven Diskussionen, zu denen alle Teilnehmer beigetragen haben, zugute gekommen. Leider haben einige Referenten sich nicht entschließen können, uns ihre Manuskripte zu überlassen, weil sie wegen der Überlast anderweitiger Verpflichtungen nicht zu einer Bearbeitung Zeit fanden. Es fehlen von den gehaltenen Vorträgen: David P. Sudermann, Heidnisch-christlicher Dualismus im mittelhochdeutschen Rolandslied; Volker Mertens, Aventiure und Zeitgeschichte in Wolframs ›Parzival‹; John Margetts, Zur Humanität der Heiden-Schilderung in den Schlacht-Szenen von Wolframs ›Willehalm‹; Roy A. Wisbey, Erlebte Modelle der Vergangenheit in

Gottfrieds ›Tristan‹; Nikolaus Henkel, Geschichte und memoria – Aspekte mittelalterlichen Geschichtsbewußtseins in Totenklagen des 13. Jahrhunderts. Neben der sachlichen Einbuße bedauern wir besonders, daß sich dadurch die Gewichte zu ungunsten der englischsprachigen Teilnehmer verschoben haben. Doch hoffen wir, daß der Band auch so noch Zeugnis gibt von den Tagen gemeinsamer Arbeit.

Eine gleichmäßige und systematische Behandlung des Themas Geschichtsbewußtsein in der deutschen Literatur des Mittelalters kann ein Tagungsband wie dieser nicht leisten. Er vermag aber Schwerpunkte gegenwärtigen Forschungsinteresses sichtbar werden zu lassen. Daß keiner der Beiträge die großen Geschichtskonzeptionen des Mittelalters als solche vorstellt und diskutiert, wird nur den Außenstehenden überraschen. Mindestens ebenso relevant wie die universalen Deutungen selbst sind für die volkssprachliche Literatur deren Brechungen, Kontaminationen und Reduktionen in verschiedenen Gattungen und die manchmal bescheidenen Ansätze geschichtlichen Denkens, die sich aus romanhaftem und autobiographischem Erzählen heraus entwickeln oder bei der Begegnung heldenepischer Tradition mit der Chronistik sichtbar werden. Davon ist in diesem Band die Rede.

Organisatoren und Herausgeber sind zu vielfältigem Dank verpflichtet. Wir danken der Deutschen Forschungsgemeinschaft, die die Tagung finanziell großzügig unterstützt hat; den freundlichen Gastgebern in Heiligkreuztal und St. Gallen; Kurt Gärtner, der die Codierungen für den Lichtsatz vorgenommen und die Schreibarbeiten und Korrekturen organisiert hat; Dorothea Heinz, die die Last des Schreibens auf sich genommen hat; Ralf Plate, der eine Korrektur des Bandes mitgelesen hat; Paul Sappler, der die Daten an die neuen Tübinger Satzprogramme angepaßt und für die Herstellung der Korrekturausdrucke gesorgt hat; und dem Verlag, der das Buch auch ohne Druckkostenzuschuß in sein Programm aufgenommen und bestens betreut hat.

Burghart Wachinger

# Inhalt

# Geschichte bei Notker Labeo?*

von

PETER GANZ (OXFORD)

Für SIEGFRIED BEYSCHLAG

Notker Labeo hat weder eine Chronik verfaßt noch eine Geschichtstheologie geschrieben, und auf die Frage nach seinem Geschichtsverständnis hätte er sicher lächelnd den Kopf geschüttelt, denn die Antwort wäre ihm ja wohl nur allzu selbstverständlich gewesen. Trotzdem scheint es nicht illegitim, seine Schriften - anachronistisch - danach zu befragen, denn er lebte in einer Klostergemeinschaft mit einer lebendigen historiographischen Tradition, und er selbst berichtete seinen Schülern über die Geschichte der alten Völker und erläuterte ihnen die staatlichen Einrichtungen des Römischen Reichs. Auch über die Theologie der Geschichte muß er nachgedacht haben, denn er hatte sowohl Augustins Gottesstaat wie auch ›Historiarum adversus paganos libri VII‹ des Orosius gelesen. Dabei liegt Notkers Originalität nicht etwa in den Texten, die er kommentiert, noch auch in den Quellen, die er ausschöpfte, sondern in der souveränen Kunst, mit der er übersetzt, und in der einheitlichen Konzeption, die seine Interpretationen miteinander verzahnt und zusammenhält, und der Versuch, aus seinem Werk die Elemente seines Geschichtsbilds zusammenzusetzen, könnte uns ermöglichen, die Umrisse seiner geistigen Gestalt genauer nachzuzeichnen.

Die traditionelle Methode der Kommentierung verlangt, daß Namen erklärt, und Anspielungen auf historische Ereignisse erläutert werden. In der fünften Prosa des dritten Buchs der ›Consolatio‹ zum Beispiel spricht Boethius von einem ungenannten Tyrannen, ›der die Angst des Herrschers durch den Schrekken des Schwertes darstellt, das immer über seinem Haupte schwebt.‹ Im Kommentar erfährt der Leser dann, daß Dionysos von Syrakus gemeint ist, und Notker erzählt die Geschichte vom Schwert des Damokles:

*Dionisius tér bínumftlicho uuîelt sicilie . únde bedíu sînes keuuáltes fréisâ bechánda . dér máz tîe fórhtûn . dîe ér umbe sîn rîche dóleta . ze dîen fórhtôn . dés óbe hóubete hángenten suértes. Ér hángta iz témo über hóubet pe éinemo smálemo fádeme . tér ze ímo chád . táz er sâlîg uuâre . únde frâgeta ín . uuîo sâlîg píst tu nû? Uuîo sâlîg mág íh sîn chád ér . únz íh tíz suért fúrhto? Álso sâlîg pín íh chád dionisius . tés sélben fúrhtendo.*[1]

* Peter Blickle und Walther Killy danke ich herzlich für fördernde Kritik.
[1] Notkers des Deutschen Werke. Hrsg. EDWARD HENRY SEHRT und TAYLOR STARCK. Bd. I,2. Halle/Saale 1933 (ATB 33), S. 165f.

Das historische Exemplum lehrt hier, daß die Mächtigen nicht glücklich sind und diejenigen fürchten müssen, denen sie Furcht einflößen.

In seiner Apologie berichtet Boethius (I,4) der Philosophia, er sei angeklagt, weil er die Sicherheit des Senats habe schützen und die Anklage wegen Hochverrats verhindern wollen. Der Kommentar erklärt, was Hochverrat ist, und wie es zu dieser Anklage kam:

> Hóubet-scúlde sínt . dáz man án den geuuált rátet. Taz rûmiska hêrôte uuólta síh chlágôn . mit príeuen ze démo chéisere . dér dioteriche ze sînên tríuuôn daz lánt peuálh . únde die líute . dáz er ín íro libertatem benómen hábeti . dúrh táz áhtôta der chúning sélben boetium únde ándere senatores reos maiestatis.[2]

In dem Psalmenkommentar folgt auf solche historischen Anmerkungen meist noch eine allegorische Interpretation. ›Kommt her und schauet die Werke des Herrn‹, heißt es im 45.(46.) Psalm, ›der auf Erden solch Zerstören anrichtet, der den Kriegen steuert in aller Welt, der den Bogen zerbricht, Spieße zerschlägt und Wagen mit Feuer verbrennt.‹ Für das lateinische *auferens bella usque ad finem terrae* (Psalm 45,10) gibt Notker eine präzise historische Erklärung: *Daz uuas in sinero aduentu . dô fóne augusto iani porta betân uuard.*[3] Es folgt dann die geistliche Deutung *Alde spiritaliter . daz sih sinero fidelium nehéiner ze sînen geuuâfenen nefersíhet . núbe ze Gótes scérme.*

Solche historischen Erklärungen sind anekdotisch und bleiben isoliert. Notker übernahm sie meistens aus den Kommentaren, die er benutzte, so für den Psalter hauptsächlich aus den ›Enarrationes in psalmos‹ Augustins, der ›Expositio psalmorum‹ Cassiodors, und für Boethius und Martianus Capella aus den Kommentaren des Remigius von Auxerre.[4] Der *tyrannus expertus periculorum suę sortis* ist im Kommentar des Remigius von Auxerre mit Dionysius identifiziert. Dort wird auch die Anekdote vom Schwert des Damokles berichtet:

> quadam autem die quendam amicorum suorum interrogavit, si esset felix? Qui ait: quidni? Ille iussit ... gladium acutissimum tenuissimo filo ligatum supra verticem eius suspendi et interrogavit eum, si videretur sibi beatus esse. Qui respondit nullo modo se beatum esse, qui aestimaret casu gladii cito se moriturum. Cui Dionysius inquit: qualem tu nunc habes timorem, talem ego nunc assidue patior.[5]

Auch die Definition des Hochverrats steht bei Remigius *reus majestatis quis dicebatur, qui contra rem publicam et contra regem aliquid sensisset.*

Die Begründung dafür, daß Martianus *romanus uuás dignitate* stammt – wie die Einleitung zu den ›Nuptiae‹ überhaupt – aus Remigius:

---

[2] SEHRT/STARCK. Bd. I,1. Halle/Saale 1933 (ATB 32), S. 33,6f.
[3] SEHRT/STARCK. Bd. III,2. Halle/Saale 1954 (ATB 42), S. 296,4f.
[4] Vgl. PETRUS W. TAX im Vorwort zu seinem Notker latinus. Die Quellen zu den Psalmen. Bd. 8 A der Werke Notkers des Deutschen. Neue Ausgabe. Tübingen 1972 (ATB 74), S. XIXff.; HANS NAUMANN: Notkers Boethius. Untersuchungen über Quellen und Stil. Straßburg 1913 (QF 121).
[5] Zitiert nach NAUMANN [Anm. 4], S. 45.

*Martianus iste genere Afer, civis vero Carthaginiensis, dignitate tamen romanus extitit, quod ostenditur ex eo quod tetranomos, id est quadrinomius fuit; nulli enim hoc nisi Romano civi licebat. Floruit autem partim Romae, partim in Italia, partim Carthagini.*[6]

Es ist nun keineswegs so, daß Notker einfach einen Kommentar ausschreibt, sondern man findet immer wieder, daß er mehrere Quellen kombiniert und sie dann auch mit eigenen Beispielen und Reminiszenzen aus seiner Lektüre, aus der Bibel, aus Isidor von Sevilla, aus Servius und anderen Werken anreichert.[7] So fand er die Beziehung von Ps. 46,10 auf die Geburt Christi bei Cassiodor: *Siue hoc historica potest ueritate cognosci, quia natiuitate Domini regnante Augusto orbis legitur fuisse pacatus.*[8] Daß aber der Kaiser Augustus damals die *iani porta* schließen ließ, weil nun Frieden herrschte, wußte Notker aus Orosius, der berichtet, daß

> *toto terrarum orbe una pax omnium non cessatione sed abolitione bellorum, clausae Iani geminae portae extirpatis bellorum radicibus non repressis census ille primus et maximus, cum in hoc unum Caesaris nomen uniuersa magnarum gentium creatura iurauit simulque per communionem census unius societatis effecta est.*[9]

Von antiken Historikern nennt Notker Sallust, Livius und Sueton. Sallust liefert nur ein einziges Beispiel: in dem Exkurs *Quid sit inter rhetoricam suadelam et philosophicam disputationem*, den Notker nach dem fünften Metrum des zweiten Buchs der ›Consolatio‹ einschiebt, berichtet er von den Einwänden, die gegen Ciceros Konsulat im Jahr 63 vor Christi Geburt erhoben wurden und beruft sich dabei auf

> *salustius in catilinario : Álso iz úmbe ciceronem fûor . dô man ín úmbe dîa nôt ze consule sázta . dáz síe síh mít nîomanne ándermo netrûuuetôn catilinę eruuéren . únde sînên gnôzen . âne mít imo. Súme lóbetôn ín dúrh sînen uuîstuom . súme châden . álso salustius ságet in catilinario . consulatum uiolari . eo quod de equestri ordine ortus sit . non de senatorio.*[10]

Das Beispiel soll hier den Unterschied zwischen *suasio* und *dissuasio* erklären. Allerdings ist die lateinische indirekte Rede kein Zitat aus Sallust, denn dort heißt es:[11]

> *Ea res in primis studia hominum adcendit ad consulatum mandandum M. Tullio Ciceroni. namque antea pleraque nobilitas invidia aestuabat, et quasi pollui consulatum credebant, si eum quamvis egregius homo novos adeptus foret.*

Wahrscheinlich paraphrasiert Notker hier aus dem Gedächtnis und ersetzt so *violari* durch das naheliegende *pollui*. Für selbständige Lektüre spricht, daß das ganze Kapitel und auch die Überschrift von ihm stammen.[12]

---

[6] Zitiert nach Remigii Autissiodorensis Commentum in Martianum Capellam Libri I-III. Ed. CORA E. LUTZ. Leiden 1962, S. 66.

[7] Zu seiner Arbeitsweise vgl. jetzt insbesondere TAX [Anm. 4], S. XXXIIff.

[8] Cassiodor: Expositio psalmorum. Hrsg. MARCUS ADRIAEN. Turnhout 1958 (CCL 97), S. 419.

[9] VII, 2, 16 (Hrsg. CARL ZANGEMEISTER. Wien 1882 [CSEL 5], S. 437).

[10] Consolatio II,39 (SEHRT/STARCK, S. 110,32ff.).

[11] 23, 5-6 (Hrsg. ALFONS KURFESS. Leipzig 1957).

Livius wird dreimal genannt. Das erste Mal liefert er das Beispiel einer *deliberatio* in der Beschreibung des Streits über die Auswanderung der Römer nach Veii, als die Gallier Rom zerstört hatten:

> *Álso liuius scríbet . uuîo míchel strît tés ze romo uuás . nâh tíu galli dia búrg fer-brándôn . uuéder sie romam rûmen sóltîn . únde uáren in veientanam ciuitatem . tíu dô gánz in íro geuuálte uuás . unde dâr furder sízzen álde nesóltîn. Uuér máhti an démo strîte chéden . uuéder iz réht . álde únréht uuâre?*[13]

Auch hier eine freie Wiedergabe, denn Livius beschreibt sehr ausführlich, wie Camillus seine Vaterstadt zum zweiten Male rettete, als er durch eine glänzende Rede die Römer davon abhielt, ihre Stadt in Veii neu zu gründen.[14]

Livius-Lektüre bezeugt auch der lange Einschub im zweiten Buch der ›Consolatio‹ über die Abschaffung der römischen Monarchie und die Gründung der Republik:[15]

> *Liuius ságet . uuîo tarquinius superbus . tér ze romo uuás septimus rex a romulo . fertríben uuárd fóne bruto . únde collatino . únde tricipitino . únde fóne ánderên con-iuratis ciuibus . úmbe sîna úbermûoti . fóne déro ér námen hábeta . únde uuîo sie síh éinotôn . fúre die reges consules ze hábenne . díe iârliche keuuéhselôt uuúrtîn . nîo sîe lángo geuuáltigô uuésendo . ze úbermûote neuuúrten.*

Daß dies das *ánagénne dero libertatis*[16] war, sagt auch Livius im darauffolgenden ersten Kapitel des zweiten Buchs:

> *Libertatis autem originem inde magis quia annum imperium consulare factum est, quam quod dominatum quicquam sit ex regia potestate numeres.*

In der vierten Prosa des dritten Buchs schiebt Notker zwei ausführliche und selbständige Exkurse ein: *De comitiis* und *De ordine ciuium romanorum*. Die Quellen werden sich im einzelnen kaum bestimmen lassen, denn offenbar hat Notker hier Details zusammengestellt, die er sich wohl bei der Lektüre ge-

---

[12] Die St. Galler Stiftsbibliothek besitzt heute zwei (saec. XI in.); vgl. HEINRICH BRAUER: Die Bücherei von St. Gallen und das althochdeutsche Schrifttum. Halle/Saale 1926 [Hermaea 17], S. 75; s. auch AUGUST NAABER: Die Quellen von Notkers ›Boethius de consolatione philoso-phiae‹. Diss. Münster. Borna/Leipzig 1911, S. 51; 65; STEFAN SONDEREGGER: Notker der Deut-sche und Cicero. Aspekte einer mittelalterlichen Rezeption. In: Florilegium Sangallense. FS J. Duft. St. Gallen/Sigmaringen 1980, S. 243f. Über Sallust als Schulautor im 11. Jahrhundert vgl. GÜNTER GLAUCHE: Schullektüre im Mittelalter. Entstehung und Wandlungen des Lektü-rekanons bis 1200 nach den Quellen dargestellt. München 1970 (Münchener Beiträge zur Mediävistik und Renaissance-Forschung 5), S. 72f.; 79f.; BERYL SMALLEY: Sallust in the Middle Ages. In: ROBERT RALPH BOLGAR: Classical Influence on European Culture A.D. 500–1500. Cambridge 1971, S. 165ff.

[13] Consolatio II,39 (SEHRT/STARCK, S. 110,17f.).

[14] V, 49–55.

[15] cap. 41 (SEHRT/STARCK, S. 113,14f.); vgl. NAABER [Anm. 12], S. 24. WALTER SCHLESINGER ver-sucht zu zeigen, daß hinter dem Notkerschen *coniuratis civibus* eine Anspielung auf eine - für diese Zeit allerdings nicht bezeugte - Schwurvereinigung der Bürger von Konstanz steht; Burg und Stadt. In: Aus Verfassungs- und Landesgeschichte. FS Th. Mayer. Sigmaringen 1973, Bd. I, S. 97ff.

[16] SEHRT/STARCK, S. 113,12f.

merkt oder notiert hatte. Am Anfang des ersten Exkurses sagt er lakonisch: *Fóne liuio . únde fóne ánderên historicis uuízen uuír.*[17] Vieles konnte er in den ersten Büchern der römischen Geschichte finden,[18] anderes stammt wohl aus Isidor von Sevilla, der im neunten Buch seiner Enzyklopädie die Einteilung der römischen Bürgerschaft und die verschiedenen Ämter beschreibt.[19]

Am häufigsten aber nennt Notker Sueton, von dem er sicher die Biographie des Augustus und wahrscheinlich auch die ›Vita Neronis‹ kannte. Gleich in der Einleitung zu den ›Nuptiae‹ des Martianus Capella sagt er, derjenige könne leicht die Bedeutung der *civitas romana* erfahren, *dér suetonium líset . de uita caesaris augusti.*[20] Gemeint ist wohl das siebenundvierzigste Kapitel, wo Sueton berichtet, daß Augustus denjenigen Städten, die sich Verdienste um das römische Volk erworben hatten, *latinitate vel civitate donavit.*

In der ›Consolatio‹ wird die Biographie des Augustus insgesamt dreimal erwähnt. Im dritten Buch heißt es: *Sub augusto uuás tero senatorum numerus mille . únde íro census . tén sie iârlichen infáhen sóltôn . tés uuás sô suetonius ságet octingentorvm milivm summa.*[21] Zwei verschiedene Angaben sind hier zusammengefügt: *senatorum affluentem numerum deformi et incondita turba ad modum pristinum et splendorem redegit* (cap. 35) und *senatorum censum ampliavit ac pro octingentorum milium summa duodecies sestertium taxavit supplevitque non habentibus* (cap. 41). In demselben Kapitel wird Sueton anscheinend auch noch einmal ungenannt benutzt: *Únz án augustum sô gnûogta romanis tero frûondo ze deme iâre . díu áfter italia únde sicilia gesámenôt uuárd . sô fóne ímo egypts uuárd redacta in prouinciam . dáz chît in flíhtlánt . tô gesázta er ín dánnân abundantiam . ad septem menses.* In der ›Vita diui Augusti‹ heißt es: *Aegyptum in provinciae formam redactam ut ferciorem habilioremque annonae urbicae redderet, fossas omnis, in quas Nilus exaestuat, oblimatas longa vetustate militari opere detersit.*[22]

Im folgenden Kapitel, dem Exkurs *De comitiis,* bezeugt ein Verweis auf Sueton die Strenge des Augustus: *Fóne díu zíhet suetonius augustum . dáz er acerrimus uuâre in suo triumuiratu.*[23] Notkers *acerrimus* verstärkt noch das *acerbius* der ›Vita‹: *triumviratum rei publicae constituendae, in quo restitit quidem aliquandiu collegis, ne qua fieret proscriptio, sed inceptam utroque acerbius exercuit.*[24] Etwas später im selben Buch bringt Notker auch ein längeres Sueton-Zitat als Beleg für die Freigebigkeit des Kaisers:

---

[17] SEHRT/STARCK, S. 161,1f.
[18] s. NAABER [Anm. 12], S. 28ff.; S. 64.
[19] Etymologiae (Hrsg. WALLACE M. LINDSAY. Oxford 1911), IX,iii De regnis militiaeque vocabulis; IX,iv De civibus.
[20] Hrsg. JAMES C. KING. Tübingen 1979 (ATB 87), S. 2,17f.
[21] III,40 (SEHRT/STARCK, S. 160,16f.).
[22] c. 18; NAABER [Anm. 12], S. 26.
[23] III,41 (SEHRT/STARCK, S. 162,10ff.).
[24] c. 27; NAABER [Anm. 12], S. 26.

*Fóne díu ságet suetonius . fóne déro mílti cęsaris augusti . his uerbis . Itaque corollaria et premia in alienis quoque muneribus . ac ludis . et crebra et grandia de suo offere-bat . nullique greco certamini interfuit . quo non pro merito quemque certantium honorarit.*[25]

Die Biographie Neros wird zitiert, um dessen Unmenschlichkeit ausführlich zu exemplifizieren:

*Suetonivs ságet . táz er sînero mûoter díccho uergében uuólti . uuánda sî in sînero síto inchónda. Tô ímo dés nespûota . únde sî dára-gágene uuás antidotis premunita . dô hîez er sia gladio sláhen. Târ-míte uuás ín fúre-uuízze állero íro lído . pedíu gieng er úber sia tôta . únde ergréifôta sia álla . únde dúrh-uuárteta si álla . únde chád tô . dáz súmeliche íro líde uuârîn uuóla gescáffen . súmeliche úbelo.*[26]

Sueton erzählt, wie Nero beschloß, seine Mutter Agrippina zu ermorden und dreimal vergeblich versuchte sie zu vergiften, bis er entdeckte, daß sie *antidotis praemunita* war.[27] Aber noch Fürchterlicheres weiß er zu berichten: *ad visen-dum interfectae cadaver accurrisse, contrectasse membra, alia vituperasse, alia laudasse, sitique interim oborta bibisse.* Und auch das übernimmt Notker in sein Bild des Tyrannen.

Die Funktion der antiken Historiker in Notkers Kommentaren ist nun deut-lich geworden: bei ihnen findet der Student der Rhetorik vorbildliche Reden, und aus ihren Schriften schöpft der Lehrer Exempla abschreckender Laster und großer Tugenden. Für Notker, wie für den Lehrbetrieb seiner Zeit über-haupt, gehörte die Historie vornehmlich zum Studium der Grammatik, so wie Rhabanus Maurus sie definierte als *scientia interpretandi poetas atque histo-ricos et recte scribendi loquendique.*[28] Historia ist wesentlich die Geschichte der antiken Welt, die zur literarischen und moralischen Belehrung tradiert wird. Beispiele aus der Geschichte des fränkischen Reichs bringt Notker nicht, ob-wohl er oft genug Bekanntes aus seiner Umwelt zum Vergleich heranzieht, wie zum Beispiel die Landvermessung mit Ruten,[29] die Spatzen, die gerne in der Kirche Zuflucht suchen[30] oder, daß der Blitz oft dem Regen vorausgeht.[31] Indem das geschichtliche Wissen wesentlich aus den klassischen *auctoritates* geschöpft wird, bestimmt der Kanon auch schon, was tradiert wird, und dies erklärt auch wohl das Verschweigen der fränkischen Geschichte. Aber die Klostermauern scheinen eben auch Notkers Blickfeld zu begrenzen.

---

[25] II,87 (SEHRT/STARCK, S. 207,2ff.) aus Sueton c. 45.

[26] II,43 (SEHRT/STARCK, S. 119,13ff.).

[27] c. 34; *et cum ter veneno temptasset sentiretque antidotis praemunitam.*

[28] De clericorum institutione III,18 (PL 107, 395 B); vgl. EVA MATTHEWS SANFORD: The Study of Ancient History in the Middle Ages. Journal of the History of Ideas 5, 1944, S. 21ff.; HANS WOLTER: Die geschichtliche Bildung im Rahmen der Artes liberales. In: JOSEF KOCH (Hrsg.): Artes liberales. Von der antiken Bildung zur Wissenschaft des Mittelalters. Leiden/Köln 1976, S. 50ff.

[29] Ps. 87,54 (SEHRT/STARCK, S. 551,11f.).

[30] Ps. 101 (SEHRT/STARCK. Bd. III,3. Halle/Saale 1955 (ATB 43), S. 728,2f.).

[31] Ps. 134,7 (SEHRT/STARCK, S. 986,4f.).

Eine andere und wohl besondere Bedeutung besaßen die ›Historiae adversus paganos‹ des Orosius, die Notker sehr genau gekannt haben muß. In der St. Galler Orosius-Handschrift 621 hat er sogar an einer Stelle den Text eigenhändig gebessert, wie sein Schüler Ekkehart IV. bezeugt: *Has duas lineas amandus domnus Notkerus scripsit. Uivat anima eius in domino.*[32] Auf Notkers Wunsch hat Ekkehart dann auch den ganzen Text mit Hilfe von zwei weiteren Handschriften korrigiert:

> *plura in hoc libro fatuitate cuiusdam, ut sibi videbatur, male sane acscripta Domnus Notkerus abradi et utiliora iussit in locis ascribi. Assumptis ergo duobus exemplaribus quae Deo dante valuimus tanti viri iudicio fecimus.*[33]

Daß Notker auf die Lektüre der ›Historiae‹ besonderen Wert legte, geht auch daraus hervor, daß er, der sonst seine Autoritäten ganz unpersönlich zitiert,[34] sich bei der Erwähnung des Orosius direkt an den Leser wendet, mit der Aufforderung, ihn selbst zu lesen. *Lís orosium*, sagt er zweimal im Boethius-Kommentar.[35]

Auch Orosius scheint nützliche Einzelheiten zur Interpretation der ›Consolatio‹ beigesteuert zu haben. Er gehört wohl zu den *historici*, die über das Schicksal des Makedonierkönigs Perseus und seine Gefangennahme durch L. Aemilius Paullus berichten.

> *Historici héizent ín perseum . náls persum. Síe ságent óuh uuîo díccho er ándere consules fóre úber-sigenôta . únde sô ín paulus kefángenen ze romo brâhta . uuîo er in custodia erstárb . únde sîn sún úmbe ármhéit smidôn lírneta . únde síh tés néreta.*[36]

Auch Livius berichtet, daß Aemilius Paullus bei der Gefangennahme des Königs seine Leute auf dies *exemplum insigne mutationis rerum humanarum* hinwies,[37] aber die Nachricht, daß der Sohn des Perseus in Rom das Schmiedehandwerk erlernte, fehlt bei ihm, steht aber in der Chronik des Orosius.[38] Aus Orosius stammen wohl auch die Zusätze, daß Croesus den Babyloniern zu Hilfe kam,[39] und daß Pompeius auf der Flucht in Aegypten umgebracht wurde.[40] Wenn aber Notker seinen Lesern die ›Historiae adversus paganos‹ so

---

[32] Johann Kelle: Die S. Galler Deutschen Schriften und Notker Labeo, Abh. der phil. hist. Cl. d. Königl. Bayerischen Akademie d. Wissenschaften 18, 1890, S. 207ff., Tafel VI.

[33] Sangallensis 621, S. 351; J. N. C. Clark: The Annotations of Ekkehart IV in the Orosius Ms., St. Gall 621. Bulletin du Cange 7, 1932, S. 5f.

[34] z.B. *Táz íst in periermeniis keskríben* (Boethius III,63; Sehrt/Starck, S. 182,7f.): *so priscianus chît* (Boethius III,103; Sehrt/Starck, S. 220,18) oder *Tánnân ságeta aristotiles in cathegoriis* (Boethius V,24; Sehrt/Starck. Bd. I,3 Halle/Saale 1935 [ATB 34], S. 367,17).

[35] Consolatio I, 25 (Sehrt/Starck, S. 46,26) und II,41 (Sehrt/Starck, S. 116,4).

[36] Consolatio II,7 (Sehrt/Starck, S. 70,4f.).

[37] XLV, 8, 6.

[38] IV, 20, 39: *Filius eius iunior fabricam aerariam ob tolerandam inopiam Romae didicit*; vgl. auch Naaber [Anm. 12], S. 25.

[39] Consolatio II,7 (Sehrt/Starck, S. 69,1f.) und Orosius II, 6, 12, vgl. Naaber [Anm. 12], S. 15; Naumann [Anm. 4], S. 64.

[40] Consolatio II,49 (Sehrt/Starck, S. 130,1f.) und Orosius VI,15,27; 15,27; vgl. Naaber [Anm. 12], S. 24; Naumann [Anm. 4], S. 64.

nachdrücklich ans Herz legte, dann muß es wohl besondere Gründe dafür geben. Der Kontext der Stellen, auf die Notker mit *Lis orosium* hinweist, könnte hier weiterhelfen. Das erste Mal bezieht er sich auf die Kapitel der Chronik, die den peloponnesischen Krieg und die Einsetzung der dreißig Tyrannen in Athen behandeln. Sie enden mit einer *moralisatio* über Krieg und Frieden. Solche Konflikte, sagt Orosius, können nur ausbrechen *irato atque auersato Deo*, und sie können nur beigelegt werden, wenn Gott sich *miserans* und *propitius* erweist.[41] Das zweite Mal steht das *Lis orosium* ohne Zusatz in der Übersetzung der sechsten Prosa des zweiten Buchs, wo Philosophia das Schicksal des M. Atilius Regulus als Beispiel für den plötzlichen Glückswandel anführt, der auch einen Mächtigen im Krieg treffen kann.[42] Orosius erzählt ziemlich ausführlich:

> *Regulus aduersum tres imperatores, id est Hasdrubales duos et accitum ex Sicilia Hamilcarem, atrocissimum bellum gessit, in quo caesa sunt Carthaginiensium decem et septem milia, capta autem quinque milia, decem et octo elephanti abducti, oppida octoginta et duo in deditionem cassere Romanis. ... Regulus ille dux nobilis cum quingentis uiris captus est et in catenas coniectus demum anno Punici belli nobilem triumphum Carthaginiensibus praebuit.*[43]

Auch hier folgt in der Chronik eine lange ›moralisatio‹ über die *dolores* und *cruciatus* der Kriege, die die heidnische Welt fast ununterbrochen heimsuchten.[44] Erst unter Augustus wurde das Ianustor wieder geschlossen, aber seine Friedensherrschaft sei nicht ihm selbst zuzuschreiben, *non magnitudine Caesaris, sed potestate filii Dei, qui in diebus Caesaris apparuit*.[45] Die ›Historiae‹ interpretieren den Geschichtsablauf konsequent als Verwirklichung eines göttlichen Plans. Er wird durch die *divina providentia* gelenkt, wie Orosius es am Anfang des zweiten Buchs in Frageform erklärt und beschreibt:

> *quis enim magis diligit quam ille qui fecit? quis autem ordiantius regit, quam is qui fecit et diligit? quis uero sapientius et fortius ordinare et regere facta potest, quam qui et facienda prouidit et prouisa perfecit?*[46]

Gerade dieser »Providentialismus«[47] der ›Historiae‹ scheint für Notker eine Beziehung zu Boethius geschaffen zu haben. Die christliche Historiographie des Orosius findet gewissermaßen ihre philosophische Begründung in der ›Consolatio‹. Dort zeigt ja Philosophia, *quibus gubernaculis mundus regatur*[48] und erklärt, daß *providentia ... cuncta pariter, quamvis diversa, quamvis infinita,*

---

[41] Consolatio I,25 (SEHRT/STARCK, S. 46,2f.) und Orosius II,16–18, II, 17, 5: *igitur triginta rectores Atheniensibus ordinati triginta tyranni exoriuntur.*
[42] Consolatio II, 41 (SEHRT/STARCK, S. 116,4).
[43] Orosius IV, 8, 16; IV, 9, 3.
[44] Orosius IV, 12,5–13.
[45] Orosius III, 8, 8.
[46] Orosius II, 1, 2.
[47] Vgl. HANS-WERNER GOETZ: Die Geschichtstheologie des Orosius. Darmstadt 1980 (Impulse der Forschung 32), S. 45ff.
[48] IV, prosa 6.

*complectitur.*[49] Gott sieht alles voraus, aber sein Vorauswissen bleibt doch im Einklang mit der menschlichen Freiheit. Notkers Überschrift des vorletzten Kapitels der ›Consolatio‹ faßt das zusammen:

> *Liberum stare arbitrium . et pro meritis premia dispensari.: . . . Uuánda dáz állez sô íst . pedíu íst ménniskôn ungenómen íro uuílleuuáltigi. . . . Únde mit réhte gehéizent êo-bûoh ferlâzenên uuíllôn . lôn . ióh ingéltede. . . . Únde íst óbénân dér ál séhento . únde fóre-uuízento gót. . . . Únde díu êuuiga gágenuuérti sînero gesíhte . inchît téro chúmftigûn uuîolichi únserro uuércho. . . . Spéndôndo gûot kûotên . únde úbel úbelên. . . . Nóh kedíngi . únde fléhâ neuuérdent níeht in geméitûn ûfen gót kesézzet. . . . Tîe dánne fer-fáhent . sô sie réhte sínt.*[50]

Dieses Wirken Gottes in der Geschichte will Orosius in der Geschichte verfolgen:

> *itaque unus et uerus Deus in quem omnis, ut diximus, etsi ex diuersis opinionibus secta concurrit, mutans regna et disponens tempora, peccata quoque puniens, quae infirma sunt mundi eligit, ut confundat fortia, Romanumque imperium adsumpto pauperrimi status pastor fundauit.*[51]

So kann auch das Studium der ›Historiae‹ den Leser zur Erkenntnis Gottes führen.

Daß Notker die ›Consolatio‹ des Boethius und die Weltchronik des Orosius in solchem Zusammenhang sah, läßt sich allerdings nur indirekt zeigen. Sehr viel eindeutiger dagegen ist die Geschichtsauffassung, die in dem Prolog zum Ausdruck kommt, den er seiner Boethius-Interpretation voranstellt. Dieser Prolog existiert in noch zwei weiteren Handschriften, die beide aus St. Gallen stammen,[52] und dort muß er entstanden sein, und zwar im zehnten Jahrhundert, zur Zeit, da *imperatoris nomen ad saxonum reges translatum est*,[53] das heißt nach der Krönung Ottos des Großen im Jahr 962. Der Verfasser aber läßt sich nicht mit Sicherheit bestimmen. Daß er von Notker selbst stammt, läßt sich nicht stringent beweisen, aber auch der Nachweis, daß Notker nicht der Verfasser war, läßt sich nicht beibringen. Sicher ist jedoch, daß der Prolog von Anfang an zur Handschrift der Boethiusübersetzung, dem Codex Sangallensis 825, gehört hat, während er in der St. Galler Boethius-Hs. 844 auf einem Doppelblatt steht, das von anderer Hand mit anderer Tinte geschrieben, und wohl erst nachträglich vorgeheftet wurde.[54] Auch in der Wiener Hand-

---

[49] V, prosa 3.
[50] Consolatio V, 48 (SEHRT/STARCK, S. 396f.). Vgl. BENEDIKT VOLLMANN: Simplicitas divinae providentiae. Zur Entwicklung des Begriffs in der antiken Philosophie und seiner Eindeutschung in Notkers ›Consolatio‹-Übersetzung. Literaturwiss. Jb. d. Görres Ges. NF 8, 1967, S. 12f.
[51] VI, 1, 5.
[52] St. Gallen, Stiftsbibliothek 844, fol. 1–3 (s. X); Wien, Österr. Nationalbibliothek, 242, fol. 84b f. (s. XI).
[53] SEHRT/STARCK, S. 4, 24.
[54] Vgl. KURT OSTBERG: The ›Prologi‹ of Notker's ›Boethius‹ reconsidered. German Life and Letters 16 (1962/63), S. 256–265, hier S. 256f.; NAUMANN [Anm. 4], S. 73. Petrus W. Tax möchte ich hier besonders herzlich für seine brieflichen Mitteilungen über die Hs. danken.

schrift erscheint der Prolog gesondert, nur steht er hier als Nachwort am Ende des Texts. Dies scheint eher für die Priorität Notkers zu sprechen.[55] Letzten Endes aber ist die Entscheidung darüber, ob Notker den Prolog selbst verfaßt hat, nicht so wichtig wie die Tatsache, daß er ihn anstatt der ›Vita Boethii‹, die ihm in dem Sangallensis 845 ja auch zur Verfügung stand,[56] seiner Bearbeitung voranstellt, daß er ihn also bewußt gewählt hatte. Wir dürfen also annehmen, daß er der Geschichtsinterpretation, die hier gegeben wird, zumindest zustimmte.

Der Prologus beginnt mit der Ermahnung, die Worte des Apostels Paulus nicht zu vergessen, mit denen er die Mitglieder der Thessalonicher Gemeinde ermutigte, die in ihrem Schrecken glaubten, der Tag Christi sei vorhanden: *Quoniam nisi discessio primum uenerit .s. romani imperii . et reueletur filius iniquitatis .i. antichristus.*[57] Eine genaue Quellenangabe war hier nicht nötig, und auch der Kontext konnte ausgelassen werden, denn die Stelle war nur allzu bekannt: ›Lasset euch niemand verführen in keinerlei Weise, denn er kommt nicht, es sei denn, daß zuvor der Abfall komme und offenbart werde der Mensch der Sünde, das Kind des Verderbens, der da ist der Widersacher und sich überhebt über alles, was Gott oder Gottesdienst heißt, also daß er sich setzt in den Tempel Gottes als ein Gott und gibt sich aus, er sei Gott. . . . Und was es noch aufhält, wisset ihr, daß er offenbart werde zu seiner Zeit. Denn es regt sich bereits das Geheimnis der Bosheit, nur daß, der es jetzt aufhält, muß hinweggetan werden.«[58] Seit Tertullian hatte man in dem »Hindernis« das *imperium romanum* gesehen und geglaubt, daß erst die *discessio*, der Abfall von ihm, dem Antichrist ermöglichen würde, sich zu offenbaren.[59] Die *defectio*, die wir jetzt erblicken, sagt der Prolog, begann mit den Invasionen der Barbaren und wurde vollendet durch die Könige der Ostgoten. Später wurde dann Karl der Große durch die päpstliche *auctoritas* Leos III. zum Kaiser gekrönt, und schließlich wurde der Titel *imperator* auf die *reges saxonum* übertragen.

Notker behandelt den lateinischen Prolog mit beträchtlicher Freiheit. Vom Ende des römischen Staats sagt der lateinische Text: *Hinc romana respublica iam nulla esse cęperat . quę gothorum regibus tunc oppressa est.*[60] In der Übersetzung dagegen heißt es: *Romanum imperium hábeta îo dánnân ferlóren sîna libertatem.*[61] Offensichtlich war *libertas* für Notker das besondere Kennzei-

[55] Vgl. NAUMANN [Anm. 4], S. 72f.
[56] Der Text ist abgedruckt bei OSTBERG [Anm. 54], S. 262f.
[57] SEHRT/STARCK, S. 3, 5f.
[58] II. Thessal. 2, 3-7.
[59] S. GUSTAV WOHLENBERG: Der erste und zweite Thessalonicherbrief. Leipzig 1913, Exkurs S. 170ff.; HORST DIETER RAUH: Das Bild des Antichrist im Mittelalter: Von Tyconius zum deutschen Symbolismus. Münster ²1979 (Beiträge zur Geschichte der Philosophie und Theologie des Mittelalters NF 9), S. 59ff.
[60] SEHRT/STARCK, S. 4, 14f.
[61] SEHRT/STARCK, S. 6, 9f.

chen des alten Roms, wie ja auch Sallust[62] und Livius[63] die römische Freiheit
zu den höchsten Gütern gezählt hatten. Die deutsche Übersetzung behält
daher den lateinischen Terminus im allgemeinen bei, aber im ersten Buch der
›Consolatio‹ gibt Notker seine eigene Definition:

> *Tiu rûmiska sélbuuáltigi uuás târ-ána . dáz nîoman úber d$_a$z nîeht nesólta tûon . sô*
> *dáz hêrtûom síh keéinoti. Tíu éinunga hîez senatvsconsultum. Uuánda ín dioterih tîa*
> *genómen hábeta . únde ín dáz uuág . pediu uuâren sie in únhúldi.*[64]

Die *dominatio* der Goten also hatte den Römern ihre altererbte *libertas* genommen. Auch Gerbert von Reims schrieb den Goten die Schuld an der Zerstörung der römischen Freiheit zu: *gladio bacchante Gothorum libertas romana perit.*[65] Der Begriff der *libertas romana*, der schon früh in der Liturgie
der Kirche einen Platz gefunden hatte, wurde daher dann auch im 11. Jahrhundert in den Gebeten oft durch *libertas christiana* oder *libertas christiani
nominis* ersetzt.[66] In der Welt Notkers bedeutete *libertas* insbesondere die
Unabhängigkeit des Klosters von einem Bischof oder weltlichen Herrn und
besaß damit für das Reichskloster St. Gallen eine eigene Relevanz.[67] Für
Notker selbst bildet *libertas* den absoluten Gegensatz zur *dominatio*, wie sie
sich im übermütigen Mißbrauch der Macht durch Tarquinius Superbus darstellt, durch dessen Sturz die römische Freiheit begründet wurde. *libertas* ist
nicht nur ein aus antiken Historikern übernommener abstrakter Begriff, sondern, indem ihr Verlust durch Theoderich beklagt wird, zeigt Notker sie als
moralische Forderung[68] und setzt sich damit deutlich gegen Augustinus ab, für
dessen Prädestinationslehre die nur politische Freiheit unwichtig und irrele-
vant ist, und der ihr die *vera libertas* gegenüberstellt, ›die nicht nur von dem
König Tarquinius befreit, . . . sondern von den Dämonen und dem Fürsten der
Dämonen.‹[69]

Aus dem Text des Prologs geht nicht deutlich hervor, wie wir uns die *translatio imperii* vorzustellen haben. Es scheint aber, daß Notker Labeo, ganz
ähnlich wie schon Notker Balbulus in seinen ›Gesta Karoli‹, im Reich Karls

---

[62] s. Cat. VI,3; VI,5; VI,7.

[63] Z. B. II, 1, 7f.

[64] SEHRT/STARCK, S. 35,3ff.

[65] Elogium Boethii. MGH Poetae V, S. 747; Sangallensis 844.

[66] Vgl. die Varianten zu den Textbeispielen in GERD TELLENBACH: Römischer und christlicher
Reichsgedanke in der Liturgie des frühen Mittelalters. SB der Heidelberger Akademie der
Wissenschaften, phil.-hist. Kl. 1934-35, 1, S. 14f. und S. 54ff., insbesondere das Reichenauer
Sakramentar vom Anfang des 11. Jahrhunderts (Paris, BN Lat. 18005); zum Ganzen s. GERD
TELLENBACH: Libertas. Kirche und Weltordnung im Zeitalter des Investiturstreits. Stuttgart
1936 (Forschungen zur Kirchen- und Geistesgeschichte 7).

[67] S. THEODOR MAYER: Fürsten und Staat. Studien zur Verfassungsgeschichte des deutschen
Mittelalters. Weimar 1950, S. 44f.

[68] Vgl. HERBERT GRUNDMANN: Freiheit als religiöses, politisches und persönliches Postulat im
Mittelalter. HZ 183, 1957, S. 23ff.

[69] *pro uera libertate, quae nos ab iniquitatis et mortis et diaboli dominatu liberos facit, . . . non a
Tarquinio rege, sed a daemonibus et daemonum principe* (›De civitate Dei‹ V, 18).

des Großen einen Neuanfang erblickte. Der Stammler spricht von der Bildsäule, die Nebukadnezar im Traum erblickte, und deren Sinn der Prophet Daniel
gedeutet hatte:[70] ›Der allmächtige Lenker der Dinge und Ordner der Reiche
und Zeiten hat, nachdem er die eisernen oder tönernen Füße jener wunderbaren Bildsäule in den Römern zermalmt hatte, das goldene Haupt einer zweiten nicht minder wunderbaren Bildsäule durch den erlauchten Karl in den
Franken aufgerichtet.‹[71] Mit dieser Auffassung stand Notker Balbulus aber
nicht allein. Auch der Widmungsbrief Freculfs von Lisieux (ca. 825–852/53)
an die Kaiserin Judith, den Notker aus der Sangaller Handschrift der Chronik
gekannt haben muß, setzte das Ende des römischen Reichs voraus.[72] Von der
*renovatio imperii* Ottos III. ist bei Notker nichts zu spüren. Bei der Unsicherheit in der Datierung der Boethius-Übersetzung ist es natürlich durchaus möglich, daß sie vor 996 entstand, aber es ist ebenso denkbar, daß man in
dem Galluskloster, einer wirtschaftlich gesicherten und unabhängigen Gemeinschaft, von der Kaiserpolitik Ottos wenig Notiz nahm. So enden die ›Casus
Sancti Galli‹ Ekkehards IV. mit dem Besuch Ottos des Großen und seines
Sohns im Galluskloster (972), aber der Kaiser wird doch nur aus dem Blick-
winkel des Klosterlebens gezeichnet,[73] und auch die ›Annales Sangallenses
Maiores‹ erwähnen zwar den Tod Ottos III., nicht aber seine Krönung.[74]

Mit dem Ende des römischen Imperiums ist auch der Gerichtstag näher
gerückt. Aber sowohl der Prolog wie auch Notkers Übersetzung bleiben hier
unbestimmt: *Sô íst nû zegángen romanvm imperivm . nâh tîen uuórten sancti
pauli apostoli.*[75] Hier kommt nicht etwa die Angst vor dem unmittelbar be-
vorstehenden Ende der Zeiten und dem *iudicium Dei* zum Ausdruck, sondern
eher jene latente Unruhe der Zeit um das Jahr 1000, in der man vom Ende der
Welt sprach und nach dem Sinn der Geschichte fragte.[76] Im Jahr 998 berichtete Abbo von Fleury, wie er vor etwa zwanzig Jahren in Paris eine Predigt
über das bevorstehende Kommen des Antichrist hörte und dagegen Einspruch

---

[70] Daniel 2.

[71] Lib. 1; die Übersetzung zitiert nach REINHOLD RAU: Notker Balbulus: Gesta Karoli. Quellen
zur karolingischen Reichsgeschichte 3. Darmstadt 1975, S. 323; S. 322: *Omnipotens rerum
dispositor ordinatorque regnorum et temporum, cum illius admirandae statuae pedes ferreos vel
testaceos comminuisset in Romanis, alterius non minus admirabilis statuae caput aureum per
illustrem Karolum erexit in Francis.* Vgl. CARL ERDMANN: Das ottonische Reich als Imperium
Romanum. DA 6, 1943, S. 427; HEINZ LÖWE: Von Theoderich dem Großen zu Karl dem
Großen. DA 9, 1952, S. 352ff.; WALTER GOEZ: Translatio Imperii. Ein Beitrag zur Geschichte
des Geschichtsdenkens und der politischen Theorien im Mittelalter und in der frühen Neuzeit.
Tübingen 1958, S. 75 und 92ff.

[72] Cod. Sangallensis 622, S. 291f.; MGH Epp. 5, S. 319, 23ff.: *quod peregi usque ad regna Francorum et Longobardorum, deficientibus Romanorum imperatoribus seu iudicibus ab Italia, et
Gallis, Gotthorum quoque regibus, qui successerant, ab eis etiam depulsis.* Vgl. HELMUT BEU-
MANN: Widukind von Korvei. Untersuchungen zur Geschichtsschreibung und Ideengeschichte
des 10. Jahrhunderts. Weimar 1950, S. 218.

[73] cap. 146f. Hrsg. HANS F. HAEFELE. Darmstadt 1980, S. 282f.

[74] MGH SS I, S. 80f.

[75] SEHRT/STARCK, S. 6, 15ff.

[76] GEORGES DUBY: L'An Mil. Paris 1967, S. 40.

erhob.[77] Auch Adsos Schrift ›De ortu et tempore Antichristi‹ aus der Mitte des zehnten Jahrhunderts richtete sich ja gegen den Glauben, daß die Endzeit gekommen sei, aber er argumentierte, daß die *Romani regni dignitas* in den fränkischen Königen weiterbestehe, und daß der Antichrist deshalb noch nicht erscheinen könne.[78] Der Boethius-Prolog sagt dies natürlich nicht, aber er zieht auch nicht die Schlußfolgerung, die sich aus dem Pauluswort vom Ende des Römerreichs ergeben müßte. Die verzagte Frage des Lesers fand ja schon im Thessalonicherbrief ihre Antwort: der Antichrist wird erst zu seiner Zeit offenbart werden. Der Kommentar des ›Haimo‹ erklärt die Stelle folgendermaßen: Ut reveletur, *sive manifestetur ipse Antichristus,* in suo tempore, *id est congruo tempore et a Deo disposito, postquam omnia regna discesserint a Romano imperio.*[79] Und im ›Gottesstaat‹, den Notker ja kannte,[80] hatte Augustin geschrieben:

> *Quando istud erit? Importune omnino. Si enim hoc nobis prodesset, a quo melius quam ab ipso Deo magistro interrogantibus discipulis diceretur? Non enim siluerunt inde apud eum, sed a praesente quaesierunt, dicentes:* Domine, si hoc tempore praesentaberis, et quando regnum Israël? *At ille:* non est *inquit, vestrum scire tempora, quae Pater posuit in sua potestate.*[81]

In Notkers Psalmenbearbeitung ist der Gedanke an das Jüngste Gericht immer gegenwärtig: *In allen zîten umbefîengen mih sáment. terrores iudicii tui. Nehéin mîn líd neuuas iro úzenan.*[82] Die Geschichte bewegt sich unaufhaltsam auf ihren Endpunkt zu. Im göttlichen Plan ist er vorgesehen, und in der *providentia Dei* ist er schon gegenwärtig. Der Geschichtsablauf ist also sinnvoll,

---

[77] Liber apologeticus, PL 139, col. 471: *De fine quoque mundi coram populi sermonem in Ecclesia Parisiorum adolescentulus audivi, quod statim finito mille annorum numero Antichristus adveniret, et non longo post tempore universale iudicium succederet: cui praedicationi ex Evangeliis ac Apocalypsi et libro Danielis, qua potui virtute restiti.* Vgl. DUBY [Anm. 76], S. 35.

[78] Hrsg. D. VERHELST. Turnhout 1976 (CC. Continuatio Mediaevalis 45), S. 26, 112ff.: *Hoc autem tempus nondum uenit, quia, licet uideamus Romanum imperium ex maxima parte destructum, tamen, quandiu reges Francorum durauerint, qui Romanum imperium tenere debent, Romani regni dignitas ex toto non peribit, quia in regibus suis stabit.* Vgl. GOEZ [Anm. 71], S. 74.

[79] Expositio in ep. II ad Thess., c. 2, PL 117, col. 780.

[80] Consolatio II, 122 (SEHRT/STARCK, S. 238,8f.): *sô augustinus iihet in octauo libro de ciuitate dei.* Das Galluskloster besaß zwei Hss.: Sangallensis 177 und 178. Vgl. auch NAUMANN [Anm. 4], S. 64.

[81] ›De civitate Dei‹ XVIII, 53,1.

[82] Ps. 87,18: *Tota die* [sc. *terrores tui*] *circumdederunt me simul* (SEHRT/STARCK, S. 629,14f.). Im allgemeinen behält Notker die lateinischen Ausdrücke *iudicium, dies iudicii, in novissimo, in resurrectione, in fine seculi* in seiner Übersetzung bei; vgl. z. B. Ps. 6,1 (SEHRT/STARCK, Bd. III,1. Halle/Saale 1952 [ATB 4], S. 19,6f.); Ps. 7,9 (SEHRT/STARCK, S. 24,15ff.); Ps. 13,4 (SEHRT/STARCK, S. 60,5); Ps. 26,9 (SEHRT/STARCK, S. 139,6); Ps. 36,19 (SEHRT/STARCK, S. 215,4f.); Ps. 37,4 (SEHRT/STARCK, S. 223,14); Ps. 43,18 (SEHRT/STARCK, S. 271,13); Ps. 49,3 (SEHRT/STARCK, S. 319,16); 57,12 (SEHRT/STARCK, S. 377,11); Ps. 67,3 (SEHRT/STARCK, S. 436,13), Ps. 77,39 (SEHRT/STARCK, S. 546,16); Ps. 82,16 (SEHRT/STARCK, S. 594,10f.); Ps. 88,15 (SEHRT/STARCK, S. 636,13); Ps. 91,10 (SEHRT/STARCK, S. 670,7); Ps. 96,3 (SEHRT/STARCK, S. 697,17); Ps. 105,1 (SEHRT/STARCK, S. 781,10); Ps. 109,6 (SEHRT/STARCK, S. 827,15f.); Ps. 110,5 (SEHRT/STARCK, S. 835,9); Ps. 138,9 (SEHRT/STARCK, S. 1004,3).

aber im Einzelnen nicht direkt einsichtig. Das, was dem Menschen sinnlos erscheinen mag, empfängt seine Sinngebung nicht von der menschlichen *ratio*, von der sich die *gentiles philosophi* leiten ließen,[83] und die den Christen zur Ketzerei verleiten kann,[84] sondern von dem Vertrauen auf Gottes *providentia*:

> Sô er *aba démo chápfe sînero prouidentię . hára-níder uuártendo chíuset . uuáz îogelíchemo gelímfe . dánne gíbet er ímo . dáz er ímo bechénnet límfen. ... Sô geskíhet tánne dáz sunderiglicha vuúnder . dés in ríhti fárenten úrlages . táz kót uuízendo tûot . tés síh únuuízende erchómên.*[85]

Die Geschichte erscheint als eine Kette von Handlungen, deren logischer Zusammenhang von dem lebendigen Wirken der göttlichen Vorsehung und dem sünd- oder tugendhaften Verhalten der Menschen und dessen Folgen hergestellt wird. Philosophia und Historia müssen also beide – richtig verstanden – zur Erkenntnis Gottes führen und damit auch, wie Boethius sagt *Et ęternitas uisionis eius semper presens . concurrit cum futura qualitate nostrorum actuum.*[86]

Eines jedoch trennt Notker von Boethius – obwohl er selbst es nicht explizite formuliert: für sein eschatologisches Bewußtsein ist im Argumentationsrahmen der ›Consolatio‹ kein Platz, denn bei Boethius ist die göttliche *visio* gleichsam statisch, während für Notker die *gesta Dei* erst am Ende der Zeiten ihre Erfüllung finden werden. Das orosische Geschichtsbild besitzt – so weit sich ausmachen läßt – völlige Gültigkeit.

Im Unterricht setzt Notker offenbar die Umrisse der römischen Geschichte voraus. Um aber die historische Distanz zu verringern, deren er sich wohl bewußt ist, und um seinen Schülern die fremden Umstände zu erklären, verfaßt er seine Exkurse, in denen er die römische Verfassung beschreibt. Neu daran ist nicht das enzyklopädische Wissen, sondern der Punkt, an dem es eingesetzt wird. Auch Notkers Auswahl der antiken Autoren ist nicht das Entscheidende, sondern die Art, wie er sein anscheinend stets parates Wissen beim Kommentieren nutzt.

Wir sehen also: das Wissen von der Geschichte spielt bei Notker eine Rolle, aber nicht als selbständiges Studium, sondern als eine Hilfsdisziplin, die im Rahmen der *artes liberales* zwei Funktionen erfüllt: aus klassischen Autoren schöpft sie pragmatische Anekdoten, *ut ex ea* [sc. *historia*] *sequendas aut fugiendas res cognoscamus aut ad usum eloquentiae adiuvemur,*[87] und darüber

---

[83] Consolatio V, 24 (SEHRT/STARCK, S. 367,12ff.).

[84] Consolatio V, 24 (SEHRT/STARCK, S. 368,4f.): *Tie humanam rationem an dîen díngen sûohtôn . dîe uuúrten heretici.*

[85] Consolatio IV,43 (SEHRT/STARCK, S. 306,22ff.): *Qui cum ex alta prouidentię specula respexit . quid unicuique conueniat agnoscit . et quod conuenire nouit . accommodat. ... Hic iam fit illud fatalis ordinis insigne miraculum . cum ab sciente geritur . quod stupeant ignorantes.*

[86] Consolatio V, 48 (SEHRT/STARCK, S. 396,22f.): *Únde díu êuuiga gágenuuérti sînero gesíhte . inchît téro chúmftigûn uuîolichi únserro uuércho.*

[87] Ms. Paris BN 7530 (saec. VIII). Hrsg. CAROLUS HALM: Rhetores latini minores. Leipzig 1863, S. 588,29f.; Vgl. LOUIS HOLTZ: Le Parisinus Latinus 7530. Studi medievali 16, 1975, S. 122; WOLTER [Anm. 28], S. 64.

hinaus ist sie von Nutzen in der Propädeutik für die Interpretation der Heiligen Schrift im Sinne des augustinischen Satzes: *Historia plurimum nos adiuvat ad libros sanctos intelligendos, etiam si praeter ecclesiam pueril eruditione discatur.* Wenn nun die Aufgabe der Geschichte, wie Jacob Burckhardt einmal sagte,[88] darin besteht, »die Vergangenheit mit der Gegenwart zu verbinden«, dann fehlt Notker das eigentliche historische Interesse. Für ihn sind die großen Fragen nach der Natur des historischen Prozesses durch Orosius und Boethius längst beantwortet und deshalb brauchen ihn auch die Ereignisse der Gegenwart, und die Richtung, in der sich die Dinge bewegen, nicht wirklich zu interessieren. Sein Geschichtsverständnis wird eben aus religiösen und philosophischen Quellen gespeist. In den *libri historici* selbst aber sieht Notker eine literarische Gattung, deren Methode durch die Regeln der Rhetorik bestimmt ist.[89] Die Kunst der historischen Methode zeichnet sich durch die ciceronischen Tugenden der *brevitas, luciditas* und *probabilitas* aus, wie Notker dies auch ausdrücklich in seiner Rhetorik formuliert: *Textus siue narratio in causis oratoriis . et in libris hystoricis tres uirtutes habet . sicut exordium. Ut breuis sit .i. spûetich . lucida .i. offin . probabilis .i. kelouplîch. Pro his quoque uade ad ciceronem.*[90] Gerade das hat er wohl auch im Unterricht betont, und Ekkehard IV. hat diese Lehre dann auch im rhetorisch durchgeformten Stil seiner ›Casus Sancti Galli‹ befolgt,[91] die er mit Parallelen aus der biblischen und antiken Geschichte ausschmückt. So schildert er Tuotilo als einen kräftigen Mann, ›ganz so wie Fabius die Athleten auszuwählen lehrt‹.[92] Konrad Kurzpold erscheint als *novus David*,[93] das funkelnde Auge Ekkehards II. wird mit dem durchdringenden Blick des Kaisers Augustus verglichen,[94] und Notker der Abt kann sogar mit Cicero – nur in besserem Versmaß – von sich sagen: *O fortunatam me consule cellam.*[95] Weiter kann die antikrhetorische Kostümierung kaum gehen, als den Abt zum Consul zu machen.

Notker selbst – das wissen wir aus seinem Brief an den Bischof von Sitten – hätte sich am liebsten ausschließlich dem Studium der *artes liberales* gewidmet: ›Es ist nämlich‹, schreibt er, ›die Notwendigkeit, die uns treibt, und nicht unser freier Wille, und dem Auferlegten können wir nicht widerstreben. Aus diesem Grunde führen wir unsere Wünsche nicht aus. Auf *jene* Wissenschaften nun, in welche ich mich nach Eurer Meinung vertiefen soll, die Ihr

---

[88] Vorwort zu ›Conrad von Hochstaden‹. Gesamtausgabe. Berlin/Leipzig 1930, Bd. I, S. 200.

[89] Vgl. Marie Schulz: Die Lehre von der historischen Methode bei den Geschichtsschreibern des Mittelalters (VI.-XIII. Jahrhundert). Berlin/Leipzig 1909 (Abh. zur Mittleren und Neueren Geschichte 13), S. 132.

[90] Die Schriften Notkers und seiner Schule. Hrsg. Paul Piper. Freiburg/Tübingen 1882-83, Bd. I, S. 651. Cicero, De Inventione I, 20, 21; Ad Herennium I, 9, 14.

[91] Vgl. Hans F. Haefele: Untersuchungen zu Ekkehards IV. Casus Sancti Galli. DA 18, 1962, S. 162ff.

[92] Casus Sancti Galli. Hrsg. Hans F. Haefele, cap. 34, S. 78.

[93] cap. 50, S. 112.

[94] cap. 89, S. 182.

[95] cap. 134, S. 260.

mir auferlegen wollt, habe ich verzichten müssen, und es ist mir nicht verstattet, sie anders zu pflegen denn als Hilfsmittel zu andern Zwecken.«[96] Das Kloster hatte ihm die Aufgabe gestellt, seine Schüler *ad intellectum integrum* der kirchlichen Bücher zu führen, und seine Schriften legen Zeugnis ab, wie er seine große Gelehrsamkeit der Erfüllung dieser Pflicht gewidmet hat. Mit Recht nennt das St. Galler Totenbuch ihn *doctissimus atque benignissimus magister.*[97]

---

[96] *Est enim, quae nos trahit, necessitas, non voluntas, et iniunctis instare nequimus; et eo minus vota exsequimur. Artibus autem illis, quibus me onustare vultis, ego renuntiavi. neque fas mihi est, eis aliter quam sicut instrumentis frui.* Zitiert nach ERNST HELLGARDT: Notkers des Deutschen Brief an Hugo von Sitten. In: Befund und Deutung. Zum Verhältnis von Empirie und Interpretation in Sprach- und Literaturwissenschaft. Hrsg. KLAUS GRUBMÜLLER u.a. Tübingen 1979, S. 172.

[97] Hrsg. ERNST DÜMMLER und HERMANN WARTMANN: Mitteilungen zur vaterländischen Geschichte St. Gallens. NF I, 1869, S. 45; Annales Sangallenses Maiores. MGH SS I, S. 82: *Nostrae memoriae hominum doctissimus et benignissimus.*

# Zur Typik historischer Personen-Erinnerung in der mittelhochdeutschen Weltchronistik des 12. und 13. Jahrhunderts

von

Joachim Knape (Bamberg)

## 1. Die Literarisierung Theoderichs/Dietrichs in deutschen Weltchroniken

Die herausragenden Herrschergestalten sind für das Mittelalter Kristallisationspunkte historischer Überlieferung. Eine der umstrittensten unter ihnen ist Theoderich der Große (†526).

Karl der Große ließ zu seiner Erinnerung eine Skulptur aus Ravenna in Aachen aufstellen, gegen die nach Karls Tod Walahfrid Strabo im Jahre 829 ein Gedicht verfaßte. Dieses Gedicht ist die einzige Nachricht über die Darstellung des arianischen Ketzers Theoderich als Bildwerk in Aachen, das bald danach entfernt wurde. Heutiger Forschung will es nur sehr schwer gelingen, aufgrund des Gedichts das ursprüngliche Aussehen der Plastik zu rekonstruieren.[1] Selbst wenn Walahfrid eine sehr detaillierte Bildbeschreibung gegeben hätte, was er nicht brauchte, wären unserer gedanklich-imaginativen Rekonstruktion dennoch Grenzen gesetzt, denn Texte aus Laut- oder Schriftzeichen vermitteln die angesprochenen Gegenstände nur über eine komplizierte Auflösung der Zeichenabstraktion im Denken. Die Bildzeichen dagegen können so gewählt werden, daß sie der Betrachter in einen Zusammenhang mit seinen alltäglichen optischen Wahrnehmungserfahrungen bringen und so leicht entschlüsseln kann.

Daß wir im Zeichenvorrat eines Textes eine Person, eine Figur, einen Menschen erkennen können, hängt mit der Semantik bestimmter Zeichen und ihrer Kombinatorik innerhalb eines Zeichenkomplexes – in Weltchroniken sind das etwa einzelne Erzählsequenzen[2] – zusammen. Die Darstellung oder Literarisierung einer Figur findet wesentlich auf den Ebenen von Erzählsyntagma und Paradigma (Ebene der Assoziationen) statt. Folglich kann sich eine vergleichende Textanalyse zunächst hierauf konzentrieren.

Die erste deutschsprachige Weltchronik ist die ›Kaiserchronik‹ eines Regensburger Geistlichen aus der Mitte des 12. Jahrhunderts.[3] Von ihren zahl-

---

[1] Alois Däntl: Walahfrid Strabos Widmungsgedicht an die Kaiserin Judith und die Theoderichstatue vor der Kaiserpfalz zu Aachen. In: Zs. d. Aachener Geschichtsvereins 52, 1930, S. 1–38. Siehe zu Walahfrids Gedicht auch Karl Hauck: Heldendichtung und Heldensage als Geschichtsbewußtsein. In: Festschrift Otto Brunner. Hamburg 1963, S. 156ff.

[2] Zu den Begriffen »Erzählsequenz« und »Ereignissequenz« siehe Wilhelm Füger: Mikronarrativik. In: GRM 33, 1983, S. 179ff.

[3] Die Kaiserchronik eines Regensburger Geistlichen. Hrsg. v. Edward Schröder. Hannover 1895 (MGH Deutsche Chroniken I, 1).

reichen lateinischen Quellen unterscheidet sie sich formal am auffälligsten zunächst durch die Versform.[4] Damit steht sie aber zugleich den großen volkssprachlichen epischen Dichtungen nahe, die zunehmend seit dieser Zeit entstehen.

Die klar abgrenzbare Theoderich- bzw. Dietrich-Erzählsequenz der Chronik umfaßt insgesamt 288 zusammenhängende Verse (V. 13905–14193) und ist Teil der Zeno-Erzählung. Die Informationen über Dietrich stehen also in einem nicht unterbrochenen Syntagma. Die Person Dietrichs tritt auf dieser syntagmatischen Ebene als handelnde, als Aktant in Erscheinung.

Die lateinischen Chroniken der Zeit, zum Beispiel die von Frutolf/Ekkehard oder die Ottos von Freising, haben folgende Grundaktionen aus ihren Quellen, vor allem den ›Getica‹ des Jordanes aufgenommen:[5]

1. Theoderich tritt in Beziehung zum Kaiser.
2. Theoderich kämpft gegen Odoaker.
3. Theoderich etabliert sich als Herrscher in Italien.
4. Theoderich agiert gegen Kaiser und Kirche.
5. Theoderich muß sterben.

Diese Eckdaten strukturieren auch die Dietrich-Sequenz der ›Kaiserchronik‹ als ganze sowie die angehängte knappe Personenskizze am Ende der Sequenz, die zugleich eine zweite, von der vorhergehenden völlig verschiedene Figurensynthetisierung darstellt. Es heißt dort kurz und bündig:

V. 14.179    *do der chunic Ezzel ze Ovene wart begraben,*
             *dar nâch stuont iz vur wâr*
             *driu unde fierzech jâr,*
             *daz Dieterîch wart geborn.*
             *ze Chriechen wart er rezogen,*
             *dâ er daz swert umbe bant,*
             *ze Rôme wart er gesant,*
             *ze Vulkân wart er begraben.*    (Vergl. Anhang Z. 267).

Die Figur Dietrichs wird hier durch eine drastische Informationsreduktion nur auf syntagmatischer Ebene entwickelt, Prädikatisierungen – von den Namen und einem Titel abgesehen – fehlen.

Das ist ganz anders beim vorangehenden eigentlichen Dietrich-Bericht. Die Figurenaktionen, die Aktionsmotive und die Aktionsresultate werden bis ins Einzelne gehend berichtet und bilden eine lange in sich geschlossene Erzählkette. Das Syntagma hat einen sehr hohen Differenzierungsgrad; das heißt, die Handlungsabläufe werden zum Teil bis in Kleinigkeiten hinein erzählt

---

[4] Zu den Quellen siehe ERNST FRIEDRICH OHLY: Sage und Legende in der Kaiserchronik. Untersuchungen über Quellen und Aufbau der Dichtung. Münster 1940 (Forschungen z. dt. Sprache u. Dichtung 10), S. 218ff.

[5] Ekkehardi Chronicon Universale. Hrsg. v. GEORG WAITZ. Hannover 1844 (MGH SS VI). Ottonis episcopi Frisingensis Chronica sive Historia de duabus civitatibus. 2. Aufl. Hrsg. v. ADOLF HOFMEISTER. Hannover/Leipzig 1912 (MGH SS rer. germ. in usum scholarum 45). Jordanis ›Getica‹. Hrsg. von THEODOR MOMMSEN. Berlin 1882 (MGH Auct. antiqu. V,1).

(siehe im Anhang Z. 57ff.). Gleich zu Beginn werden innerhalb von nur 35 Versen folgende Detail-Informationen vermittelt:

1. *Nîdâre* lenken die Aufmerksamkeit des Kaisers Zeno auf Dietrich.
2. Zeno sendet sein Heer nach *Mêrân* gegen Dietmar, Dietrichs Vater.
3. Dieser bereitet sich zum Widerstand.
4. Die *wîsen* raten davon ab.
5. Dietrich wird daraufhin als Geisel gegeben und nach Griechenland gebracht.
6. Dietrich wird am Kaiserhof aufgezogen und wächst zu einem *helt lussam* heran.
7. Als Dietrich waffenfähig wird, tritt er in den Dienst des Kaisers.
8. Er erobert für den Kaiser viele Länder.
9. Er wird kaiserlicher Ratgeber.

Im Gang der Darstellung folgt jetzt ein handlungsmotivierender Einschub (V. 13941–14000 = Anhang Z. 72–90):

10. Erzählt wird ähnlich differenziert die Königin-Etius-Odoaker-Intrige.

Die Dietrich-Erzählung geht dann wie folgt weiter (V. 14001ff. = Anhang Z. 94–149 und Z. 253–273):

11. Der Kaiser bekundet (in direkter Rede) seine Trauer über die Untreue der Römer.
12. Dietrich spricht dem Kaiser (in direkter Rede) Trost zu.
13. Der Kaiser freut sich und gibt Dietrich Italien als *lêhen* und damit den Kampfauftrag gegen die Verschwörer Etius und Odoaker.
14. Dietrich zieht seine zahlreichen Truppen zum Kampf zusammen.
15. Die Römer stellen auch ein riesiges Heer auf.
16. Etius übernimmt die Führung des Römerheeres.
17. *Aines morgenes fruo* treffen die Heere vor Ravenna aufeinander.
18. Dietrich übernimmt selbst die Heerfahne.
19. Er richtet (in direkter Rede) eine aufmunternde Ansprache an seine Kämpfer.
20. Er rennt gegen Etius an.
21. Der Kampf, an dessen Ende Etius fällt, wird in seinen Phasen kurz geschildert.
22. Dietrich rechnet noch einmal (in direkter Rede) mit seinem toten Gegner ab.
23. Der jetzt wogende Kampf der Heere Dietrichs und Odoakers wird detailliert geschildert.
24. Odoaker und seine Leute fliehen nach Ravenna.
25. Dietrich versucht vergeblich durch Zerstörung der Umgebung Ravennas die Auslieferung Odoakers zu erzwingen.
26. Dietrich belagert Ravenna intensiv.
27. Odoaker sieht die Gefahr, beschimpft Dietrich und fordert ihn zum Zweikampf.
28. Dietrich nimmt (in direkter Rede) die Herausforderung an.
29. Dietrich stürmt auf Odoaker los und tötet ihn.
30. Dietrich reitet mit seinen Leuten in das römische Territorium ein.
31. Er leistet die dem Kaiser zugesagten Dienste.
32. Alle Länder Roms dienen ihm.
33. Boethius, Seneca [= Symmachus] und der Papst Johannes schicken Boten, um beim Kaiser gegen Dietrich zu intrigieren.
34. Die Boten werden gefangen.
35. Die Boten sagen gegen den Papst und die anderen aus.
36. Dietrich befiehlt, die gegen ihn konspirierenden *herren* zu fangen.
37. Er befiehlt, den Papst zu bringen.

38. Er befiehlt, alle gefangenen *pfaffen unde laien* nach Pavia zu bringen und dort verhungern zu lassen.
39. Die Christen klagen, daß sie *ir maister* verloren haben.
40. Gott rächt die Beleidigung der Christen, indem Dietrich auf *daz gebot* des Papstes Johannes von Teufeln in den Vulkan gebracht wird.
41. Dietrich brennt dort im Höllenfeuer bis zum Jüngsten Tag.

Dieses hochdifferenzierte Syntagma besteht nicht bloß aus einer Reihung von Einzelaktionen, sondern aus einer weitgehend durchkonstruierten Kausalkette.

Die dominierenden Aktionsmotive aber sind – und das sei hervorgehoben – personal verankert. Das heißt, nicht abstrakte ordnungs- oder machtpolitische Kategorien regulieren die Interaktion, sondern die aus den Personen kommenden Antriebe moralischer bzw. psychologischer Art.

An zwei für Dietrichs Leben entscheidenden Stellen sind es *nîdâre*, die unter Hinweis auf seine illegitime Geburt Handlungen gegen ihn in Gang setzten. Am Anfang führt das zu seiner Überführung als Geisel an den Kaiserhof und zu seiner Erziehung dort. Am Ende intrigieren Boethius, Seneca und der Papst Johannes mit dem gleichen Argument gegen ihn, was Dietrichs scharfe Gegenreaktion auslöst und zu seinem baldigen Tod führt.

Dietrichs Hauptaktion, die Eroberung Italiens, wird durch einen langen Erzähleinschub motiviert, in dem sehr detailliert über die Beleidigung der Königin durch Etius, ihre Reaktion auf diesen Ehrverlust (Etius wird von ihr verspottet) und die anschließende Verschwörung des Etius mit Odoaker berichtet wird.

Auslöser für Dietrichs Angebot, Italien für den Kaiser zurückzuerobern, sind primär, so suggeriert es der Autor, nicht machtpolitische Überlegungen, sondern die Trauer des Kaisers über die Untreue seines römischen Vasallen (*sîn herze habet ungemach* V. 13995). Dietrichs Angebot wird als Tröstung Zenos dargestellt (*Wol trôst in dô der helt Dietrîch* V. 14001). Aus Freude darüber *lêch* [Zeno] *Dieterîche diu lêhen* (V. 14018). Vor der Schlacht muntert Dietrich seine Leute unter Hinweis auf *ruom unde êre* und *daz rôte golt* auf (V. 14052). Er erschlägt Etius mit der Begründung: *niemer enspottes dû der frouwen* und verhilfst Odoaker, dem Usurpator, zu *êren* (V. 14075). Den entscheidenden Zweikampf löst Odoaker dann mit einer Verspottung und Herabsetzung Dietrichs aus; wieder taucht der Vorwurf illegitimer Abstammung, verbunden mit der Unterstellung von Feigheit auf. Dietrich selbst wird am Ende der Strafe Gottes überantwortet, weil er mit seiner Zornestat die *cristen hête gelaidiget* (V. 14168).

Wie das Syntagma differenziert ist, so ist die paradigmatische Ebene ausgeprägt. Der Kaiserchronist nimmt poetische Prädikatisierungen vor, die über bloße Nennung von Namen und Titeln hinausgehen.

Der junge Dietrich wird als zu einem *helt lussam* herangewachsen bezeichnet, dem die jungen Adligen bei Hofe dienen müssen (V. 13927ff.). Auch später heißt er immer wieder *helt, helt guot* (V. 14001, 14097, 14120) oder *wîgant* (V. 14135). Ihn *vorhten alle* (V. 13938) und ihm *dienten vorhtlîche / elliu Rômiskiu rîche* (V. 14140). Er wird dem Kaiser ein *sô lieber man*, daß er ihn *ze sînem râte nam* (V. 13939). Er hat eine Streitmacht wie einst Julius Caesar (V. 14035) und kämpft persönlich *alse der lewe tuot* (V. 14122)[6] und seine Taten tragen ihm fortdauernden Ruhm ein (V. 14107). Seine Reden werden oft wörtlich wiedergegeben.

Alle Prädikate sind auf ritterliche Identifikation ausgerichtet. Das trifft auch – im negativen Sinn – auf die wenigen abwertenden Prädikatisierungen zu.

Mehrfach bezeichnen ihn seine Gegner als *von ainer kebese* (V. 13913, 14114) stammend, also als *ungeborn* (V. 14148). Bei seinem Vorgehen gegen die Vertreter der Kirche nennt ihn der Chronist *ubel wuotgrimme* (V. 14154). Bemerkenswert ist aber, daß Dietrich an keiner Stelle als Ketzer apostrophiert wird.

Eine explizite Gesamtbewertung Dietrichs nimmt der Kaiserchronist vor, wenn er seine Erzählung über Dietrich mit den Worten beschließt:

V. 14187     *hie meget ir der luge wol ain ende haben.*[7]

---

[6] »Die Kaiserchronik kennt auch noch Dietrichs Löwenzorn, den die Sage oder Dichtung im Zusammenhang mit seiner geister- oder elfenartigen Herkunft als Feuerathem bezeichnet«. Hans Ferdinand Massmann: Der Keiser und der kunige buoch oder die sogenannte Kaiserchronik. 3. Theil. Quedlinburg/Leipzig 1854 (Bibl. d. gesammten dt. National-Lit. 4,3), S. 934.

[7] Solche Bewertungen spielen bei einer für das Mittelalter sehr ambivalenten Figur wie Theoderich/Dietrich (siehe dazu Hauck [Anm. 1], S. 137ff.) eine große Rolle. Im Bewußtsein der Rezipienten wird ja nicht ein wertneutrales sondern ein bewertetes Bild der Person Dietrichs erzeugt. Solche Bewertungen können bei der Literarisierung i m p l i z i t entstehen. Selbst wenn der Text keinerlei Prädikatisierungen oder Erzählerkommentare enthielte, stehen die Aktionen, Aktionsmotive und Aktionsresultate von Seiten des Rezipienten in einem kulturell vermittelten Wertekontext. Das heißt, obwohl Dietrich in der ›Kaiserchronik‹ weitgehend als positiver Held erscheint und nicht als Ketzer apostrophiert wird, muß er durch sein Vorgehen gegen Vertreter der a priori positiv eingeschätzten Kirche, auch wenn diese aus moralisch fragwürdigen Motiven handeln, eine negative Bewertung erfahren. Die göttliche Strafe ist Ausdruck dieser Wertzuweisung. Bewertungen können aber auch e x p l i z i t erfolgen. Einerseits geht das über literarische Stilisierungsmittel (zum Beispiel Prädikatisierungen), andererseits über Autorenkommentare. Die gelehrt-lateinischen Chronisten Frutolf (um 1100), Otto von Freising und Gottfried von Viterbo signalisieren durch solche kritischen Kommentare die Eigenständigkeit und Überlegenheit ihrer Darstellung. Dabei geht Otto am weitesten; er kritisiert (Chronica V, 3.) nicht nur die »unhistorische« dichterische Verbindung Dietrichs mit Etzel, sondern auch die offenbar verbreitete *fabula* von Dietrichs Höllenritt: »Nach einem Dialog Gregors hat ein Gottesmann gesehen, wie er von Johannes und Symmachus in den Ätna gestürzt worden ist. Daher stammt wohl die Erzählung, nach der *vulgo* behauptet wird, Theoderich sei lebend zu Pferde in die Hölle hinabgeritten. Wenn aber andere behaupten, er sei ein Zeitgenosse Ermanarichs und Attilas gewesen, so kann das unmöglich stimmen, denn es steht fest, daß Attila lange nach Ermanarich als Gewaltherrscher regiert hat und daß Theoderich als achtjähriger Knabe von seinem Vater dem Kaiser Leo als Geisel übergeben worden ist«. (Übers. nach A. Schmidt). [*iuxta Gregorii Dialogum a Iohanne et Simacho in Ethnam precipitatus a quodam homine Dei cernitur. Hinc puto fabulam illam traductam, qua vulgo dicitur Theodoricus vivus equo sedens ad inferos descendisse. Quod autem rursum narrant eum Hermanarico Attilaeque contemporaneum fuisse, omnino stare non potest, dum Attilam longe post Hermanaricum constet exercuisse tyrannidem istumque post mortem Attilae octennem a patre obsidem Leoni augusto*

In der ›Sächsischen Weltchronik‹ (SW) des 13. Jahrhunderts wird solch eine pauschale Bewertung vermieden. Dort heißt es nur: *It wirt doch van eme manich logentale gedan.* Das ist ein Hieb gegen die volkssprachlichen Dietrich-Überlieferungen. Auf welche Quellen man sich zu stützen hat, wird klar gesagt: *Swe so mer wille weten van sineme slechte unde sinen orlogen, de lese Hystoriam Gothorum.*[8]

Die Rezension C[2] der SW, wie sie in der MGH-Edition WEILANDS [Anm. 8], vorliegt, ist eines der ersten großen deutschsprachigen Prosa-Erzählwerke (siehe im Anhang die kursiven Textpartien). Der Redaktor bedient sich einer einfachen, gewöhnlich parataktisch organisierten Sprache.

Im Gegensatz zur ›Kaiserchronik‹ erfolgt die Literarisierung Dietrichs nicht in einem zusammenhängend komponierten Syntagma sondern zerfällt in drei voneinander getrennte Teile, die sich in den Kapiteln 107 und 109–111 der WEILANDschen Ausgabe befinden.

Bei annalistisch angelegten Chroniken sind solche unterbrochenen Erzählsyntagmata die Regel. Bei Frutolf/Ekkehard etwa, der hier in Frage kommenden Hauptquelle, tauchen Informationen über Theoderich an insgesamt 14 verschiedenen, zum Teil weit auseinanderliegenden Stellen der MGH-Edition auf.[9]

Dietrich erscheint in der C[2]-Rezension der SW als einer von zahlreichen, nur zum Teil in direktem Konnex stehenden Handlungsträgern (Aktanten). Wie bei Frutolf/Ekkehard sind die ihn betreffenden Aktionen in ein weitläufiges und verschränktes Handlungsgefüge eingeflochten, das wesentlich durch Zeitangaben strukturiert wird. Dennoch aber wird über Dietrich in einem durchaus überschaubaren Abschnitt der Chronik, wie zum Beispiel auch bei Otto von Freising (Buch V, 1–3), erzählt.

Die Darstellung der Handlungsträger ist von überindividuellen Kategorien her organisiert. Dietrich wird folglich in seinen Aktionen als Vollstrecker und Erleider macht- und ordnungspolitischer Faktoren synthetisiert, die wir heute vielleicht den Bereichen »Staat« und »Kirche« zuordnen würden; dazu gehört auch das Eingreifen Gottes am Ende:

1. Kriege:
Dietrich besiegt mit Erlaubnis des Kaisers Odoaker und erringt so die Herrschaft in Italien. (Ed. WEILAND, S. 133,20 und 134,1; Anhang Z. 1 und Z. 149)

2. Rechtseingriffe:
Dietrich greift aktiv in kirchliche Angelegenheiten ein. (Ed. WEILAND, S. 134, 16; Anhang Z. 186)

---

*traditum.*] Diese Kritik bezieht sich auf den Bestand an Informationen in anderen (vornehmlich volkssprachlichen) Überlieferungen.

[8] Sächsische Weltchronik. Hrsg. v. LUDWIG WEILAND. Hannover 1876 (MGH, Deutsche Chroniken II, 1), S. 134,36. Vgl. Anhang Z. 275ff.

[9] Hrsg. WAITZ [Anm. 5], S. 23f./122/127–130/137–139/143/145.

3. Diplomatische Vorstöße:
Dietrich interveniert beim Kaiser in Sachen Ketzerverfolgung und entsendet den Papst Johannes als Diplomaten nach Konstantinopel. (Ed. WEILAND, S. 134,26; Anhang Z. 250)

4. Gewaltanwendung gegen Gruppen und Einzelpersonen:
   - Dietrich bedroht alle Rechtgläubigen.
   - Er tötet Boethius, Symmachus und Papst Johannes, bedeutende Vertreter des rechten Glaubens.
   - Er wird von Gott mit Tod und Verdammnis bestraft. (Ed. WEILAND, S. 134,28ff.; Anhang Z. 265).

Die Aktionsmotive sind nicht personal, sondern objektiviert: Überkommene Machtansprüche und Rechtsordnungen (des Kaisers und der Kirche) kollidieren mit denen neuer Herrscher (Odoaker und Dietrich), die in Verbindung mit bestimmten Völkern (*Osterrike*, die *Dudischen*) und Konfessionen (*den ketteren*) gebracht werden.

Insgesamt ist die Ebene des Syntagmas sehr reduziert. Sie beschränkt sich auf wenige Prosaaussagesätze, und Dietrich steht, wie die andern Handelnden auch, für übergeordnete Ordnungsaspekte.

Die Prädikatisierungen sind entsprechend gering, denn es geht ja nicht um den differenzierten Entwurf eines Individuums oder auch nur einer typisierten Person, sondern eines »Exponenten«. Zu den Namen und Titeln kommt am Ende nur noch ein genealogischer Hinweis: Dietrich wird ausdrücklich als *Diedmares son, van des slechte de Amelunge sind,* bezeichnet. Er war ein *kettere* und über ihn werden *manich logentale gedan.*

Die einzige mehr individuierende Prädikatisierung ist der Hinweis, er sei ein *bosen man* (Ed. WEILAND, S. 134,33), womit der Verdammungsbericht verstärkt wird.

Otto von Freising zum Beispiel prädikatisiert demgegenüber sehr viel akzentuierter. Theoderich wird genauer als »Ostgotenkönig« und »Arianer« apostrophiert und seine Herrschaft deutlich bewertet. Er ist ein »Fremdbürtiger« (*alienigena*), der nach Legitimation suchen muß und »Barbar« und »Tyrann« genannt werden kann. Seine Morde geschehen nach Otto »ruchlos« (*sacrilege*) und »grausam« (*crudeliter*).

## 2. Drei Typen von Erinnerungsmodellen

Der C²-Redaktor der SW literarisiert, wie sich gezeigt hat, die Figur Dietrichs ganz anders als der Kaiserchronist. In der Art und Weise, Erinnerung an diese geschichtliche Person wachzuhalten, folgen beide offensichtlich unterschiedlichen Modellen. Die bislang gemachten Beobachtungen erlauben vielleicht, die folgenden vorläufigen Modelle aufzustellen:

A: Das dichterische Erinnerungsmodell (›Kaiserchronik‹)

Es ist produktiv-aktualisierend, und man kann in Hinsicht auf das Verhältnis zu den Quellen und die Informationsauswahl diese Art der Chronistik auch produktiv überschreitend oder erweiternd nennen. Das heißt, es werden eine Reihe von Eckdaten aus den Quellen übernommen, darüberhinaus aber selbständig für möglich gehaltene Details hinzugefügt, so wie es das rhetorische Hauptmittel der Amplificatio vorsieht.

Die nicht zuletzt durch die Aufführungssituation mitbedingte Versform ist zugleich auch Signal für das bewußte Einsetzen artifizieller Mittel bei der Informationsweitergabe. Die literarische Tradition kann dazu die Poetik, zum Beispiel konventionelle Erzählmuster und ähnliches liefern. Im Falle Dietrichs kommt als Vorbild unter anderem das heroische Lied/Epos beziehungsweise die heroische Vita in Betracht.[10]

Bei dieser Art der Literarisierung läßt sich tendenziell folgendes beobachten: Syntagmatisch geschlossene Einheiten; Vereinfachung des Interaktionsfeldes durch Personalreduktion; Differenzierung von Aktionen und situatives Handeln; Personalisierung der Aktionen, das heißt die Konflikte kreisen um Einzelmenschen, sind typisch für Einzelpersonen und personal/subjektiv motiviert. In einem binären Schema ausgedrückt ließen sich (im Fall Dietrichs der ›Kaiserchronik‹) als durchgängige Struktur die beiden Agentien angeben: a) Personalbeziehungen werden gestört, b) Personalbeziehungen sind integer oder werden wiederhergestellt.

Das differenzierte und erweiterte Syntagma wie das entwickelte Paradigma dienen insgesamt der Sensualisierung oder Konkretisierung des Gegenstandes, das heißt Dietrich wird anschaulich gemacht. Damit ist etwas Wesentliches über die Intention gesagt. Sie besteht, allgemein formuliert, in dem Bemühen, einen geschichtlichen Gegenstand so zu aktualisieren, daß auch eine spontanemotionale Identifikation beim Rezipienten möglich wird.

Die Leistung dieses Erinnerungsmodells liegt darin, daß Dietrich anschaulich als Mensch bleibt, zu einem *helt* beziehungsweise *wîgant* wird und somit unter Umständen ritterliche Identifikationsfigur werden kann.[11] Geschichte wird auf diese Weise leichter faßlich und zugleich ins zeitgenössische Leben hereingenommen.[12]

---

[10] Hier wäre unter anderem an Heldenlied- und Chanson de geste-Tradition zu denken. Siehe WALTER HAUG: Epos. In: Enzyklopädie des Märchens IV, 76ff. Vergl. auch HUGO KUHN: ›Dietrichs Flucht‹ und ›Rabenschlacht‹. In: Verfasserlexikon ²II, 116–127.

[11] Zum Helden als identifikationsanregende Idealfigur s. KARL HAUCK [Anm. 1], S. 118ff.; speziell auf Dietrich bezogen dort S. 134ff.

[12] Wichtig wird dabei die literarische Anknüpfung an den Rezipienten »gegenwärtige Wirklichkeitsmodelle«. Siehe dazu WERNER SCHIFFER: Theorien der Geschichtsschreibung und ihre erzähltheoretische Relevanz. Stuttgart 1980 (Stud. z. allgem. u. vergl. Literatur-Wissenschaft 19), S. 11ff.

B: Das gelehrt-historiographische Erinnerungsmodell (C²-Rezension der SW)

Es ist reproduktiv-konservierend; das heißt, Chronisten, die diesem Modell verpflichtet sind, überschreiten den Informationsvorrat der Quellen nicht, sie arbeiten informationskonservierend, wählen aber bewußt aus. Mit selbständigen Einfügungen, die zudem gewöhnlich nur aus Erzählerkommentaren bestehen, wird sparsam umgegangen.

Wenn der C²-Redaktor der SW nur in Prosa erzählt, ist das als Signal für die Absicht rein denotativer Wiedergabe des Gegenstandes zu verstehen. Prosa wird bis in die frühe Neuzeit hinein vornehmlich als Zweckform begriffen. Das für die Historiographie immer wieder geforderte Stilideal der Brevitas (im Gegensatz zur rhetorischen Amplificatio) wird nach Auffassung der Zeit durch Prosa am ehesten erreichbar. Vorbild ist hier die gelehrt-lateinische Prosachronistik.[13]

Tendenziell läßt sich beobachten, daß bei der Literarisierung geschichtlicher Einzelphänomene (zum Beispiel Personen) auf ein geschlossenes Syntagma weniger Wert gelegt wird.[14] Dietrich von Bern etwa synthetisiert sich in C² für den Rezipienten nicht in einer geschlossenen Erzähleinheit als gerundetes Bild. Seine Aktionen sind nur Teil eines weitgefächerten Interaktionsfeldes, wobei sich der Blick nie auf ihn verengt. Die meisten Aktanten werden zur Chiffre objektiver Machtkonstellationen; die an ihren Namen erkennbaren Figuren sind Repräsentanten von Abstraktionen wie sie zum Beispiel das vom Kompilator gewählte Ordnungskonzept vorgeben kann.[15] Die Aktionsmotive sind

---

[13] Siehe zum tendenziellen Streben nach Einfachheit, Kürze und Lehrhaftigkeit der Prosachroniken WERNER STRUVE: Studien zum Verhältnis von Reim- und Prosachronik im 13. und 14. Jahrhundert. Diss. (Masch.) Berlin, Humboldt-Universität, 1955, S. 51f.

[14] Was nicht heißt, daß die Chronik insgesamt nicht dennoch von einem syntagmatischen Ordnungskonzept höherer Art organisiert ist. (Vergl. Anm. 15).

[15] Die mittelalterliche Weltchronistik ist gewöhnlich Kompilationschronistik, deren Produkt das Ergebnis einer Reihe von Arbeitsprozessen ist. Die Art der Auseinandersetzung mit den für die Kompilation herangezogenen Quellen entscheidet sehr viel über das Arbeitsergebnis. Die ganze Arbeit an der Chronik wird durch ein bestimmtes gedanklich-systematisches Ordnungskonzept reguliert, das mehr oder weniger philosophisch inspiriert sein kann. Gewählt werden oft ein einfaches annalistisches Prinzip oder die Kaiser- und Papst-Reihe, ein Vier- oder Sechs-Aetates-Schema, Augustins Zwei-Reiche-Lehre eine bestimmte moralisch-didaktische Intention, ein machtpolitisches oder dynastisches Programm oder aber Kombinationen solcher oder ähnlicher Konzepte. Sie beeinflussen den ersten Arbeitsvorgang der Informationsauswahl ebenso wie den folgenden strukturierenden, bei dem die gesammelten Informationen wieder zeitlich und/oder systematisch geordnet werden. Bereits hier fallen wichtige Entscheidungen darüber, ob ein überlieferter geschichtlicher Gegenstand unterschlagen oder in Erinnerung gehalten werden soll. Das durch das gewählte Ordnungskonzept regulierte Kompositionssystem des Werkes oder seine Makrostruktur besteht bei den Weltchroniken formal aus den typischen aneinandergereihten Erzählsequenzen. Vgl. ANNA-DOROTHEE V. D. BRINCKEN: Studien zur lateinischen Weltchronistik bis in das Zeitalter Ottos von Freising. Düsseldorf 1957. Dies.: Die lateinische Weltchronik. In: Mensch und Weltgeschichte. Zur Geschichte der Universalgeschichtsschreibung. Hrsg. v. ALEXANDER RANDA. Salzburg/München 1969 (Forschungsgespräche des Internationalen Forschungszentrums für Grundfragen der Wissenschaften Salzburg 7), S. 430–58. ANDREAS KUSTERNIG: Erzählende Quellen des Mittelalters. Die Problematik mittelalterlicher Historiographie am Beispiel der Schlacht bei Dürnkrut und Jedenspei-

selten personal oder individuell bestimmt, denn die Personen stehen für politische oder andere überindividuelle Beziehungen und sind Ausdruck von Machtinstitutionen, -kräftefeldern oder -konstellationen. An Daten geknüpfte Aktionsresultate stehen im Mittelpunkt. Für Dietrich läßt sich demgemäß auf die $C^2$-Rezension der SW bezogen folgendes binäre Strukturschema angeben: a) Dietrich handelt im Interesse von Reich und Kirche, b) Dietrich handelt nicht im Interesse von Reich und Kirche. Die Konflikte und ihre Motive weisen hier also über die mitspielenden Menschen hinaus.

Die paradigmatische Ebene ist schwach ausgeprägt und besteht im wesentlichen aus Denotationen. Namen und Titel, Daten und Lokalangaben herrschen vor. Metonymisches fehlt weitgehend.

Das Erinnern an Geschichtliches vollzieht sich bei diesem Modell nicht über vorwiegend die Bildphantasie anregendes Herstellen von Anschaulichkeit, das auf mögliche Identifikation und Betroffenheit der Rezipienten zielt. Sondern diese Art zu erinnern ist die hauptsächlich auf Rationalität ausgerichtete konservierende Memoria, die die kognitiven Fähigkeiten des Menschen ansprechen will. Bezug auf Zeitverhältnisse ist dabei jederzeit auch möglich.

Zwischen dem Abfassen der ›Kaiserchronik‹ und $C^2$ liegen wahrscheinlich mehr als 100 Jahre. Es stellt sich nun die Frage, ob das Modell B übergangslos im Bereich deutschsprachiger Weltchronistik entstanden ist.

Die Frage muß verneint werden, denn offensichtlich hat es einen dritten (gewissermaßen experimentellen) Zwischentyp wie die $C^1$-Rezension der SW gegeben.[16]

C: Das Mischmodell ($C^1$-Rezension der SW = Anhang)

Bereits die Tatsache, daß $C^1$ als Prosimetrum abgefaßt ist, zeigt an, daß der Kompilator keine eindeutige Richtung einschlagen kann oder will. Er bringt das dichterische und das gelehrt-historiographische Modell zusammen. Zu diesem Zweck kombiniert er, wenn von Dietrich von Bern die Rede ist, die ›Kaiserchronik‹-Verse mit der Prosa (die sich auch in $C^2$ findet) und ergänzt darüberhinaus an den chronologisch richtigen Stellen in Prosa aus Martin von Troppau.

Das Dietrich-Syntagma ist zwar durch Einschub zahlreicher anderer Informationen wie in $C^2$ unterbrochen, findet aber doch in zwei größeren Abschnitten zu geschlossenen Erzähleinheiten zusammen, bei denen das reduzier-

---

gen 1278. Wien/Köln 1982, S. 17ff. GERT MELVILLE: System und Diachronie. In: Historisches Jb. d. Görres-Gesellschaft 95, 1975, S. 33–67 und 308–341. JOACHIM KNAPE: ›Historie‹ in Mittelalter und früher Neuzeit. Begriffs- und gattungsgeschichtliche Untersuchungen im interdisziplinären Kontext. Baden-Baden 1984 (Saecvla Spiritalia 10), S. 22ff.

[16] Die Frage der von HERKOMMER [Anm. 17] postulierten zeitlichen Priorität von $C^1$ soll damit nicht berührt werden.

te Syntagma der Prosa und das erweiterte und differenzierte der ›Kaiserchronik‹-Verse verbunden sind.

Der Kompilator hat offenbar versucht, in gelehrter Manier ein breites Spektrum wichtiger für ihn erreichbarer Informationen über Dietrich zu sammeln. Daß er die ›Kaiserchronik‹-Verse unverändert eingefügt hat, hängt sicherlich damit zusammen, daß er die eindringlichere, auf Sensualisierung abzielende Darstellung Dietrichs als Person und die damit unvermittelter erreichbare Aktualisierung der menschlichen Figur Dietrichs nicht untergehen lassen wollte. Er nutzt also die Vorzüge der Modelle A und B gleichermaßen.

Wie streng sich demgegenüber der C²-Redaktor nur dem Modell B verpflichtet fühlt, wird daran deutlich, daß er die diversen auch von ihm aus der ›Kaiserchronik‹ in seinen Text übernommenen Passagen umarbeitet und prosaisiert. Zu Dietrich hat er allerdings nichts aus der ›Kaiserchronik‹ bezogen. Bei dieser Prosaisierung gleicht er die Verse durch Reduktion und Vereinfachung dem auf Brevitas und Simplicitas hin angelegten Modell der übrigen SW-Prosa an. »Der Verfasser der Prosaauflösung bearbeitete seine Vorlage mit der Absicht, aus der ›Kaiserchronik‹ einen prosaischen Tatsachenbericht herauszustellen, indem er die poetische Ausgestaltung der Ereignisse und Handlungen auf ihre Faktizität reduziert. Er begnügt sich mit der Aussage, daß etwas geschehen ist und verzichtet weitgehend darauf zu schildern, wie es geschehen ist. Die Tendenz, die er verfolgt, läßt sich treffend mit den Worten des Thüring von Ringoltingen beschreiben, der aus seiner Vorlage nicht *den synn der materyen* – *sinn* hier verstanden als ›künstlerische Ausdrucksform‹, ›kunstvolle Darbietung‹ –, sondern nur *die substantz der materyen* übernehmen wollte. Wie der Autor der ›Melusinen‹-Prosa hat auch der Verfasser von C² seine Prosaauflösung *schlecht und one rymen nach der substantz [...] gesetzet*. Er sieht in der Prosaisierung das Mittel, sich von einem geschichtlichen [dem Erinnerungsmodell A folgenden] Werk wie der ›Kaiserchronik‹ zu distanzieren, die den Formeln und Erzählmustern der mittelhochdeutschen Dichtung verpflichtet ist«.[17]

## 3. Schlußbemerkungen

Als die Chronisten des 12. und 13. Jahrhunderts vor die Aufgabe gestellt waren, erstmals Weltchroniken in deutscher Sprache abzufassen, sahen sie sich veranlaßt zu überlegen und zu entscheiden, wie sie diese geschichtliche Erinnerung gestalten sollten. Folgendes war unter anderem zu berücksichtigen: die Intention des Werkes, heranzuziehende und auszuschließende Quellen (Problem der Informationsauswahl),[18] mögliche Anknüpfung an bereits

---

[17] HUBERT HERKOMMER: Überlieferungsgeschichte der ›Sächsischen Weltchronik‹. Ein Beitrag zur deutschen Geschichtsschreibung des Mittelalters. München 1972 (MTU 38), S. 210f.
[18] Was Dietrich betrifft, mußte dabei unter zwei sehr unterschiedlichen Hauptüberlieferungsgruppen ausgewählt werden. Informationen über den Goten Theoderich wurden seit dem 6.

vorhandene Formtraditionen, Einhaltung des Aptum in Hinsicht auf das Publikum; kurz, Berücksichtigung der gesamten Traditions- und Kommunikationssituation.

Angesichts der Rezeptionsbedingungen des Hochmittelalters und der über die adlige Kultur im engeren Sinne hinaus wirksamen ritterlich-höfischen Ästhetik verwundert es nicht, daß die deutschsprachigen Autoren zunächst zum dichterischen Erinnerungsmodell tendieren. So folgt – was Dietrich betrifft – dem Kaiserchronisten im beginnenden 14. Jahrhundert zum Beispiel die Heinrich von München-Chronik.[19]

Das hauptsächlich reproduktiv-konservierende oder gelehrt-historiographische Erinnerungsmodell bleibt noch längere Zeit dem Bereich lateinischer Sprache vorbehalten. Auf die C²-Rezension der SW folgt erst 1334/35 die ›Oberrheinische Chronik‹, die aber nichts über Dietrich berichtet.[20] Die Pflege quasi wissenschaftlicher, nichtreligiöser Literatur in prosaischer Volkssprache, wie sie sich im Umkreis der Welfen in Werken wie dem ›Sachsenspiegel‹, dem ›Lucidarius‹ und vermutlich auch der ›Sächsischen Weltchronik‹ (C²) niederschlug, blieb eine Ausnahme.

Die zum Teil noch herrschende Unentschiedenheit und Unsicherheit in der volkssprachlichen Verarbeitung welthistorischer Informationen führte zu Mischtypen wie der C¹-Rezension der SW und der ›Prosa-Kaiserchronik‹ beziehungsweise dem ›Buch der Könige‹ (vor 1275).[21]

## ANHANG

*Auszug aus der Prosimetrumfassung der ›Sächsischen Weltchronik‹ (C¹)*

Der Text ist ein diplomatischer Abdruck aus der Hs. 21 der ›Sächsischen Weltchronik‹[1] = Pommersfelden, Graf von Schönbornsche Schloßbibliothek,

---

Jahrhundert wie folgt tradiert: Auf der einen Seite waren es gelehrt-lateinische Werke, vor allem etwa die Gotengeschichte des Jordanes (Mitte 5. Jahrhundert), die den Kernbestand späterer chronikalischer Überlieferung zum Beispiel bei Frutolf (um 1100) oder Otto von Freising (†1158) unter anderem ausmachen.

Auf der anderen Seite gab es die (heute erschlossenen) poetisch-volkssprachlichen Dichtungen, möglicherweise in Liedform, die vermutlich den Grundstock der sogenannten historischen Dietrich-Epik ›Dietrichs Flucht‹ und ›Rabenschlacht‹ bilden. Beide Traditionen divergieren in stofflicher, sprachlicher und poetologischer Hinsicht außerordentlich stark. Beide aber lebten nebeneinander und hielten die Erinnerung an Theoderich wach.

[19] Die Art der Personenliterarisierung muß hier aber jeweils im Einzelfall beobachtet werden. Zum Gesamtkomplex siehe HORST WENZEL: Höfische Geschichte. Literarische Tradition und Gegenwartsdeutung in den volkssprachigen Chroniken des hohen und späten Mittelalters. Bern/Frankfurt/Las Vegas 1980 (Beiträge z. älteren deutschen Literaturgeschichte 5).

[20] Der arianische Ketzer Theoderich/Dietrich wird oft das Opfer bewußter Informations-Selektion. Jansen Enikels ›Weltchronik‹ (um 1280) und die ›Oberrheinische Chronik‹ (1334/35) erwähnen ihn nicht. Andere Chroniken wie Ottokars ›Österreichische Reimchronik‹ (vor 1320) haben nur einige wenige Hinweise.

[21] Das Buch der Könige alter ê und niuwer ê. Hrsg. v. H. F. MASSMANN. In: Land und Lehenrechtbuch. 1. Bd. Hrsg. v. A. DANIELS, Berlin 1860 (Rechtsdenkmäler d. deutschen Mittelalters 3).

[1] Ausführliche Beschreibung bei HUBERT HERKOMMER [oben Anm. 17], S. 107–122.

Ms. 107 (v. Jahre 1370). Die originale Interpunktion wurde beibehalten. Die Handschrift hat Buchstaben und Punkte in brauner und Virgel in roter Tinte. Zum Teil sind die Virgel über die Punkte gezogen. Manchmal findet sich nur ein Zeichen. An wenigen Stellen stehen zwei Virgel in brauner und roter Tinte. Über dem y sind öfters zwei Punkte, so daß eine Abgrenzung zu ij manchmal schwerfällt. Die Handschrift ist mit Marginalien versehen, die sich auf die gerade abgehandelten Herrscher und Päpste beziehen. Bl. 68 v, Z. 37: *hilarius*. Bl. 70 v, Z. 9: *felix*. Z. 18: *anastasius*. Z. 37: *gelasius*. Bl. 71 v, Z. 26: *hormisda*. Z. 31: *johannes primus*. Z. 39: *Justinianus*. Alle (roten) Unterstreichungen der Hs. wurden übernommen (im Text gesperrt), Kürzel aufgelöst. Schrift: gotische Minuskel. Sprache: mitteldeutsch.

Die bei vorliegendem Abdruck benutzten verschiedenen Schrifttypen sollen das Kompilationsprinzip deutlicher hervorheben:

*1. Sächsische Weltchronik-Prosa (SW)*[2]

2. Übersetzungen aus der Chronik des Martin von Troppau (M)[3]

3. Kaiserchronik-Verse (K)[4]

\* \*
\*

[Bl. 68 v, Z. 9] ⟨ *Jn*[5] *den cziiten waren keiser zcu rome uon des keisers gebot uon constantinopole sie wacz des namen nicht wirdig./ von der cranheit des riches./ wanne ditherich uon berne./ der gothen konig rome gewan./ vnde alle lamparten/* [. . .]

[Z. 37] H̲Jlarius[6] der erste uon Sardinia. uon dem vater crispinio. sacz **HILARIUS** sechs Jar ⟨ vnde starbp na dry mande zcen tage. der stul stunt lere zcen tage. Dießer saczte. daz die cleidunge uon den leyen nymant neme. vnde saczte ouch daz kein babist sinen nachkomelinge seczte. Er machte zcu s. laurencio ein bat. vnde ein munster vnde ist ouch aldo begraben. by dem licham. des selben merteres. Vmbe die selben zciit waz konig in brittania. arthurus. alz man list in der historien brittonum. der 10 vnderbrach mit siner vrȯmikeit in deme kyue. vlandern. norwegen. tenemarken. vnde ander uile des [Bl. 69r] meres insulen./ vnde betwang sie daz sie im musten dinen / er wart gewundet / vnde wart bracht in die insulen alanonie die wȯnde zcu heilen / vnde wart darnach nicht mer zcu wißen / den brittonibus uon sinem leben wenne an dießen tag / 15

---

[2] C²-Rezension der Sächsischen Weltchronik. Hrsg. v. LUDWIG WEILAND [oben Anm. 8].
[3] Die lateinische Chronik Martins von Troppau »Chronikon pontificum et imperatorum« wurde ebenfalls von LUDWIG WEILAND herausgegeben. Hannover 1872 (MGH SS XXII, S. 397–475).
[4] Die Kaiserchronik eines Regensburger Geistlichen. Hrsg. v. EDWARD SCHRÖDER [oben Anm. 3].
[5] SW: Kap. 107, S. 133, 18.
[6] M: S. 419, 14.

**SIMPLICIUS**  SImplicius der erste geborn ein t i b u r t i n u s uon dem vater c a s t i n o
saz funfczen Jar / einen manden / syben tage./ der stul waz lere sechs
tage Dießer aller heiligiste man / wiehet die kirchen sancti s t e p p h a n i ./
vnde die kirchen s. b y u i a n e / by der kirchen sancti l a u r e n c i j ./ vnde

20  die kirchen sancte b y u i a n e do ir licham růwet./ mit virtusent./ zcwei
hundert. vnde zcwen vnde sechzcig heiliger licham./ ane vrouwen vnde
kinder./ er saczte daz czu s. p a u l e vnde sende p e t r e siben prister
bliben./ die wochen obir daz sie bichte horten / vnde touften./ die ruwe
hetten./ vnde machte funf teile den pristern der stat Die erste zcu s a n c -
t u m  p e t r u m ./ Die andern ad sanctum p a u l u m ./ Die dritte zcu s a n -

25  t u m  l a u r e n c i u m ./ Die virde zcu sanctum J o h a n n e m  z c u  l a t e r a n ./
Die funfte s a n c t a m  [ m a r i a m ]  m a i o r e m . vnde saczte ouch daz kein
prister wurde ingewiset uon eime leyen./ er ist begraben in vaticano./ by
dem licham p e t r i  a p o s t o l i ❡ Jn der selben zcit waz in brittania v e r i -
l i n u s [!] der wicker oder valsch prophet / geborn uon einer closter

30  vrouwen./ des konigis tochter./ vnde uon dem bosen geiste./ sin muter
waz des koniges demetrie tochter / vnde waz mangen den closter vrouwen in der kirchen. s. p e t r i in der stat kathermedit / sie sprach sie hette
nyman bekant./ sundern ein quam zcu ir in einer schonen gesteltniße /
se phleglich./ vnde vorswant denne wider er offinbarte sich wider / vnde
vmbe ving sie / vnde liz sie sware./ Der konig liez ouch do bůwen ein

35  wunderlichen grosen gebuuwe./ waz man daran buwet des tages./ daz
vorswant des nachtis./ den konig vorwunderte des. vnde vragete darumb / goukelere./ wo daz mochte gesin./ Sie antworten im vnde sprachen./ daz daz gebůwede nicht vort queme./ der calcina wurde gemen-
get. mit eines blute der geborn were ane vater./ sie suchten den obir alle

40  daz lant./ vnde quomen dar do verilinus / daz kint krigede mit eime
andern kinde./ vnde wart also vormeldet uon dem kinde./ vnde wart
gevangen./ vnde sprach do / der goukeler sprech vnwar./ vnde bewiste
daz vnder der erden./ were ein abgrunde. die hette vorslugkt daz gancze
werk./ vnde behilt also sin leben /

45  V On[7] unsers herren gotis geburte. virhundert vnde sechs vnde sybenczig iar /
**ZENO**  Zeno quam an daz riche vnde waz daran sechzcen herren iar./ er[8] machte uil
rechtis./ Er wolde ouch toten./ l e o n e m augusti sone./ darumb brachte
sin muter ein andern vur in / der im glich waz./ an gesteltniße / vnde
machte den leonem heimelichen zcu phaffen./ vnde lebete darnach an

50  der phaffheit./ wenne an die zciit iustini./ vmbe die selben zciit wart
vůnden der licham sancti b a r n a b e  a p o s t o l i vnde e u a n g e l i u m
m a t h e i alz er ez hatte geschriben uon siner offinbarunge./ Dießer
Z e n o machte ein vride mit den gothen ❡ Zeno[9] wan er uon krichen geborn

---

[7] SW: Kap. 109; S. 133, 31.
[8] M: S. 455, 3.
[9] K: V. 13827.

waz./ do minnet er sin geslechte baz./ danne die romere./ daz wart in harte
swere./ Er irwarbt zcu iungiste mit bete./ daz sie zcu rome lobten in der stete./
einen nacht richter wenne er wider queme./ der hiez etius./ der keiser hube 55
sich in bete verte vz./ hin zcu constantinopole / er wolde nymmer komen
wider ⟨ [. . .] [Bl. 69 v, Z. 12] ⟨ Ritter[10] die do waren./ die ylten dar iahen./ sie
sagten dem keiser vor ware./ uon ditmare // wie er die hunen hette irslagen./
wie er daz riche wolde haben./ sie sagten im uon sinem son./ sie sprachen
herre./ du soldest iz heisen widerthun./ an sinem kebselinge./ er sal nymmer 60
dine hulde gewinnen. ⟨ Der keiser sante sine her./ sie huben sich vbir daz
mer./ an daz lant zcu meran./ Ditmar vnde sine man./ ylten sich gerechten./
sie wolden gerne vechten./ daz widerryten do die wisen./ sinen son gabe er do
zcu gysel./ den jungen ditherichen./ man vurt in do zcu krichen / Do zcoch
man daz kint mit vlize / yo waz er agelisen./ herczogen vnde Grauen./ die in 65
des keisers hofe waren./ die edeln iungherren./ die musten in alle vlehen./ die
wurden alle sine man./ er wart ein helt lobesam. ⟨ Do ditherich die wafene
genam./ der keiser beualch im sinen van mit vil manche lant./ er vnder sich
betwang./ daz sie dem keiser den zcins gaben./ in vorchten alle die im beseßen
waren./ Er wart dem keiser ein so uil lieber man./ daz er in zcu sinem rat nam. 70
⟨ Nu sullen wir wider griffen./ do wir die rede eer lisen./ ya komet alsus./ daz
der richter etius / spotte der koniginne // daz hette sie vor vnmynnen./ durch
die grosen schande./ ir boten sy sante sie embot etio./ sy wurde nymmer vro./
er queme in ir phiesel./ daz er die wolle zceyse / vnder andern geniz wiben./
oder ez stunde ymmer mit nyde ⟨ Etius antworte dem boten do./ enwurde 75
ouch die koniginne nymmer vro./ ich kan nicht wollen zceysen./ diese rede
machet manigen weisen / daz sie habe vndang./ ir ist die zcunge so lang./ Jch
gezceise ir eine wolle./ ir gebot sal ich ir vollen./ sie obirwindet sie nymmer an
iren eren./ daz sage du dem keiser zenen./ ⟨ Etius entwalte do eine wile./ er
ylte hin zcu stire./ do waz ein vurste geseßen./ kůne ouch vormessen / Othak- 80
ker geheisen./ er mochte her wol leisten./ Er sprach du bist hie in eynem
gewelle./ du hast nicht wenne berge vnde enge./ wiltu sam mir riten./ gevach
dir die wise / Rome mache ich dir vndertan./ die crone saltu uon rechte han./
die romer enphaen dich./ ouch vormesse ich mich./ daz riche behabistu ymmer mit eren./ wir růchen nicht wider den alden zenon ⟨ Othakker wart uil 85
vro / vil schire besannpte er sich do./ er gewan in einer luczeln stunt./ guter
knechte funftusent er reit zcu der burg zcu bauei./ lambarten dinten im vor
eigen./ sie vůrten in zcu rome./ sie saczten im uff die crone./ sie enphingen in
zcu herren./ sie sprachen daz zenen / in krichen lande wolden schenden / 90

⟨ *Jn*[11] *den zciiten waz zcu rome keiser augustulus. do er Othakkere nicht*
*widersten mochte./ er vorzcech sich des riches./ also vortarbt daz romische ri-*
*che / an diesem augustulo./ daz wol gehöhet waz von dem grosen augusto /*

---

[10] K: V. 13905.
[11] SW: Kap. 109; S. 133, 35.

othacker[12] waz uon rusen. / *vnde*[13] *hatte do ouch ŏstirrich.* ❡ Alz[14] der keiser
horte sagen./ daz die romer hatten ein konig irhaben./ sin hercze hatte vnge-
mach./ daz wort er trŭlichen sprach./ Owe hetten mich die romer .e. irslagen./
sal ich mein .ere. sus uorloren haben./ mir were der tot alle tage lip./ iz ist ein
vngetruwe diet // wol troste in do der helt ditherich./ er sprach herre
[Bl. 70 r] man uordenket des dich./ nu sage dinen trurigen sin // sal ich haben
den lip mein./ Jch beherte dir dine ere./ lihe du mir daz lehen /daz ich daz
gerichte uon dinen gnaden habe./ vur war ich dir daz sage./ mag ich dine
hulfe / darczu gehaben./ uil billich ist mein meran./ mein kunne ist zcu lambarten./ ich zcuchtige sie mit swesten./ daz othakker were baz do heime./
etius mŭz do wollen noch zceisen./ oder ich tribe in weberisch geschirre./ wes
vur er snŭrring irre ❡ Do vrouwete sich der keiser zene / er lech ditherichen
die lehen./ uil schir er sich besante./ uon lande zcu lande / Rusen vnde po-
meran./ prusen vnde polan./ pettenere. vnde walwen./ die wenden allenthal-
ben./ slauenie vnde krichen./ affrikere komen volliclichen / deme helde ditheriche./ sie hetten so getanes heres craft./ daz man vurware sagen mag./ daz
der vogel in den luften./ mit allen sinen kreften./ nicht mochten entrynnen./ er
muste nyder vallen. ❡ Wir horen dy bucher iehen./ ane iulium cesarem./ so
gesampten sich ny sogetane magen./ also iz die romer horten sagen / sie ge-
buten ire sammenuge./ wie schire sy gewunnen./ zcweihundert tusent man./
Etius nam der romer van./ dannen wiset er die snellen./ sie herczen groz ellen
/ vnde guten willen darczu./ eines morgens vru./ vor der burg zcu rabene./
quamen sy zcu sammene./ ❡ Ditherich nam selber sinen van./ wol mante er
sine man./ er sprach wol ir snellen iungelinge./ hute sult ir hie gewinnen./ rom
vnde ere./ behelt der keyser sine ere./ so gibt man uch daz rote golt./ der
keiser ist uch willig vnde holt./ phellel vnde mŭrede die mentel uil zcire./ Die
uil guten lehen / so lebet ir ymer mit eren./ geliget ir hoffart do nyder / ir van
strebet do wider./ Jch wene iz hut nicht so irgat / so sich etius vormeßen hat /
daz er rome buwe./ ich wen daz in der spotte geruwe./ daz roz er mit den
spornen nam./ do rante er etium an./ Etius do engegene./ glich einem dieten
degene./ die sper sie zcu sthachen./ die scheffte sy zcu brachen./ Ditherich
daz swert gewan./ daz houp sluge er im abe./ der voit begonde toben er sprach
nicht spottestu / der vrouwen./ noch enhilfest nicht othekkere dinem herren /
nymmer keiner eren./ daz volkwicg waz irhaben./ in itwedeme teil der magen./ kerte schar wider schar./ die romere belagen do so gar / ouch vorgulden
sy sich so harte / mit iren scharffen swerten./ waz sie irr mochten geslagen
beide bogen vnde strangen./ beide stal / vnde horn./ do ging der romere
zcorn./ obir die windeschen man./ der wart so uil irslagen./ daz der vrmeren
schare./ enhat daz buch keine zcal./ die alle do tot lagen./ wie luczel der
genasen./ die in othakkers schar./ die vlohen uon dem wal./ zcu rabene in die

---

[12] M: S. 454, 39.
[13] SW: Kap. 109, S. 133, 33.
[14] K: V. 13993.

burg./ Ditherich der helt gut./ vor der burg er saz./ uil thure er sich vormaz./
er zcustorte in alle ir hus./ sie engeben othakker daz vz./ do vorsmahet ez in       135
uon ditheriche./ do heiz er daz tageliche // mit sturme zcu der burg gan./
ouch wolt man in die burggrauen./ sie s mochten do wider nicht gethun./ do
gewan der ditmares son./ daz man ymmer uon im sagete./ die wile daz er
lebete ⟨ Othakker sach daz./ daz ez vrome nicht waz./ er ghe uff den burg-
graben / Ditherichen hiez er iz sagen./ er were nicht edele./ geboren uon einer       140
kebese./ Torste er mit im vechten / vor so manigen guten knechten./ er wolde
sezzen in vrteile den lip./ nů bin ich doch kein wip./ sprach der helt ditherich./
do strebete er vur sich./ also der leůwe tut./ sin grymmiger mut.// ym do nicht
entweich./ daz swert er begreiff./ mit beiden sinen handen./ daz wart er harte
entplanden / othakker dem obersezzen./ do wart er harte geleczet./ der konig-       145
lichen eren./ er irrete in nymmermer / Ditherich vnde sine man / mit ufge-
richten van / riten sie zcu rome in daz lant / do geleiste wol der wigant./ daz
er gelobete wider sinen herrn./ in irrete do nymant mere./ im mochte nicht
widerstan sie wurden alle sine man / ym dinten vorchlichen./ alle die riche./
*ditherich*[15] *uon berne behilt / do daz riche / ein vnde drißig iar mit der duschen*       150
*hulfe* mit[16] *vride / vnde nam do zcu wibe des koniges tochter uon vrang-*
*riche* ⟨ *Jn der zciit die sachsen / nach uil harten kyue besaczten / die*
*insulen britanie./ daz nů engelant heist./ an den cziiten sanctus* g e r m a -
n u s  a l c i s i o d o r e n s i s . / vnde [Bl. 70v] lupus trecensis wurden gesant
uon dem babist in britaniam./ zcu vorstoren die keczerie pelaij./ ez       155
bloide ouch in den gecziiten./ an gelouben vnde an kunst./ f u l g e n t i u s
*nach*[17] *dem babist felice wart gelasius babist. der machte / y m n o s . / p r e -*
*f a c i o n e s  /  vnde  t r a c t u s* ⟨ *An den selben zciiten Hemeritus der konig*
*uon affrica./ vortreibt uon sinem lande dryhundert vnde vir vnde drißig bi-*
*schofe / vnde sneit in die zcungen vz./ vnde sant sie in daz enlende sardinie./ do*
*gabe in got die gabe./ daz sie doch sprachen ane zcwene die mit wiben bewollen*       160
*waren./ den name got die gabe./ der konig saczte an ire stat/. andere keczcere*
*bischoffe./ wanne er selber ein keczcere / waz./ dicz schribet sanctus gregorius in*
*dialogo. darnach starb der keiser zeno./ vnde wart begraben*

**FE**lix[18] der dritte uon rome uon dem vater f e l i c e dem pristere saz       **FELIX · 3**US.
achte iar./ eylf mande / sibenzcen tage./ der stul stunt lere funf tage.
dießer saczte daz die bischofe die kirchen wiehen solden./ er buwete die
kirchen sancti a g a p i t i . by der kirchen sancti l a u r e n c y vnde ist begraben an der kirchen sancti p a u l i . ⟨ Jn den zciiten./ wart zcu wissen
uon krichen./ daz acatius der bischoff./ uon constantinopolim hatte wider gesaczte p e t r u m den bischoff uon allexandria./ der vortůmet waz./       170
durch sine keczcerie./ daz nam er swerlichen zcu sich sanctus f e l i x .

---

[15] SW: Kap. 109; S. 134, 1.
[16] M: S. 455, 15.
[17] SW: Kap. 109; S. 134,4.
[18] M: S. 419, 37.

vnde machte ein c o n c i l i u m ./ vnde votumet a c a t i u m vnde p e t r u m ./
er vortůrmet ouch in dem concilio zcwene bischoffe die er gesant hatte
zcu constantinopolim durch diese vorgenante sache./ wanne sie wurden
175 vorkart uon des geldes willen / daz yn der keyser gabe./ dieser babist
saczte ouch darmete./ deme der gerůget wurde scholde tag geben./ daz
er sich mochte bereiten zcu zcu antworten./ vnde die rugere vnde die
richtere sullen also sin./ daz sie keine suspicien an sich haben

ANASTAS[IUS]  *I N*[19] *dem virhunderten vnde zcwei vnde nůnczigsten iar / von der gebort*
180 *gotis. anastasius quam an daz rich./ vnde Er was daran Syben vnde zcwenczig*
*iar. ⁊ Jn den cziiten waz ditherich zcu rome konig mit des keisers willen zcu*
*constantinopolim./ do er othakker irslagen hatte / Der keyser a n a s t a s i u s waz*
*ein keczer./ vnde ouch der konig ditherich./ den man hiez uon berne./ nach dem*
*babist g e l a s i o wart anastasius babist./ do er starb. do wart ein strit zcu*
185 *rome vmbe daz babistůme zcwisschen L a u r e n c i o vnde s y m a c h o ./ der wer-*
*de dry iar./ daruon wurden uil lute tot/geslagen./ wen der konig ditherich be-*
*stetiget Symochum zcu babist vnde machte laurencium zcu bischofe./ vmbe*
*dieße missehelunge waz paschalius sele des heiligen mannes. alz sanctus g r e -*
*g o r i u s schribet in dem helle vůre./ nach dem babist s y m a c h o wart o r m i s d a*
190 *babist. der sante sine boten zcu dem keisere a n a s t a s i o ./ vnde schuldiget in*
*vmbe sine keczcerie./ daz vorsmahet ime. darnach slug in daz weter daz er*
*starp./ alz uon rechte ein vnselig man ⊂ In*[20] diesen zciiten Tasimundus der
konig wandalorum / liez zcu slahen[20a] in affrica die kirchen./ des cristen
gelouben./ vnde sante in daz enlende zcu s a r d i n i a ./ hundert vnde
195 zcwenczig bischoffe./ an den selben zciiten zcu karthaginem / der bischoff o l i m p i u s ein arriane./ behonede in dem bade die heiligen
driualdikeit./ des wart er uon dem engel mit drien vůrige/ iacolis vor-
brant./ daz man sin nichtis mer ersach./ Ouch der bischof barrabas ein
arrianus./ toufte einen wider daz geseczte des gelouben/. vnde sprach.
babtiso te barrabas per filium / I n n o m i n e p a t r i s in s p i r i t u sanc-
200 t o . zcu hant vorswant daz waßer./ daz do gegenwertig waz./ vnde wisete
sich mer./ do daz gesach./ der getouft wolde werden. er ging uon dannen./ vnde liez sich toufen nach d e m s y t e n des g e l o u b e n

GELASIUS    GElasius[21] der erste uon affrica / uon dem vater valerio/. saz vir jare
achte mande./ vnde acht vnde zcwenczige tage / Dießer machte / o r a t i o -
205 n e s. vnde saczte zcu der messe v e r e d i g n u m et i u s t u m e s t. vnde
machte die / y m n o s / alse a m b r o s i u s ./ An diesen zciiten wart gemachet de vmdinge cripte s a n c t i m i c h a e l i s ./ ez wart ouch vunden der
licham s a n c t i b a r n a b e. vnde mit ime daz e w a n g e l i u m ./ daz sanctus matheus mit sines selbis hant hat geschriben / an h e b r a i c o ./ Aui-

---

[19] SW: Kap. 110; S. 134, 11.
[20] M: S. 455, 18.
[20a] Übergeschrieben: slisen.
[21] M: S. 419, 46.

tus der bischoff zcu vienne. beschirmete daz[21a] lant gallie / vor der keczerie der arrianen / 210

[Bl. 71r] Anastasius[22] der andere geborne von rome./ uon dem vater
fortunato./ saz zcwei iar / eylf mande / vnde dry vnde zcwenczig tage./
der stul stunt lere nvn tage. Dieser saczte daz kein phaffe sine tagecziit
vorsumen / můste./ wanne die messen./ dießer anastasius tete den keiser zcu bannen. Jn der zciit./ saczten sich wider den babist uile pristere 215
/ vnde clerici./ darumb daz er gemeinde fontino diacona zcu tessalonica
/ vnde waz bequeme succathaty./ der vortumet waz uon der cristenheit./
sie wolden wider seczen acatium./ vnde mochten des nicht gethun./
er wart uon dem gotlichen riche geslagen./ wente do er zcu der naturen
hemelikeit ging[23]./ er starp vnde endet iemerlich sine leben / 220

SJmachus der erste von sardinia. uon dem vater fortunato. saz funf- **SYMACHUS·I**[US]·
czen iar./ syben mande vnde syben vnde zcwenczig tage / Dießer saczte
daz man Gloria in excelsis sal singen zcu den hochcziiten der
heiligen./ daz man vor nicht tete./ Er wart gewihet eines tages mit laurencio Symachus in der kirchen constantina./ Laurencius in der
kirchen sente marien maioren./ Symachus bleibt babist vnde laurencius wart entsaczt. ℂ Clodoueus der konig in vrankrich wart gekart 225
zcu dem cristengelouben uon sancto Remigio mit allen sinen luten./
er buwet zcu paris eine konigliche kirchen / in der ere der apostelen
petri vnde pauli./ Boetius consularis scheine do in ytalia./ er wart
gesant in daz enelende / uon ditherico dem konige ytalie./ vnde
machete do die buchere de consolacione philosophie. ℂ Jn der 230
zciit scheine ouch sanctus remigius./ sanctus maxentius./ der
abbet / sanctus leodegarius./ sanctus arnolfus./ sancta ge-
nouepha ℂ Jn den zciiten Sigismundus der konig von burgundie./
buwete ein munster in der ere sancti mauricij vnde siner geselleschaft./
an der stete agauno do sie ruwen./ vnde gabe darczu uil gutes./ an der
selben zciit Symachus der babist hatte ein sent./ vnde saczte dysen 235
homutigen[24] laurencium uon barmherczikeit wegen zcu bischofe nu-
therinum./ darnach in cleinen iaren wart symachus besait mit missetat
durch hasses willen./ uon valschen zcůngen./ vnde laurencius wart
hemelichen wider geruffen / darumb wart anderweit geteilt die phaph-
eit./ ein teil hildent mit symacho./ vnde ir ein teil mit laurencio./ des 240
wart do anderweit sent gehalden./ vnde zcu samme gerufen./ uon zcwei-
hunderten vnde funfczen bischofen./ vnde Symachus entschuldiget sich
der valschen missetat./ vnde wart mit eren wider gesaczt./ vnde laurencius wart vortumet mit allen den sinen /

---

[21a] Übergeschrieben: die.
[22] M: S. 420, 1.
[23] »ging« doppelt.
[24] Übergeschrieben: benomeden.

JUSTINUS·I·     V̲On²⁵ *der geburt vnsers lieben herren ihesu cristi funfhundert vnde nv̆ncze-*
*hen iar / Justinus der erste ein wol cristen man./ quam an daz riche / vnde waz*
*daran achte iar./ mit dießem keiser stediget der babist ormisda./ den cristen*
*gelouben./ Nach im wart J o h a n n e s babist./ der keiser iustinus gebot./ daz*
*man aller keczerer kirchen zcusluge // vnde daz man wider seczte rechte cristen*
250    *bischofe / Do dicz konig ditherich uornam er sante dem keiser iustino./ den*
*babist J o h a n n e m ./ vnde enbot im./ ab er den keczceren ire kirchen neme so*
*wolde er alles daz volk tot slan./ daz recht geloubig were / Jn der zciit liez./ der*
*konig ditherich tot slaen zcu rome s y m a c h u m p a t r i c i u m* ⁋ In²⁶ *den cziiten*
*waz do b o e t i u s / vnde s e n e c a ./ vnde ein heiliger babist geheisen i o h a n -*
255    *n e s ./ der sante zcu dem keiser iustinen./ sie sprachen ez enczemte nicht sinen*
*eren./ daz ein vngeborn man./ romische riche solde bewaren./ die boten vingk*
*man vnderwegen do musten sie uff den babist iehen./ vnde uff andere die*
*herren./ die an dem rate waren.* ⁋ *Ditherich der vbel wot grymme./ hiez im die*
*herren gewinnen./ Von sente p e t e r s stul./ hiez er den babist voren phaffen*
260    *vnde leien. hiez vuren zcu bauey./ er hiez sie in den kerkere werffen./ nymant*
*torste in helfen./ went sie alle die des hv̆ngeres ertwalen./ uff den boten iahen*
⁋ *Die cristen do clageten daz sie vorloren habeten./ Jren meister also lieben./*
*do rach sie got schire./ wanne er die cristen hette gelediget./ do wart im vor*
*got verteilet./ uil manige daz sahen./ daz in die tuuele namen / sie vurten in in*
265    *den bergk vulkan./ daz gebot sente J o h a n n e s der heilige man./ do brinnet er*
*biz an den iungsten tag./ daz im nymant gehelfen mag./ wer nu̇ wolle bewe-*
*ren./ daz ditherich* [Bl. 71v] *ezzelen sehe./ der heiz daz buch vurtragen zcu*
*zenoue wart begraben/. darnach stunt ez vorwar dry vnde virczig iar / daz*
*ditherich wart geborn / zcu krichen wart er gezcogen / daz er daz swert vmbe*
270    *bant / zcu rome wart er gesant./ zcu vulkan wart er begraben./ hie mu̇get ir*
*der lugene wol ein ende haben* ⁋ *Zeno wonte an dem riche./ entsampt mit*
*ditherich / daz saget daz buch vorwar./ sechs vnde drissig iar./ vnde funf*
*mande mere./ constantinopolere begruben do den herren./ Dicz²⁷ waz der*
*ditherich uon berne./ ditmaris son./ uon des geslechte die amelungen quemen./*
275    *were die mere wollen wissen./ uon sinem geslechte./ vnde sine vrlouge der lese*
*die h i s t o r i e n gothorum./ ez wart ouch uon im manige lugene getan./ er hiez*
*ouch uon berne./ wanne er aller erste berne gewan./ vnde daz vz. die betwang*
*die lant / er waren die gothen vnstete uon lande zcu lande./ wanne sie sider*
*burgundiam gewunnen./ daz sie noch hute besiczen / Jn den zciiten waz sanctus*
280    *b e n e d i c t u s .* ⁋

---

²⁵ SW: Kap. 111; S. 134, 23.
²⁶ K: V. 14142.
²⁷ SW: Kap. 111; S. 134, 36.

# Minne und Geschichtserfahrung

## Zum ›Frauendienst‹ Ulrichs von Liechtenstein

von

KLAUS GRUBMÜLLER (MÜNSTER)

Ulrichs von Liechtenstein ›Frauendienst‹ – das ist nur des Tagungsthemas wegen zu bemerken nicht überflüssig – ist keine Geschichtsdichtung; er berichtet nicht von ferner Vergangenheit, er deutet die Gegenwart, aber er benötigt dafür Ereignisse der eben vergangenen Gegenwart. Ganz gleich, wann wir uns den ›Frauendienst‹ entstanden oder abgeschlossen denken (wie üblich ›um 1255‹ oder vorsichtiger »zwischen 1246 . . . und dem Tod Ulrichs [26. 1. 1275]«[1]), immer sind die Vorgänge, auf die Bezug genommen wird oder die erzählt werden, zum Zeitpunkt des Erzählens vergangen und zumeist auch abgeschlossen – Ulrich zeigt das schon durch das Präteritum als Erzählzeit an; unerheblich ist es dabei, ob die erzählten Ereignisse auch außerhalb des ›Frauendienstes‹ nachgewiesen werden können, ob wir sie für fiktiv oder für wirklich im Sinne von tatsächlich geschehen[2] halten. Im Erzählgestus des Textes gilt der Tod des Vaters als ebenso vergangen und tatsächlich wie das Verstummen des Werbenden im Augenblick der Begegnung, die Einsetzung Meinhards von Görz als Landeshauptmann der Steiermark erscheint in gleicher Weise als einmal wirklich gewesen (vor Tagen oder vor Jahren und jedenfalls ohne Rücksicht auf die tatsächlichen Daten[3]) wie der Dialog des Erzählers mit seiner Minnedame oder die Lektüre eines Minneliedes. Es liegt dann zum Bei-

---

[1] FRANZ VIKTOR SPECHTLER: Untersuchungen zu Ulrich von Liechtenstein. Habilitationsschrift masch. Salzburg 1974, S. 234. Ders.: Probleme um Ulrich von Liechtenstein. Bemerkungen zu historischen Grundlagen, Untersuchungsaspekten und Deutungsversuchen. In: Österreichische Literatur zur Zeit der Babenberger. Vorträge der Lilienfelder Tagung 1976. Hrsg. von ALFRED EBENBAUER u. a., Wien 1977, S. 218–232, hier S. 221.
Franz Viktor Spechtler habe ich dafür zu danken, daß er uns für ein Ulrich-von-Liechtenstein-Seminar in Münster (WS 1981/82) ein Exemplar seiner Habilitationsschrift zur Verfügung gestellt hat. Unter den Teilnehmern des Seminars bin ich besonders Andrea Grewe und Norbert Dreier für kluges Nachfragen und wichtige Anregungen zu Dank verpflichtet.
[2] Auf die Diskussion zum Verhältnis von Realität und Fiktion im Mittelalter kann ich hier nicht eingehen; sie wird in anderen Beiträgen dieses Bandes, insbesondere bei ALFRED EBENBAUER, behandelt. Ich habe mich dazu früher in anderem Zusammenhang geäußert (Überlegungen zum Wahrheitsanspruch des Physiologus im Mittelalter. Frühmittelalterliche Studien 12, 1978, S. 160–177, bes. S. 166f.) und verweise nur auf den locus classicus zur Unterscheidung der Wirklichkeitsebenen, Isidor, Etymologiae (ed. WALLACE MARTIN LINDSAY, Oxford 1911), I,XLIV,5: . . . *historiae sunt res verae quae factae sunt; argumenta sunt quae etsi facta non sunt, fieri tamen possunt; fabulae vero sunt quae nec factae sunt nec fieri possunt, quia contra naturam sunt.*
[3] Vgl. SPECHTLER, Untersuchungen [Anm. 1], S. 290–292.

spiel in der Konsequenz dieses Montierens von Wirklichkeitsebenen, wenn
Ulrich von Liechtenstein – so wie Ulrich von Liechtenstein ihn im ›Frauendienst‹ als *her Uolrich* erzählen läßt – auf das Lied, mit dem das Erfüllung
verheißende *süeze wort* seiner Dame gefeiert wird, unmittelbar die Ankündi-
gung von Herzog Friedrichs des Streitbaren Tod in der Schlacht an der Leitha
(1246) folgen läßt:

> *Nâch disen lieden kom ein tac,*
> *den ich wol immer hazzen mac*
> *und der mir ofte noch trûren gît.*
> *uns kom ein swindiu sumerzît,*
> *dar inne der fürste Friderîch,*
> *der hôch geborn von Oesterrîch,*
> *vil jaemerlîchen wart erslagen.*   (V. 1659,1-7)[4]

Das Seelenereignis der verheißenen Minne-Erfüllung und das konkrete historische Faktum sind in ein und dieselbe chronologische Reihe gestellt, und
beide wirken in ihren Qualitäten aufeinander ein: Der Tod des Herrschers
wird Teil der emotionalen Biographie des Erzählers, das Minneerlebnis und
sein poetischer Niederschlag im Lied übernehmen – auf der Ebene der Erzählung – mit der fixierten genauen chronologischen Stelle auch realhistorische
Geltung. Der ›Frauendienst‹ ist ›historische Dichtung‹ schon durch seinen
Wirklichkeitsanspruch.

Dem gegenüber tritt die Notwendigkeit zurück, Ereignisse und Personen
auch in der sogenannten außerliterarischen Wirklichkeit nachzuweisen. Die
Möglichkeit dazu entscheidet sich an der für den gestellten Anspruch eher
sekundären Frage des Formats der Vorgänge und des Ranges der beteiligten
Personen (die sie zum Beispiel der öffentlichen oder privaten Beurkundung
würdig machen), sie entscheidet sich an der Reichweite der erzählten Geschehnisse, ihrer Erstreckung über das persönliche Erleben hinaus und damit
an ihrer gattungsgerechten Publizität (die sie zum Beispiel dem Bereich der
kanonisierten Geschichtsschreibung zugänglich machen). Wiedererkennen
von schon einmal Gehörtem oder gar selbst Erlebtem wird den Hörer eher
dazu verführen, der Konstruktion zu folgen; aber noch nicht Gehörtes oder
Erlebtes könnte nicht schon dadurch als erfunden erkannt werden.

Der Wirklichkeitsanspruch, den der ›Frauendienst‹ für das Erzählte erhebt,
ist immer schon gesehen worden[5] – von denen, die ihn als Chronik einer tatsächlichen Passion auffaßten und zum Beleg für die Realität des Minnedienstes und seiner verschiedensten Erscheinungsformen nahmen, wie von deren
Antipoden, die für ihre These der Fiktionalität zumindest der Minnehandlung

---

[4] Zitate nach der Ausgabe von REINHOLD BECHSTEIN: Ulrichs von Liechtenstein Frauendienst. 2
Bde, Leipzig 1888 (Deutsche Dichtungen des Mittelalters 6/7).
[5] Klassifizierung der Positionen bei INGEBORG GLIER: Diener zweier Herrinnen: Zu Ulrichs von
Lichtenstein Frauendienst. In: The Epic in Medieval Society. Aesthetic and moral values.
Edited by HARALD SCHOLLER. Tübingen 1977, S. 290-306.

hinter den Text zurückblicken und den Autor der Irreführung oder zumindest der possenhaften Camouflage überführen mußten. Heute ist es (besonders nach den Arbeiten von TIMOTHY D. McFARLAND,[6] URSULA PETERS,[7] INGEBORG GLIER [Anm. 5], INGO REIFFENSTEIN,[8] KURT RUH,[9] JAN-DIRK MÜLLER[10]) sicherlich nicht mehr die Frage, ob hier zu Recht oder zu Unrecht der Anspruch der Wirklichkeit erhoben wird; die Fakten sind (zuletzt umfassend von SPECHTLER) klargelegt, und es liegt auf der Hand, daß die Einschaltung von historisch belegbaren Personen und Ereignissen in eine nur fiktiv begreifbare Minnebiographie als das massivste Mittel zu dienen hat, dieser und damit zugleich dem ganzen Stoffkonglomerat den Anschein kürzlich vergangener Tatsächlichkeit zu geben, es damit historisch zu machen. Noch nicht begriffen ist damit aber schon der Sinn dieses Bemühens: Welche Antriebe stehen hinter ihm, was soll es bewirken, und – sofern überhaupt abtrennbar – was bewirkt es tatsächlich? Die Antwort,[11] die ich nicht in der Beliebigkeit allegorisierender Deutungen,[12] der Unverbindlichkeit des Scherzes[13] oder der Artistik des »Romans

---

[6] Ulrich von Lichtenstein and the Autobiographical Narrative Form. In: Probleme mittelhochdeutscher Erzählformen. Marburger Colloquium 1969. Hrsg. von PETER F. GANZ und WERNER SCHRÖDER. Berlin 1972, S. 178–196.

[7] Frauendienst. Untersuchungen zu Ulrich von Lichtenstein und zum Wirklichkeitsgehalt der Minnedichtung. Göppingen 1971 (GAG 46).

[8] Rollenspiel und Rollenentlarvung im Frauendienst Ulrichs von Liechtenstein. In: Festschrift für Adalbert Schmidt zum 70. Geburtstag. Hrsg. von GERLINDE WEISS. Stuttgart 1976 (Stuttgarter Arbeiten zur Germanistik 4), S. 107–120.

[9] Dichterliebe im europäischen Minnesang. In: Deutsche Literatur im Mittelalter. Kontakte und Perspektiven (Hugo Kuhn zum Gedenken). Hrsg. von CHRISTOPH CORMEAU. Stuttgart 1979, S. 160–183.

[10] JAN-DIRK MÜLLER: Lachen – Spiel – Fiktion. Zum Verhältnis von literarischem Diskurs und historischer Realität im ›Frauendienst‹ Ulrichs von Liechtenstein. In: DVjs. 58, 1984, S. 38–73. Jan-Dirk Müllers Aufsatz war mir als Vortrag in Erinnerung; ich konnte ihn nach der Konzipierung meines Vortragstextes im Umbruch lesen und freue mich über grundsätzliche Übereinstimmung in der Ausgangssituation, der das Verhalten der Fiktion zur »Realität« nicht als vorgegeben und abfragbar gilt, sondern als Gegenstand des Erzählens selbst, ebenso über die Diskussionsanlässe, die sich aus unserer unterschiedlichen Bewertung der Minnehandlung ergeben.

[11] In die Richtung, in der ich sie suche, weisen vor allem der Aufsatz von REIFFENSTEIN [Anm. 8] und die knappen Ausführungen von RUH [Anm. 9], in der Wendung gegen die »bewußte ... Destruktion klassischen Minnesangs« (S. 511) und die Isolierung der historischen Realität im zweiten Teil auch URS HERZOG: Minneideal und Wirklichkeit. Zum ›Frauendienst‹ des Ulrich von Lichtenstein. DVjs. 49, 1975, S. 502–519.

[12] Vgl. RENATE HAUSNER: Ulrichs von Liechtenstein ›Frauendienst‹. Eine steirisch-österreichische Adaption des Artusromans. Überlegungen zur Struktur. In: Festschrift für Adalbert Schmidt [Anm. 8], S. 121–192. Kurzfassung unter dem Titel: Ulrichs von Liechtenstein ›Frauendienst‹ – eine steirisch-österreichische Adaption des Artusromans. In: Österreichische Literatur zur Zeit der Babenberger [Anm. 1], S. 50–67. Kritisch dazu neben RUH [Anm. 9], Anm. 12 und MÜLLER [Anm. 10], Anm. 6 und 14, vor allem WINFRIED FREY: *mir was hin von herzen gâch*. Zum Funktionswandel der Minnelyrik in Ulrichs von Liechtenstein ›Frauendienst‹. Euphorion 75, 1981, S. 50–70. Von einem entgegengesetzten Ausgangspunkt in ähnliche Gefahr wie HAUSNER gerät BERND THUM: Ulrich von Lichtenstein. Höfische Ethik und soziale Wirklichkeit. Diss. Heidelberg 1968.

[13] ALOIS WOLF: Komik und Parodie als Möglichkeiten dichterischer Selbstdarstellung im Mittelalter. Zu Ulrichs von Liechtenstein ›Frauendienst‹. ABäG 10, 1976, S. 73–101. Vgl. dazu RUH [Anm. 9], S. 173f. mit Verweis auf HERZOG [Anm. 11], S. 509f.

zum eigenen Werk«[14] sehen kann, muß der Text enthalten; ich versuche, ihn
zu strukturieren.

*       *

*

> *guot gedinge der ist vil guot,*
> *lieber wân noch sanfter tuot.*   (V. 1170,5f.)

Hoffen und Selbsttäuschung bestimmen die lange Geschichte von Ulrichs
Werben um seine erste Herrin: *lieber wân* – Liebeshoffnung und Ungewißheit
zugleich – werde in Freude münden. Die Hoffnung richtet sich auf den notwendigen Erfolg einer verläßlich vorgegebenen Werbe- und Dienstschematik,
die Erhörung und Lohn bei Erfüllung bestimmter Bedingungen vermeintlich
zusichert.[15] Ulrich formuliert seine Zuversicht immer wieder – *her Uolrich* als
handelnde Person oder als Poet ebenso wie der Erzähler (zumeist [vergleiche
etwa V. 1050,6-8] in der kommentierenden Rede seiner Figuren):

> *Waz danne ob sî mir widersagt?*
> *dar umbe bin ich unverzagt.*
> *ob sî mir hiute ist gehaz,*
> *sô wil ich gerne dienen baz,*
> *daz sî mir fürbaz werde holt.*
> *ob ich ir zorn hân nû versolt,*
> *sô dien ich ir ûf sölhen wân,*
> *daz sî mich hulde lâze hân*

– so zum Beispiel *Uolrich* im Gespräch mit dem Boten (V. 412,1-8).

> *Dun darft niht sorgen,*
> *daz ir vor verborgen*
> *dîn staetiu triuwe die lenge noch sî.*
> *Al dîniu tougen*
> *diu sint âne lougen*
> *ir ougen, ir ôren al sprechende bî.*
> *Wirt sie für wâr*
> *an dir gewar,*
> *daz dich niht krenket*
> *ein valscher kranc,*
> *vil wol bedenket*
> *dich ir habedanc*

– so zum Beispiel *Uolrich* als Dichter im zehnten Lied (V. 37-48), objektiviert
in der Belehrung durch Frau Minne, und ihr korrespondiert im zweiten Büchlein der Vorwurf an die Minne, im Verhältnis zu Dauer und Qualität des
Dienstes *lônes ... ze laz* zu sein (V. 23).

---

[14] Glier [Anm. 5], S. 303.
[15] Vgl. Reiffenstein [Anm. 8], S. 118.

> *und wenkestu an ir dienste niht,*
> *daz dir noch liep von ir geschiht.*
>
> . . .
>
> *nu tuo gar, swaz ir wille sî:*
> *sô mahtu ir geligen bî*
> *in kurzen zîten endelîch*　　(V. 1217,7f. und 1219,3–5)

– so zum Beispiel die Niftel im Verlauf des mißlingenden Stelldicheins.

Die Geschichte von *Uolrichs* Werbung ist in ihrer Reihung von Mißerfolgen der permanente Versuch, die jeweils letzte noch ausstehende Bedingung zu erfüllen, damit der Lohn gewährt werden muß. Die Mundoperation beseitigt den Einwand eines ästhetischen Makels (*geviel ir niht mîn zeswiu hant, / ich slüeg si ab bî got zehant* [V. 101,5f.]), eine Turnierfahrt den der körperlichen Schwäche und Unerfahrenheit (*swîget! ir sît gar ze kint* [V. 151,1]), eine weitere den des zu geringen Ruhmes (*mir lobent sîn aber die vremden niht* [Brief a,3]), das Abhacken des Fingers schließlich – als grotesker Höhepunkt dieser Qualifizierungsserie – widerlegt den Vorwurf der Unaufrichtigkeit.

Die Dame reagiert unbeeindruckt, ärgerlich, auch konsterniert:

> *ich ensolt der tumpheit trûwen niht,*
> *daz immer ein versunnen man*
> *im selben hete daz getân.*　　(V. 448, 6–8)[16]

Ulrichs Beharrlichkeit resultiert aus dem Ernst, mit dem er die Dienstformel, wie sie im dritten Lied formuliert ist (*Swie du wilt, sô wil ich sîn*, V. 3), wörtlich nimmt und handgreiflich macht, und offenbar ist es ebenso unangemessen wie nutzlos, sie in dieser Weise in Handeln umzusetzen. Denn dieses die Situationsbedingungen des Sprechens ignorierende, also falsche Wörtlichnehmen[17] ist es, das Ulrich immer wieder in Schwanksituationen geraten, zur komischen Figur werden läßt; motivische Anklänge an Schwankstoffe unterstützen den komischen Effekt.[18]

Der Schwankheld wird zur komischen Figur, weil er die Bedingungen seines Handelns falsch interpretiert; Ulrich gleicht ihm darin auf der Handlungsebene insofern, als er seine Dame und sich auf die gleiche Konzeption von Minnedienst verpflichtet glaubt. Er überbietet den Schwankhelden dadurch, daß er auch Korrekturen nicht wahrnimmt: Keine der ablehnenden Reaktionen der Dame erreicht ihn wirklich, immer geraten sie ihm zur Bestärkung

---

[16] Vgl. z. B. noch die verwunderte Neugier im Prosabrief A oder die Reaktion auf die Mundoperation: *... er tuot sîn niht: / mîn munt für wârheit dir des giht. / ez deuht mich tumplîch gar getân, / wold er sich alsô snîden lân* (V. 98,5–8).

[17] Vgl. WOLF [Anm. 13], S. 85, der freilich das kritische Element dieser Komik hinter der »heiter-ironisch getönte(n) Wertung« (S. 80) zu sehr zurücktreten läßt. Andererseits wird auch nicht ganz generell »die Unsinnigkeit des Minnestrebens augenfällig« vorgeführt und damit gar »die Antinomie des Minnesangs als reale Antinomie enthüllt: Minnedienst schafft keine Versöhnung gesellschaftlicher Unterschiede« (FREY, [Anm. 12], S. 58) – wer hätte das auch erwartet?

[18] Vgl. McFARLAND [Anm. 6], S. 191f.; WOLF [Anm. 13], S. 80.

seines eigenen Interpretationsschemas; in ihm bleibt er gefangen, obwohl oder
weil er seine Bedingungen selbst gesetzt hat. Er formuliert sie aus in den
Liedern und insbesondere in den Büchlein – dort ernsthaft und ohne die groteske Komik seines Handelns. Das rührt nicht einfach aus einem vagen Widerspruch von Theorie und Praxis her, sondern aus dem Handlungscharakter
dieser Texte im Werk: sie sind ja ausgegeben und eingeführt als poetische
Erzeugnisse des werbenden *hern Uolrich* selbst (*do tiht ich liet und ein botschaft* [V. 159,4]), formulieren also das Bewußtsein einer handelnden Figur
aus und bleiben völlig in diesem befangen; sie immunisieren den *hern Uolrich*
sogar gegenüber der Konfrontation mit der Wirklichkeit durch ein stellen-
weise geradezu virtuoses Verschleierungs- und Selbsttäuschungsarrangement,
das ihnen Objektivität zuzuspielen versucht:

So erscheinen die Büchlein stets abgelöst vom Autor in der Situation, in der
die Dame sie liest, in einer Art von personifizierter Rede:

> *daz büechel ir für wâr des jach.*
> *nu sült ir hoeren, wie ez sprach.*   (V. 449,7f.)

So kann der Text – ein zweiter Objektivierungsschritt – auf Rollen übertragen werden, von denen die eine der Büchlein-Autor und die andere Frau
Minne selbst übernimmt, womit dieser sie notwendig sein eigenes Bewußtsein
ausformulieren und bestätigen läßt (zweites Büchlein).

Und schließlich ist das *büechel* außerdem Botschaft an die Dame, es spricht
– wiederum personifiziert und damit vom Autor distanziert – als Bote, und
diese Distanz kann sinnfällig gemacht werden, indem die Unterredner sich
über den Boten, der sie selbst sind, wie über einen Dritten unterhalten (*sô wil
ich ûf die triuwe mîn* – so sagt die Minne zum Büchlein-Verfasser – *hin varn
mit dem boten dîn* (der sie ist, indem sie spricht) *ze dîner vrowen wandels vrî*
[B. II, V. 347–349]); oder die Distanz wird dargestellt und damit die Subjek-
tivität verborgen durch ein Zwiegespräch zwischen dem Boten und dem Autor
der Botschaft als seinem Auftraggeber in dem Büchlein, das insgesamt als Bote
dient (erstes Büchlein).

Aufgebaut und abgesichert wird auf diese Weise ein sich selbst genügendes
System der Weltinterpretation, das der Überprüfung nicht mehr bedarf und
dabei in die Gefahr gerät, sich zur Schein-Welt zu verselbständigen. Es scheint
mir die Virtuosität dieser Konstruktion zu bestätigen, daß die Kontakte des so
immunisierten Ich zur historischen Außenwelt, zu den Namen und Ereignissen der Geschichte, es im Verlauf seines ersten Dienstes insbesondere dort, wo
die historischen Materialien sich häufen, nicht als sich selbst, sondern immer
nur als Maske zeigen: als grünen Ritter beim Friesacher Turnier (der nur in
dieser Verkleidung den großen, auszeichnenden Turniererfolg hat, sonst nur
Durchschnittliches leistet [V. 233,8]), als Frau Venus vor allem, schließlich
auch auf dem Höhepunkt seines Minnedienstes, in dessen Realitätserprobung
im Stelldichein auf der Burg der Dame, zu der er sich als Aussätziger ver-
kleiden und so als Isolierter, auf sich selbst Begrenzter erscheinen muß.

Diese Begegnung des *hern Uolrich* mit seiner Minnedame treibt die Befangenheit Ulrichs in sich selbst und in seinem Interpretationssystem auf die Spitze, macht seine Unfähigkeit zur Kontrolle an der Außenwelt und zur Verständigung – moderner Erkenntnis- und Sprachskepsis vorausgreifend – schlagartig und im Konzentrat deutlich:

Vom Zugeständnis der Einladung an setzt die Dame als Voraussetzung fest, daß Erfüllung des Minne-Werbens im *bî ligen* als Ziel dieses Stelldicheins nicht in Frage komme:

> *er sül dar ûf niht komen her,*
> *daz ich in zuo mir welle legen:*
> *des sol er sich vil gar bewegen.*   (V. 1104,2–4)

Belohnung für beständigen Dienst sei das Treffen selbst, und die Absicht, den Werbenden zum Verzicht auf weiteres Dienen zu bewegen, seine eigentliche Intention:

> *ich wil in hie mit senften siten*
> *des zewâr güetlîchen biten,*
> *daz er mich lâze gar dienstes vrî,*
> *als liebe ich im ze vriunde sî.*   (V. 1105,5–8)

Zwar nicht diese heimliche Hoffnung auf Beendigung des Dienstverhältnisses, aber doch die gesellschaftlich-konversationellen Grenzen des Besuches werden auch in aller Deutlichkeit von seinem Boten an den *hern Uolrich* weitergegeben:

> *ir sult dar ûf dar komen niht,*
> *daz ir des habt deheinen wân,*
> *daz sî iuch welle bî ir lân*
> *ligen: des müge niht geschehen.*
> *sî wil iuch sus wan gern sehen*
> *und mit iu reden minneclîch.*   (V. 1116,2–7)

Dennoch ist das Stelldichein von Anfang an von dem rabiaten Versuch geprägt, die Dame zur Einlösung ihrer angeblichen Verpflichtung zum Minnelohn oder gar zur Einhaltung eines doch nie gegebenen Versprechens zu überreden. Zum Verzicht, sich gewaltsam zu holen, worauf er einen Anspruch zu haben glaubt, hat sich *her Uolrich* von seiner Niftel noch überreden lassen (*und rüerest dus an als umb ein hâr / wider ir willen, daz si dir / wirt nimmer holt (gelaube mir!)* [V. 1217,2–4]), verbal vertritt er seine Forderung mit unerschütterlicher Verblendung:

> *ir sült bedenken iuch, daz ir*
> *mich hiezet durch genâde her komen.*
> *sol mich mîn kunft her niht gefromen,*
> *sô daz ich iu gelige bî,*
> *sô bin ich immer vreuden vrî*
> *und wirde ouch nimmer mêre vrô,*
> *und scheide ich hie von iu alsô.*

*Und sold ich alsus von iu komen,*
*swaz dâ von iemen wurde vernommen,*
*daz krenket iwer werdicheit.*

(V. 1222,2 - 1223,3; vgl. auch V. 1232,6-8; 1235,4-8)

Nicht die Belehrung durch die Niftel, daß Minne sich nicht ertrotzen lasse
(*Diu reine, tugende rîche giht, / du mügest ir an erkriegen nicht / ir minne ...*
[V. 1251,1-3]), noch der unwirsche Hinweis der Dame selbst auf die Weige-
rung ihres Gegenübers, Realität – nämlich die Realität ihrer Rede – zur Kenntnis zu nehmen (*Ich hânz iu hînt wol zwir geseit, / daz iu mîn minne ist unbereit*
*/ ze disen zîten endelîch* [V. 1237,1-3]), vermag dieses Musterbeispiel eines
nicht »geglückten« Kommunikationsaktes zu beenden; Ulrich redet weiter an
der Situation vorbei und fragt nur nach neuen Leistungen, die er erbringen
könne (Str. 1233), um – so die Implikation – die Verpflichtung für die Dame
endgültig unausweichlich zu machen. Aufgelöst wird dieses unsensible Gleich-
gewicht erst durch die Reaktion der *vrouwe* (die allein zu reagieren fähig ist);
sie übernimmt – notgedrungen – die Bedingungen von Ulrichs Handeln und
setzt sie für sich ein. Seine Unfähigkeit zur Wahrnehmung der Realität, seine
Befangenheit in einem Denksystem, das ihm die Wirklichkeit verdeckt, läßt ihn
die List nicht erkennen, die sich hinter dem allzu plötzlichen Sinneswandel der
Dame verbirgt (*ich tuo, swaz iwer wille sî. / ir sult mir hie gelegen bî / nâch*
*ewerm willen endelîch* [V. 1265,5-7]), und eine Lösung akzeptieren, die genau
sein Ausweichen vor der Wirklichkeit verbildlicht: er läßt sich verstecken, in
einem Leintuch verborgen *ein wênic nider lâzen* (V. 1260,8), in Sicherheit
gewiegt durch das Einschwenken der Dame auf sein Werbe- und Argu-
mentationsvokabular (*als ich iuch danne enpfangen hân, / sô bin ich iu gar*
*undertân, / swes ir mit mir beginnen welt. / ich hân ze friunde mir erwelt / für*
*alle ritter iwern lîp* [V. 1261,3-7]) und verführt durch das Vereinigungs-
symbol seiner Vorstellungswelt, den Kuß (*sî sprach: »friunt, nu küsse mich!«*
[V. 1268,5]) – nur, daß der hier die plötzliche Trennung bewirkt, denn vor
Freude über diese Aufforderung läßt Ulrich die Hand der Dame los und stürzt
in den Graben. Da nun läßt sich Wirklichkeit nicht mehr negieren, und die
Reaktion auf den aufgedeckten Widerspruch sind Wahnsinn (*vor leide ich dâ*
*den sin verlôs* [V. 1270,3]) und Verzweiflung, aus denen er nur gerettet wird
durch erneuten Rückfall in die Täuschung: Sein *geselle* erfindet eine neue
Lohnzusage der Dame; gibt sie als *rehte wârheit* (V. 1287,2) aus und stürzt
Ulrich so erneut in den *wân: dô wânde er, ez waer allez wâr* (V. 1301,7).

Wieder ist es das Schwankmotiv (der Schreiber im Korb[19]), das den Widerspruch von Sein und Schein sichtbar macht: Ulrichs Befangenheit in einem

---

[19] Vgl. GEORG FRIEDRICH KOCH: Virgil im Korbe. In: Festschrift für Erich Meyer. Hrsg. von
WERNER GRAMBERG u. a. Hamburg 1957, S. 105-121. Die bekannteste deutschsprachige Fassung ist die in Jansen Enikels Weltchronik (V. 23779-23915), die wichtigsten bildlichen Darstellungen im deutschen Umkreis sind die Fresken am Konstanzer Haus zur Kunkel, das damit
zusammenhängende Autorenbild zu Kristan von Hamle in der Großen Heidelberger Liederhs.
und der Freiburger Maltererteppich (dazu FRIEDRICH MAURER: Der Topos von den ›Minne-
sklaven‹. DVjs 27, 1953, S. 182-206). Eine Übersetzung der italienischen Fassung aus den

geschlossenen Denksystem, das auf seine Situationsgerechtigkeit nicht mehr
geprüft wird und das auch das Aufmerken auf das Gegenüber verhindert, läßt
ihn scheitern und entlarvt seine Welt als eine Welt der bloßen Vorstellung, des
*wânes*, oder genauer und in der Terminologie des Textes: als ein Produkt des
Wünschens; ganz so, wie es programmatisch im vierten Lied formuliert wird,
einem Lied, das herausgehoben ist durch seine Plazierung nach dem ersten
Höhepunkt an ritterlicher Minneleistung, der Inszenierung des Friesacher Tur-
niers, und darin der Profilierung als erfolgreicher Turnierritter, und das ausge-
zeichnet ist durch öffentlichen Vortrag und öffentliche Billigung (*Diu liet ze
Frisach sint für komen: / si hât manic ritter dâ vernomen, / der in des jach, sî
waern guot. / »diu wîse ist niuwe und hôchgemuot, / diu wort sint süeze und dar
zuo wâr.«* [V. 316,1-5]). Als *wâr* akklamiert werden der Vergleich der *gedanken gegen ir güete* mit dem Traum in der ersten Strophe (IV,6 und 8), die
Hoffnung auf künftige *saelde*, die bereits *vrô* mache (*des gedingen bin ich vrô*
IV,13), und die Furcht, dieser *wân* könne zerstört werden (IV,15f.), die Bitte,
aus diesem *lieben wâne* nicht *weinens* erwachen zu müssen (IV,19 und 22),
und schließlich die Rühmung von *wünschen unde wol gedenken* in der vierten
Strophe:

> Wünschen unde wol gedenken
> dêst diu meiste vreude mîn.
> des sol mir ir trôst niht wenken,
> sie gelâze mich ir sîn
> Mit den beiden nâhen bî,
> sô daz sie mit willen gunne
> mir von ir sô werder wunne,
> daz sie saelic immer sî.   (IV,25-32)

*Diu wort sint süeze und dar zuo wâr*: Wie können sie es sein, wenn sie den
erzählenden und singenden *hern Uolrich* in die Gefahr des Selbstverlustes und
der Zerstörung führen? Die einfache (erste und geläufige) Antwort: Sie sind –
im Rahmen des Gedichtes – Gedicht, nicht Handlung (oder: erst als Gedicht
Handlung). Ulrichs Fehler, die Ursache seines Scheiterns, sei – so ist oft zu
lesen – die Umsetzung der Vorstellung Minnedienst (wie er sie in seinen Liedern, zum Beispiel im Lied IV, ohne jeden Anstoß formulierte) in das tatsäch-
liche Handeln. Der ganze erste Dienst, sagt INGO REIFFENSTEIN,[20] könne als

---

›Venti Novelle‹ des Giovanni Sercambi findet sich bei ERNST TEGETHOFF: Märchen, Schwänke
und Fabeln. München 1925 (Bücher des Mittelalters), S. 351-353.

[20] [Anm. 8], S. 118. Über die Ursachen des Fehlschlages MÜLLER [Anm. 10], S. 53f. und Anm. 32.
Es ist zweifellos so, daß das abrupte Ende des Dienstes nicht die »Verderblichkeit hoher
Minne« exemplifizieren kann; aber so konturlos die »Untat« der Dame auch bleibt (was
MÜLLERS Perspektive auf die Funktion der höfischen Etikette glänzend bestätigt), so verbindet
sie sich im Bewußtsein des erzählenden Ulrich doch mit dem Faktum ausbleibenden (und
gleichfalls konturlosen) Lohnes, wie sein Kommentar sichtbar macht: *Dô sî ir untât niht er-
want, / dô schiet ich ûz ir dienst zehant / von ir schulden mînen muot. / swer dienst dar die lenge
tuot, / dâ man im niht gelônen kan, / der ist ein gar unwîser man* (Str. 1365). Die Untat hat also
durchaus mit Ulrichs Verständnis von Dienst zu tun (dagegen RUH [Anm. 9], S. 175) und

Lehrstück dafür aufgefaßt werden, »wie man Minnelyrik und den (nur) in ihr sich konstituierenden Minnedienst nicht verstehen dürfe: als Handlungsanweisungen für erfolgreiches Minnewerben. Der zweite Dienst stellt dem das Positivbild gegenüber: Minnedienst in und als Minnelyrik.« Daß es sich nur um ein Gattungsproblem handle, meint REIFFENSTEIN damit nicht; vielmehr geht es um den Wirklichkeitsstatus von Literatur: »Auch das Dichten und Vortragen von Minnelyrik ist ein höfisch-gesellschaftliches Rollenspiel, dessen »Wirklichkeit« man verfehlt, wenn man sich seines konventionellen Charakters ... nicht zureichend bewußt ist« (ebd.).

Ich will mich mit dieser Antwort nicht zufrieden geben. Denn schließt sie nicht trotz aller Gattungsdifferenzierungen ein, daß das, was Minnesang aussagt, nicht im Lebensvollzug (auch nicht im rollenhaft durchprobierten) verbindlich gemacht werden dürfe? Nichts anderes wäre ja das Mißgeschick, das dem Helden Ulrichs von Liechtenstein widerfahren ist: ernstgenommen zu haben, was ihm - warum nicht in Rollenformulierungen - die Minnelyrik als Verhaltensentwurf vorgeführt hat. Und ist nicht dies einer der Erträge von gut 150 Jahren Minnesang-Philologie: die - zuletzt von Hugo Kuhn mit allem Engagement vertretene - Einsicht in die Verbindlichkeit der im Minnesang im Sinne einer allgemeinen Lebensorientierung geführten Diskussionen. Dem Verbindlichkeitsanspruch kommt Ulrichs von Liechtenstein *her Uolrich* mit großer Entschiedenheit nach, die Totalitätsforderung erfüllt er mit dem Versuch, Minne als ein alle Lebensäußerungen übergreifendes und organisierendes Prinzip zu leben. Die Einführung historischer Daten und Personen in die Minnehandlung hat unter diesen Umständen den doppelten Effekt, Minne zum einen als verbindliches, zum anderen als totales Lebenskonzept vorzuführen. Warum schlägt dieser Versuch dennoch fehl, warum entgleist er zur Farce?

Mir scheint, weil aus dieser Verbindlichkeit gerade die beiden zentralen Elemente von Minnesang eliminiert sind: sein Diskussionscharakter und sein Personalitätskonzept - wenn das Wortspiel erlaubt ist: Reflexion und Reflexivität.

Minnesang ist über weite Strecken fortdauernde Reflexion auf seine eigenen Bedingungen (ein Grundelement auch des Artusromans, wie zuletzt HEDDA RAGOTZKY und BARBARA WEINMAYER gezeigt haben),[21] er ist damit exemplarisches Instrument der Welterkenntnis; wo die Diskussion der Bedingungen ausfällt, kehrt sich die Erkenntnisrichtung um: als bloßes und starres Rezept verhindert Minne Erkenntnis, sie wird zur Ideologie und scheitert - wie Ideologien das freilich nicht immer widerfährt - an der Wirklichkeit, und zwar auf allen Ebenen; oder umgekehrt: Wirklichkeit besteht nur noch maskiert.

---

verweist damit auch seine Hochstimmung (die man in der Tat als Andeutung Ulrichs sehen kann, »bei seiner Dame ans Ziel gekommen zu sein« [MÜLLER ebd.]) in den Bereich subjektiver Aufnahme einer Botschaft der Dame, die ihm (wie schon im ersten Stelldichein) nur mitteilen läßt, daß sie ihn sehen wolle, sofern das *mit fuoge* geschehen könne.

[21] HEDDA RAGOTZKY und BARBARA WEINMAYER: Höfischer Roman und soziale Identitätsbildung. Zur soziologischen Deutung des Doppelwegs im ›Iwein‹ Hartmanns von Aue. In: Deutsche Literatur im Mittelalter [Anm. 9], S. 211-253.

Ulrich von Liechtenstein zeigt das Defizit an Erkenntnisleistung und Situationsprüfung, wie es den ersten Dienst konstituiert, im nachhinein an: Das erste Lied nach der »Untat« der Dame und der Dienstaufkündigung durch *hern Uolrich* steht unter dem Stichwort des *scheidens*. Zunächst noch erlebnishaft ausgelöst durch die Erfahrung, einer Falschen gedient zu haben, steuert das Lied in Strophe sechs und sieben auf die generelle Notwendigkeit des Prüfens zu:

> *Ich wil guotiu wîp von boesen scheiden,*
> *al die wîle ich von in singen wil.*
> *Swer gelîche sprichet wol in beiden,*
> *der hât gegen den guoten valsches vil.*
> *Guotiu wîp, geloubet daz,*
> *swer iuch mit den valschen lobet, der treit iu haz.*
> *sunderlop iuch êret verre baz.*

> *Guoter wîbe güete gar unêret*
> *wîp, der herze valsch gemüete treit.*
> *Dâ bî valscher wîbe fuore mêret*
> *guoten wîben hôhe werdekeit.*
> *Swâ diu valsche missetuot,*
> *dâ wirt schiere bî bekant der reinen muot:*
> *dâ von ist ir valsch den guoten guot.*   (XXII,36–49)

Die folgenden Lieder holen diesen Akt des Prüfens und Unterscheidens – immer wieder auch mit dem Terminus *scheiden* belegt – reflektierend nach und vollziehen ihn an den einzelnen Elementen der Minne-Systematik: *triuwe* und *staete* (XXIII), *êre*, *freude* und *rehte güete* (XXIV), *schoene*, *güete* und *werdekeit* (XXV), dazu *dienst* (XXVI), *rehte freude* (XXVII), *staete* und *liebe* (XXVIII), *minne* und *freude* (XXIX), und immer wieder wird alles Unterscheiden dienstbar gemacht dem prüfenden Aufspüren der *guoten* aus den *valschen wîp*, dem Erkennen der rechten gegenüber der falschen Minne. Die Lieder befestigen so in der Art des Spruchdichters Reflexion, Frage und die Bitte um Rat als Haltung, die sich schließlich in Lied XXX auf den Entscheidungskern zuspitzt in der Frage der im Rollenspiel angesprochenen Dame: *Herre, saget mir, waz ist minne?* (XXX,8).

Das Lied XXX bedürfte – in seinem Zitat- und in seinem Spielcharakter – einer ausführlicheren Interpretation;[22] wichtig ist für diesen Zusammenhang, wie in ihm alle begrifflichen Klärungen und Differenzierungen zum einen gerade den Rezeptcharakter und seine Einsträngigkeit vermeiden und die Ambivalenz betonen (*Sie ist übel, sie ist guot, / wol und wê sie beidiu tuot: / seht, alsô ist sie gemuot* [XXX,19–21]), zum andern gleichwohl zugeführt und gelenkt werden auf den Anwendungsfall für den einzelnen – hier für die rollenhaft als Fragestellerin auftretende Dame:

---

[22] Dazu und zur vorhergehenden Passage vor allem MARIE-LUISE DITTRICH: Die Ideologie des *guoten wibes* in Ulrichs von Lichtenstein *Vrowen Dienst*. In: Gedenkschrift f. William Foerste. Hrsg. von DIETRICH HOFMANN. Köln 1970 (Nd. Stud. 18), S. 502–530, hier S. 509f.

> *»Herre, wie sol ich verschulden*
> *ir lôn und ir habedanc?*
> *Sol ich kumber dâ von dulden,*
> *dâ ist mîn lîp zuo gar ze kranc.*
> *Leides mag ich niht getragen.*
> *wie sol ich ir lôn bejagen?*
> *herre, daz sult ir mir sagen.«*   (XXX,36–42)

Der Antwort kommt die Dialogstruktur des Liedes zugute. Der als Autorität befragte Mann rät (das ist vorbereitet durch Reflexionen über das *zweien* und *vereinen* in der Minne in Lied XXVIII und durch deren Präsentation in Lied XXIX) zur Verschmelzung der Personen:

> *Vrouwe, dâ soltû mich meinen*
> *herzenlîchen als ich dich,*
> *unser zweien sô vereinen,*
> *daz wir beidiu sîn ein ich.*
> *wis du mîn, sô bin ich dîn!*   (XXX,43–47)

Die Dame widerspricht und damit endet das Lied:

> *»herre, des mac niht gesîn.*
> *sît ir iuwer, ich bin mîn.«*   (XXX,48f.)

Der Widerspruch bleibt unwidersprochen, er ist somit als Widerspruch akzeptiert, und damit bildet die dialogisch-gedankliche Struktur der Strophe genau die Position der Dame ab und setzt sie letzten Endes ins Recht: Mann und Frau gehen nicht ineinander auf, sie bleiben sich gegenüber, beide behalten ihr Recht als Sprecher (im Lied) und als Person.

Damit ist ein fundamental anderes Verständnis von Minne erreicht, als es der erste Dienst des *hern Uolrich* vorgeführt hatte. Dort der Versuch einer gewalttätigen Überwältigung des Gegenübers durch Ansprüche, die aus Leistungen abgeleitet werden, hier die Hinnahme der Eigenständigkeit der Geliebten im akzeptierten Widerspruch; dort der Verlust der eigenen Persönlichkeit, der den Fordernden zum Narren, zum Illusionisten, zum Wahnsinnigen werden läßt; hier die Möglichkeit prüfenden, verantwortlichen Handelns, die den bewußten Verzicht auf Handeln einschließt.

Es ist – wie immer schon beobachtet worden ist – das eigenartige Charakteristikum des zweiten Dienstes, daß ein konkretes Bild der Minnehandlung zwischen Ulrich und seiner zweiten Dame nicht entsteht. Minnediensthandlungen fehlen weitgehend; wie die Dame reagiert, ist kaum angedeutet, sie bleibt blaß als Figur – aber vielleicht heißt das aus der Perspektive des Ich-Erzählers eher positiv: er okkupiert sie nicht zu seiner eigenen Profilierung. Wenn die reflektierende Prüfung der Anwendungsbedingungen von Minne, wie sie sich in den Liedern XXII–XXX konzentriert, die notwendige Bewahrung der personalen Identität des Gegenübers zum Ergebnis hat, verbietet sich jedes Eindringen auf sie, jeder Aktivismus, bleiben Hoffnung und Wunsch nicht länger ideologische Surrogate der Wirklichkeit, sondern werden zu realen Bestandteilen dieser selbst. Die durch die Akte des Prüfens errungene Realitätsmächtigkeit lehrt, daß Wünsche nicht schon ihre Erfüllung einschließen, Vorstellungen niemanden zu ihrer Realisierung verpflichten, Träume nicht die Wirklichkeit sind, zugleich aber: Wünsche, Vorstellungen, Träume – in dieser Weise realitätsgerecht verstanden – der Bereich sind, in dem das Individuum seine Souveränität und damit seine Personalität am freiesten entfalten kann: ungestört von der Realität, aber auch ohne sie zu vergewaltigen; *wünschen* – sofern nicht mit seiner Erfüllung gleichgesetzt – schafft Unabhängigkeit:[23]

> *Nâch disen lieden wart ich dô*
> *von wünschen hertzenlîchen vrô.*
> *ich wart wol inne, daz wünschen tuot*
> *vil wol: wan ez gît hôhen muot.*
> *ein man vil gerne wünschen sol:*
> *ez tuot in hertzen grunde wol.*   (V. 1818,1–6)

Reflexion über Minne und ihre Bedingungen führt also zu generellen Einsichten in das Vermögen des Menschen zu erkennen und zu wirken; Minnereflexion ist Instrumentarium der Lebensorientierung; das am Thema Minne gelernte Prüfen und Scheiden macht frei zum Erkennen der Welt – auch in ihren historischen Erscheinungsformen: Geschichte erscheint erst im zweiten Teil des ›Frauendienstes‹ unbefangen und uneigennützig wahrgenommen. Historische oder als historisch ausgegebene Ereignisse sind im ersten Teil immer gesehen durch die Brille des Minnedienstes und unter dem ganz speziellen Interesse, für die Minnewerbung ausbeutbar zu sein. Das Friesacher Turnier – gleich ob erfunden oder historisch begründet[24] – nimmt seinen Ausgang von einem politischen Kasus, Streitigkeiten um einen drohenden Krieg zwischen Heinrich von Istrien und Bernhard von Kärnten und einen von Herzog Leopold VI. von Österreich angesetzten Versöhnungstermin; doch der politische Sachverhalt tritt völlig zurück hinter der Turnierveranstaltung, die *her Uolrich* inszeniert, um *êre* zu erwerben und mit ihrer Hilfe den Minnelohn seiner Dame; das Mißverhältnis[25] wird von den politisch handelnden Personen beredet und (V. 240,6) als *tumpheit* getadelt:

---

[23] Zum Vorwurf des Eskapismus (FREY [Anm. 12], S. 69) vgl. MÜLLER [Anm. 10], S. 69. Zum Hintergrund bei Walther vgl. GERT KAISER: Walthers Lied vom *Wünschen unde waenen.* Zu L. 184,1–30; 61,32–62,5; 185,31–40. PBB (Tüb.) 90, 1968, S. 243–279.

[24] Die Materialien bei SPECHTLER, Untersuchungen [Anm. 1], S. 407–413, und ausführlicher diskutiert bei HERMANN REICHERT: Vorbilder für Ulrichs von Lichtenstein Friesacher Turnier. In: Die mittelalterliche Literatur in Kärnten. Vorträge des Symposions in St. Georgen/Längsee vom 8. bis 13. 9. 1980. Hrsg. von PETER KRÄMER. Wien 1981 (Wiener Arbeiten zur germanischen Altertumskunde und Philologie 16), S. 189–216, der glaubt, »als sicher erwiesen (zu) haben, . . . daß Ulrichs Feste historisch waren« (S. 208).

[25] MÜLLERS Überlegungen ([Anm. 10], S. 59) führen in diesem Punkte entschieden weiter (»Der Landesfürst erreicht sein Ziel . . ., . . . indem er zunächst Ordnung im Spiel stiftet.«), aber dennoch bleibt die Turnierveranstaltung für Ulrich Mittel, über den Gewinn von *êre* Minne zu erlangen. Es wäre vielleicht sogar zu fragen, ob so nicht sogar der Bereich der Politik noch entsprechend funktionalisiert wird.

*Der fürst Liupolt ûz Oesterrîch*
*der sprach: »mich müet daz endeclîch,*
*sul wir niht anders schaffen hie*
*wan stechen. ich kom drumb her nie.*
*einen tac ich her gemachet hân*
*und wolt den haz gern understân,*
*den der von Kärnden staeteclîch*
*hât wider margrâve Heinrîch.«*

*Von Agley der patriarc*
*sprach: »diu kost ist hie ze starc.«*
*von Babenperc der bischof sprach:*
*»dêswâr ez ist mir ungemach,*
*sül wir alsô umb sus hie sîn ...«*   (V. 237,1–238,5)

Im zweiten Dienst scheinen Politik und Minne nicht mehr miteinander in Kontakt zu treten (wenn wir davon ausgehen, daß auch die Artusfahrt als politische Veranstaltung konzipiert ist und nicht als Minneleistung).[26] Friedrich der Streitbare tritt anders als Leopold nicht nur als Stichwortgeber für Turnier- und Minneritter auf, er wird in eigenständig politischem Handeln gesehen: Dazu gehören – möglicherweise – sein (mit Lachen quittiertes) Mitspielen der Lehensnahme von Artus[27] (als propagandistisch-provokatives Vorführen der erwünschten Verhältnisse?),[28] das Unterbrechen der Artusfahrt mit dem Verweis auf die Spannungen mit Böhmen und letzten Endes auch Friedrichs Tod in der Schlacht an der Leitha und dessen Wirkungen.

Auch Ulrich selbst wird erst im zweiten Teil des ›Frauendienstes‹ zur politischen Figur. Seine Gefangennahme durch zwei Gefolgsleute und die Befreiung durch Meinhard von Görz sind als Rechtsbruch und Räuberei und damit als pures Ereignis der politisch-historischen Wirklichkeit wahrgenommen und dargestellt. Ulrich zeigt sich als planvoll Handelnder, als einer, der gelernt hat, Sein und Schein, Wunsch und Wirklichkeit zu unterscheiden, und dem es nun auch gelingt, Realität nicht nur wahrzunehmen, sondern zu reflektieren: ein Bewußtsein seines historischen Standortes auszubilden. Die Zeitklagen nach Friedrichs Tod – wie topisch sie in ihren Inhalten auch sein mögen – sind als Faktum Verarbeitung von Zeitgeschichtserfahrung, Bewußtwerden der eigenen Geschichtlichkeit; für die Bewältigung der drohenden Depression angesichts der Zeitumstände steht genau die Haltung zur Verfügung, die in der Verarbeitung der Minnedepression ausgearbeitet worden war: Distanz zur Wirklichkeit (*swie ez doch in den landen gie, / ich kom von mînen vreuden nie* [V. 1738,7f.]) aus dem Bewußtsein der eigenen personalen Existenz, wie es sich zuerst in der rechten Minne-Erfahrung ausbildet. In diesem Sinne wird Minne zum Trost in der Gefangenschaft (Lied XLVII), in diesem

---

[26] So PETERS [Anm. 7], S. 173–205; REIFFENSTEIN [Anm. 8], S. 111–118. Dazu REICHERT [Anm. 24]), S. 196–199. Anders aber DITTRICH [Anm. 22], S. 515–518.
[27] Zum Symptomwert dieser Stelle MÜLLER [Anm. 10], S. 38f.
[28] Vgl. THUM [Anm. 12], S. 114–117 und die Bemerkungen dazu bei MÜLLER [Anm. 10], S. 39f.

Sinne muß das Darniederliegen des Frauendienstes unmittelbar der Räuberei korreliert werden.

So nur – scheint mir – werden wir dem Ernst der Schlußpassagen von Ulrichs Werk gerecht, in denen als Ergebnis einer eindringlichen Wertediskussion – vor dem Hintergrund von Walthers Autorität als Musterbild zeitgeschichtlich-politischen und moralischen Prüfens und Scheidens – die Geliebte zum ›summum bonum‹ verklärt wird und Minne als Lebensprogramm die Oberhand behält: *in der dienst die sêle mîn / wil ich noch fürbaz wâgent sîn* (1838,7f.). Nur so gewinnen wir dem ›Frauendienst‹ – als Dichtung wie als Vorgang – jene Verbindlichkeit zurück, auf die er Anspruch erhebt, und die er – als Formexperiment, als Traditionskonglomerat, als Diskussion von Gattungsnormen oder Rollenfunktionen, als parodistischer Scherz – zu verlieren droht.

# Das Dilemma mit der Wahrheit

## Gedanken zum »historisierenden Roman« des 13. Jahrhunderts

von

ALFRED EBENBAUER (WIEN)

Ich beginne mit einem Gedankenexperiment: Ein mittelalterlicher Leser greift zufällig hintereinander zum ›König Rother‹, zu Konrad Flecks ›Flore und Blanscheflur‹ und zur anonym überlieferten Erzählung ›Die gute Frau‹. Er wird stutzig werden, denn er erfährt bei seiner Lektüre, daß Kaiser Karl der Große der Enkel König Rothers und einer byzantinischen Kaiserstochter[1] oder aber der Enkel Flores und Blanscheflurs[2] oder aber der Sohn eines fränkischen Vasallen und der Grafentochter von Blois (die zum französischen Königs-Paar avancieren)[3] sein soll. – Wie hat dieser Leser reagiert? Hat er über die historische Unkenntnis seiner Autoren geschmunzelt, hat er sich über die Lügen der Dichter geärgert, oder hat er gar nichts Besonderes daran gefunden? – Und was ist mit den Autoren? Haben sie ihre Angaben einfach abgeschrieben? Sind sie »Lügnern« und »Fälschern« aufgesessen oder einer geschichtsverändernden Sagenbildung? Haben sie ihre Leser wissentlich in die Irre geführt oder sind sie selbst Getäuschte? Welche Wahrheit gestanden sie ihrer Geschichte zu?

Es ist also die »berühmt-berüchtigte Frage«[4] vom Verhältnis der Geschichtsschreibung zur Dichtung, der ich mich zuwenden möchte. Daß dieses Verhältnis nicht mit dem »schlichten Oppositionspaar« von *res fictae* (Dichtung) und *res factae* (Historiographie) ausreichend definiert werden kann, ist nicht zuletzt in der Historiographie-Debatte der letzten Jahre klar geworden.[5] Der Unterschied zwischen beiden Formen der Narration liegt nicht darin, daß »Geschichtsdarstellung in der Dichtung ... Fiktion [zulasse], während Hi-

---

[1] König Rother. Hrsg. v. JAN DE VRIES. Heidelberg 1922 (German. Bibl. II,13), V. 3477ff.; 4791ff.; 5185ff.

[2] Konrad Fleck. Flore und Blancheflur. Hrsg. v. EMIL SOMMER. Quedlinburg/Leipzig 1846 (Bibl. d. gesammten dt. National-Lit. 12), V. 307ff.; 7858ff.

[3] Die gute Frau. Hrsg. v. EMIL SOMMER. ZfdA 2, 1842, S. 385ff., V. 1ff.; 3019ff.

[4] So HANS ROBERT JAUSS: Der Gebrauch der Fiktion in Formen der Anschauung und Darstellung der Geschichte. In: Formen der Geschichtsschreibung. München 1982 (Theorie der Geschichte 4 [dtv 4389]), S. 418. – Für PETER VON MOOS: *Poeta* und *historicus* im Mittelalter. Zum Mimesis-Problem am Beispiel einiger Urteile über Lucan. PBB (Tüb.) 98, 1976, S. 93 handelt es sich sogar um eine »Scheinfrage«.

[5] Vgl. u. a. die Beiträge in: Theorie der Geschichte. Beiträge zur Historik. 4 Bde. München 1977–82 (dtv 4281. 4304. 4342. 4389) und in: Geschichte - Ereignis und Erzählung. Hrsg. v. REINHART KOSSELLECK und WOLF-DIETER STEMPEL. München 1973 (Poetik und Hermeneutik 5).

storie, die sich als Wirklichkeitsaussage versteht, Fiktion ausschließe.« Vielmehr unterscheiden sich Geschichtsschreibung und Dichtung »an der gemeinsamen Grenze des Wahrscheinlichen ... durch die verschiedene Weise, in der sie Mittel der Fiktion in Gebrauch nehmen, und durch die verschiedene Erwartung, die sie bei ihren Lesern erwecken können.«[6] Derartige Überlegungen zielen – wiewohl sie immer auch Dichtung im Auge haben – auf eine Reflexion der Historiographie, auf deren Ansprüche und Möglichkeiten. Ich möchte hier aber nicht fragen: Welchen Anteil darf und muß Fiktion an Historiographie haben, sondern ich möchte das Problem von der anderen Seite her betrachten: Was bedeutet die Einbeziehung von »Historischem« in fiktionale Texte.[7] Nicht um die »*res fictae* als Ärgernis der Historiographie«[8] geht es mir, sondern um die *res factae* in einigen mittelalterlichen Erzähltexten, nicht um einen Beitrag zur Poetik (und ihrem Verhältnis zur Historik), sondern um die Analyse eines konkreten literarhistorischen Phänomens, nämlich die Zunahme des »Historischen« im Roman des 13. Jahrhunderts, genauer in jener Gruppe von Romanen, die weder der Antiken-, noch der Artusliteratur zuzuzählen sind, die auch nicht zur Tradition der Legende oder der Chanson de geste gehören. Man hat sie – nicht sehr glücklich – als Aventiurenromane bezeichnet. Es sind dies:[9]

> Rudolf von Ems, ›Willehalm von Orlens‹,[10] ›Der gute Gerhart‹[11]
>
> Konrad Fleck, ›Flore und Blanscheflur‹
>
> Berthold von Holle, ›Demantin‹ und ›Crane‹[12]
>
> ›Die gute Frau‹
>
> ›Mai und Beaflor‹[13]
>
> Konrad von Würzburg, ›Engelhard‹[14] und ›Partonopier‹[15]

---

[6] Jauss [Anm. 4], S. 418.

[7] Ich kann hier nicht in die Diskussion um den Begriff »Fiktion« eintreten. – Über die Schwierigkeiten der Übertragung der an neuerer Literatur orientierten Diskussion auf das Mittelalter vgl. die treffenden Ausführungen von Fritz Paul, Das Fiktionsproblem in der altnordischen Prosaliteratur. ANF 97, 1982, S. 52ff.

[8] Jauss [Anm. 4], S. 415.

[9] Die Korpusbildung und -differenzierung ist für den vorliegenden Zusammenhang von sekundärer Bedeutung und wird nicht weiter diskutiert. Auf den ›Reinfried von Braunschweig‹ und den ›Wilhelm von Österreich‹ komme ich hier nicht zu sprechen: vgl. dazu Alfred Ebenbauer: Spekulieren über Geschichte. In: FS f. E. Stutz. Wien 1984 (Phil. Germ. 7), S. 151ff.; außer Betracht bleibt auch der ›Friedrich von Schwaben‹.

[10] Rudolf von Ems: Willehalm von Orlens. Hrsg. v. Victor Jung. Berlin 1905 (Nachdruck: Dublin/Zürich 1967) (DTM 2).

[11] Rudolf von Ems: Der guote Gêrhart. Hrsg. v. John A. Asher. Tübingen ²1971 (ATB 56).

[12] Berthold von Holle: Hrsg. v. Karl Bartsch. Nürnberg 1858 (Nachdruck: Osnabrück 1967). Berthold von Holle: Demantin. Hrsg. v. Karl Bartsch. Stuttgart/Tübingen 1875 (StLV 123).

[13] Mai und Beaflor. [Hrsg. v. Alexander Joseph Vollmer]. Leipzig 1848 (Nachdruck: Hildesheim 1974) (Dichtungen d. dt. Mittelalters 7).

[14] Konrad von Würzburg: Engelhard. Hrsg. v. Paul Gereke, 2. Aufl. v. Ingo Reiffenstein. Tübingen 1963 (ATB 17).

[15] Konrad von Würzburg: Partonopier und Meliur. Hrsg. v. Karl Bartsch. Wien 1871 (Nachdruck v. Rainer Gruenter. Berlin 1970).

Ulrich von Etzenbach, ›Wilhelm von Wenden‹[16]
›Reinfried von Braunschweig‹
Johann von Würzburg, ›Wilhelm von Österreich‹
›Friedrich von Schwaben‹.

Alle diese Texte gelten heute weitgehend als Romane. KARLHEINZ STIERLE[17] hat nun mit Recht darauf hingewiesen, daß der Fiktionscharakter von Formen wie Roman, Novelle usw. erheblich differieren kann: »Es gibt Fiktionen, denen der Fiktionscharakter gleichsam ins Gesicht geschrieben steht, andere, deren Wahrscheinlichkeit oder selbst Wahrheit sie von nichtfiktionaler Narration schwer unterscheidbar macht.« Den angeführten Texten ist nun der Fiktionscharakter sicher nicht in der Weise ins Gesicht geschrieben wie etwa den Artusromanen. Sie enthalten eine mehr oder weniger große Zahl historischer Referenzen, Bezüge also auf ein vergangenes Geschehen. Will man den Charakter dieser Texte bestimmen, so ist es notwendig, diese Referenzen zu untersuchen und man wird mit STIERLE zwischen »referentieller ›Illusion‹« (das heißt der »Pseudoreferentialität der Fiktion«) und einer »Referentialität der Geschichtsschreibung« unterscheiden, die beide in einem »unaufhebbaren Widerspruch stehen.«[18] Damit ist man freilich wieder beim schlichten Oppositionspaar von *res fictae* und *res factae*, doch in differenzierterer Form: Zur Diskussion steht nicht der narrative Gesamtzusammenhang der Texte, sondern der historische Wahrheitsgehalt einzelner Referenzen und dessen Signalwert für den Gesamttext. Um es am einleitenden Beispiel zu formulieren: Die Karolingergenealogie in den drei genannten Texten hat jeweils verschiedene Bedeutung für den Gesamttext, je nachdem ob man sie als historisch oder fiktional versteht und je nachdem ob der Erzählzusammenhang, für den sie referentielle Funktion hat, als fiktional oder historisch verstanden werden muß.

Sehen wir uns die Beispiele genauer daraufhin an! Konrad Fleck fand seine Karolinger-Genealogie schon in seiner Quelle vor.[19] Er kann sie also in gutem Glauben übernommen, seine Leser können sie wie der Autor für historisch wahr genommen haben. Autor und Rezipient hatten dann also zur Frage der Wahrheit des genealogischen Sachverhalts dieselbe Meinung. Hätten Autor und Rezipienten auch darin übereingestimmt, daß die Liebesgeschichte von Flore und Blanscheflur eine fiktionale Geschichte sei, so könnte die Funktion

---

[16] Ulrich von Etzenbach: Wilhelm von Wenden. Hrsg. v. HANS-FRIEDRICH ROSENFELD. Berlin 1957 (DTM 49).

[17] KARLHEINZ STIERLE: Erfahrung und narrative Form. Bemerkungen zu ihrem Zusammenhang in Fiktion und Historiographie. In: Theorie und Erzählung in der Geschichte. München 1979 (Theorie der Geschichte 3 [dtv 4342]), S. 97.

[18] STIERLE [Anm. 17], S. 98 und 107.

[19] Vgl. KARL-ERNST GEITH: Carolus magnus. Studien zur Darstellung Karls des Großen in der deutschen Literatur des 12. und 13. Jahrhunderts. Bern/München 1977 (Bibliotheca Germanica 19), S. 138. – Fleck selbst beruft sich auf einen (unbekannten) Ruoprecht von Orlent als Quelle (V. 142ff.).

der genealogischen Referenz wohl sein: Sie soll die fiktionale Geschichte historisch legitimieren. Denn schließlich ist – so GUSTAV EHRISMANN[20] – »die Wahrheitsfrage ... der oberste Grundsatz bei der Beurteilung der literarischen Erscheinungen im Mittelalter«, und KÄTHE IWAND[21] meint: »Sollten nämlich im Mittelalter die Erzählungen das Interesse und den Beifall der Hörer finden, so mußten sie wahr sein – oder sich wenigstens so geben.« So erhält denn in ›Flore und Blanscheflur‹ für KARL-ERNST GEITH[22] »die Geschichte dieser – angeblichen – Vorfahren [Karls] durch die Verbindung mit dem großen Kaiser historische Bedeutsamkeit und erzählerisches Gewicht.« Ähnliches läßt sich mit GEITH auch bei der ›Guten Frau‹ behaupten: »Insgesamt gilt von der Funktion dieses Abschnitts [der Genealogie] im Gesamtwerk, daß die Verbindung der Erzählung *Die gute Frau* mit der Abstammung Karls nicht der Verherrlichung des Kaisers durch den Hinweis auf seine Herkunft ... dient, sondern umgekehrt eine erbauliche Geschichte durch die Anknüpfung an Karl d. Gr. erst Bedeutung und Gewicht erhielt« (S. 140f.). Und zum ›Rother‹ meint GEITH, daß dessen Genealogie dem Zweck diene, »der fiktiven Erzählung durch die Verbindung mit historischen Gestalten und Ereignissen eine größere Glaubwürdigkeit zu verleihen.« (S. 128) Für GUDRUN AKER[23] verbürgt die »oberflächliche Ansippung an das Geschlecht Karls des Großen« in der ›Guten Frau‹ »den *wârheits*-Gehalt der Erzählung«. – Aber stimmen die Voraussetzungen zu dieser These? Wurde die jeweilige Genealogie tatsächlich als historische Referenz oder nicht etwa als referentielle Illusion gelesen? War der fiktionale Charakter der jeweiligen Erzählung eindeutig, die durch die historische Referenz historische Bedeutung oder größere Glaubwürdigkeit erhalten sollte? Und inwieweit stimmten Autor und Rezipient in der Beurteilung des Wahrheitsgehaltes der Geschichte und der Referenz überein?

Derartige Fragen mögen die Grenzen wissenschaftlicher Möglichkeiten überschreiten. Ich will sie – als Experiment – dennoch stellen[24] und zunächst an den beiden Texten des 13. Jahrhunderts weiter erörtern, nämlich an Konrad Flecks ›Flore‹ und an der ›Guten Frau‹, wobei ich hinsichtlich der Autoren wie der Leser auf einen hypothetischen (und natürlich anfechtbaren) »durch-

---

[20] GUSTAV EHRISMANN: Studien über Rudolf von Ems. Beiträge zur Geschichte der Rhetorik und Ethik im Mittelalter. Heidelberg 1919 (HSB 1919, 8. Abh.), S. 29.

[21] KÄTHE IWAND: Die Schlüsse der mittelhochdeutschen Epen. Berlin 1922 (Germ. Stud. 16), S. 117. Vgl. auch BRUNO BOESCH: Die Kunstanschauung in der mittelhochdeutschen Dichtung von der Blütezeit bis zum Meistergesang. Bern/Leipzig 1936 (Nachdruck: 1976).

[22] GEITH [Anm. 19], S. 138; vgl. S. 136.

[23] GUDRUN AKER: Die ›Gute Frau‹. Höfische Bewährung und asketische Selbstheiligung in einer Verserzählung der späten Stauferzeit. Frankfurt 1983 (Europ. HSS I, 603), S. 94; S. 141; S. 161.

[24] Dabei muß ich davon absehen, die Frage der Quellenberufungen und der Wahrheitsbeteuerungen zu thematisieren; s. das reiche Material bei BOESCH [Anm. 21], S. 75ff.; vgl. ferner GERT KAISER: Textauslegung und gesellschaftliche Selbstdeutung. Die Artusromane Hartmanns von Aue. Wiesbaden ²1978, S. 23 und bes. die subtilen Ausführungen von WOLFGANG MONECKE: Studien zur epischen Technik Konrads von Würzburg. Das Erzählprinzip der *wildekeit*. Stuttgart 1968 (Germanist. Abhandlgn. 24), S. 84ff.

schnittlichen Wissensstand« rekurrieren muß.[25] Bei Konrad Fleck wird Karl
d. Gr. also zu einem Urenkel eines spanischen heidnischen Königs (vgl. dagegen die Sarazenen des ›Rolandsliedes‹, des ›Willehalm‹!), zum Enkel des
sentimentalen Titelhelden Flore und einer kärlingischen Grafentochter, die in
Spanien versklavt ist. Flore tritt zudem als König von Ungarn, Norgals und
Griechenland auf. Ich wage zu behaupten, daß das niemand geglaubt hat,
weder Konrad Fleck[26] noch seine (durchschnittlichen) Zuhörer. Diese Genealogie wäre dann eine referentielle Illusion. Trifft dies zu, dann kann freilich die
Funktion der Genealogie nicht die einer historischen Legitimation sein.

Anders sieht es bei der ›Guten Frau‹ aus. Eine französische Gräfin von Blois
und ihr Vasall (Karlmann) – beide erwerben das französische Königtum –,
das war wohl schon als historische Referenz zu verstehen. Der Autor konnte
das einer Quelle,[27] das Publikum dem Autor durchaus als historischen Sachverhalt abnehmen, ohne daran zu zweifeln.

Was die beiden Erzählungen selbst angeht, so sind auch hier entscheidende
Unterschiede zwischen den Texten zu finden. Die spärlichen historischen Referenzen des ›Flore‹ sind zwar als solche nicht falsifizierbar, doch der Rahmen
der Erzählung ist wohl nicht dazu angetan, das *maere* als historischen Tatsachenbericht auszugeben: *In einen zîten* (V. 147), irgendwann im Frühling
erzählt ein vornehmes Fräulein – es ist (nach V. 258) die Tochter des Königs
von Kartâge (!) – in der amoenen Umgebung eines idyllischen Baumgartens
vornehmen Damen und Herrn die Liebesgeschichte (*maere von minnen*:
120f.) von Flore und Blanscheflur. Das klingt nicht nach Vorzeitkunde, sondern nach Zeitlosigkeit. – Anders die Erzählung von der ›Guten Frau‹. Sie ist
voll von historischen Referenzen und keine von ihnen ist meines Erachtens
falsifizierbar, bzw. als illusionär zu durchschauen. »Alle Länder, Städte,
Flüsse sind auf einer Karte Frankreichs auffindbar«, die Herrschaftstitel stimmen und sogar »bis in die Wahl der Eigennamen hinein erstreckt sich der
Zugriff auf die historische Realität«.[28] Zudem gibt sich die Geschichte als
Übersetzung eines Buches aus, das Karl d. Gr. angeblich selbst schreiben und
in Arles niederlegen ließ.[29] Die Handschrift formuliert nach diesen Angaben
einen Titel: *de Caroli origine et genealogia*. Diese Geschichte ist historisch.

Unter diesen (hypothetischen) Voraussetzungen würde das »Legitimations-
modell« weder beim ›Flore‹, noch bei der ›Guten Frau‹ greifen. Beim ›Flore‹

---

[25] Die Probleme, die damit verbunden sind, sind mir durchaus klar. Besonders hervorzuheben ist
die Tatsache, daß das Mittelalter wohl andere Grenzen des Möglichen und des Glaubhaften
(zum Beispiel Wunder) kannte als die Neuzeit; dazu CARL LOFMARK: Der höfische Dichter als
Übersetzer. In: Probleme mittelhochdeutscher Erzählformen. Marburger Colloquium 1969.
Hrsg. v. PETER GANZ und WERNER SCHRÖDER. Berlin 1972, S. 57ff., wonach die Wahrheits-
findung im Mittelalter autoritär, nicht empirisch war.

[26] Obwohl Konrad Fleck V. 7973 behauptet, nicht gelogen zu haben.

[27] Eine solche ist nicht erhalten; vgl. dazu AKER [Anm. 23], S. 153ff.

[28] AKER [Anm. 23], S. 159f.

[29] Nach GEITH [Anm. 19], S. 139 ist die Quellenberufung (V. 1–5) eine Erfindung des deutschen
Verfassers.

wären die Gesamterzählung und die genealogische Referenz als fiktionales Erzählen ausgewiesen, die fiktionale Geschichte würde durch die referentielle Illusion nicht an historischer Bedeutsamkeit gewinnen. Und in der ›Guten Frau‹ würde sich die historische Referenz einem historischen Bericht durchaus einfügen, ohne daß der Wahrheitsanspruch der Erzählung durch die Referenz entscheidend erhöht würde.

In jedem Fall ist also bei der »Legitimationstheorie« zu prüfen, was eigentlich wodurch historische Bedeutung gewinnen soll. Aber es gibt noch eine weitere Schwierigkeit. Selbst wenn die Voraussetzungen der »Legitimationstheorie« (fiktionale Geschichte + historische Referenz) stimmen würden, ist die Funktion einer historischen Referenz damit noch nicht eindeutig: Wird denn eine als fiktional erkennbare oder erkannte Geschichte durch eine historische Referenz »wahrer«? Nehmen wir an, ein Leser habe die Genealogie bei Konrad Fleck für historisch wahr gehalten, die Minnegeschichte selbst aber für ein Produkt erzählerischer Phantasie: Ist für ihn die Geschichte von Flore und Blanscheflur durch die Genealogie plötzlich als historischer Bericht historisch wahr geworden? Kaum. Die Dinge liegen doch komplizierter.

Eine genealogische Referenz enthält auch der ›Willehalm von Orlens‹ des Rudolf von Ems. Der Titelheld wird dabei zu einem Vorfahren Gottfrieds von Bouillon (15582ff.). Helmut Brackert[30] nennt diese genealogische Darstellung »eigenartig« (S. 81), kann aber zeigen, daß die Genealogie für Rudolfs Zeit unter bestimmten Umständen als historische Referenz lesbar war. Zudem entspreche diese Passage »dem traditionellen Schlußschema deutscher epischer Dichtung«, nämlich im ›Rother‹, im ›Parzival‹, bei Konrad Fleck und in Strikkers ›Karl‹ – ein Hinweis, durch den freilich nicht allzu viel gewonnen ist.

Wie steht es nun mit der »Historizität« der Gesamterzählung des ›Willehalm‹? Wie jedes der Rudolfschen Werke hat auch der ›Willehalm‹ einen bestimmten geographischen Schauplatz. Rudolf führt – so Brackert – seine Leser »in erfahrbare, wenngleich dem Dichter sicherlich nicht aus eigener Erfahrung bekannte Räume« (S. 201). Zwar kennen auch ›Tristan‹, ›Parzival‹ und Wolframs ›Willehalm‹ historische Referenzen, aber: »Im Gegensatz zum Roman seiner Vorgänger und Zeitgenossen soll Rudolfs Erzählung offenbar in allen ihren Stationen in der erfahrbaren geschichtlichen Welt spielen« (S. 202f.). Die historischen Referenzen des ›Willehalm‹ lassen sich nicht als referentielle Illusion durchschauen.[31] Wenn meine Ausführungen zum Gegensatz zwischen ›Flore‹ und der ›Guten Frau‹ zutreffen, würde der ›Willehalm‹ in die Nähe der ›Guten Frau‹ gehören: Die Geschichte selbst und die genealogische Referenz wären für den Leser historisch wahr, die Texte wären als historiographische verstehbar.

---

[30] Helmut Brackert: Rudolf von Ems. Dichtung und Geschichte. Heidelberg 1968.
[31] Vgl. auch Xenja von Ertzdorff: Rudolf von Ems. Untersuchungen zum höfischen Roman im 13. Jahrhundert. München 1967, S. 225.

Doch bei Rudolfs ›Willehalm‹ tritt ein neues Problem auf: die Quelle. Beim anonymen Verfasser der ›Guten Frau‹ nahmen wir – ungeachtet der offenen Quellenfragen – an, daß er – wie sein Publikum – Geschichte und Genealogie für wahr hielt. Auch für den ›Willehalm‹ ist eine französische Quelle für die Hauptgeschichte wahrscheinlich.[32] Aber die Fehde zwischen Willehalms Vater und Jofrit von Brabant, die den Roman eröffnet, scheint nicht aus dieser Quelle zu stammen. Sie mag eine denkwürdige geschichtliche Konstellation des 12. Jahrhunderts konservieren,[33] aber entscheidend für das Gesamtwerk ist, so BRACKERT, daß »erst Rudolf der Darstellung seiner Vorlage in Anlehnung an den *Tristan* Gottfrieds von Straßburg eine Vorgeschichte hinzufügte, die er dann durch die Umlokalisierung der Romanhandlung mit der eigentlichen Geschichte zusammenschloß« (S. 67). Kurz: Rudolf mußte selbst wissen, daß seine Geschichte zumindest im Anfangsteil nicht »historisch wahr« ist. Wenn wir bei der ›Guten Frau‹ dem Autor und dem Publikum einen gemeinsamen Glauben an die historische Wahrheit des Berichteten unterstellten (und die historische Verantwortung auf die Quelle abschieben), so muß bei Rudolf die Kommunikationssituation komplexer gesehen werden. Rudolf, der selbst um die Fiktionalität seiner Geschichte wußte, hätte historische Referenzen verwendet, um seinen fiktionalen Text als historischen zu legitimieren: Rudolf betrügt sein Publikum, ist – modern gesprochen – ein Geschichtsfälscher. Hier könnte die »Legitimationstheorie« zutreffen. So sieht es BRACKERT: »Der Dichter will also *res gestae*, keine *res fictae* schreiben, und dem entspricht, daß er seine Geschichten als Berichte von Augen- und Ohrenzeugen ausgibt [!]« (S. 205). Und BRACKERT verweist auf drei Stellen im ›Willehalm‹:[34]

15608     *diu getat des werden mannes*
          *wart im an walschen buochen kunt*

15625     *von dem wart dis maere,*
          *wie es geschehen waere*
          *ainem knappen erkant*

9806      *si sint vor hundert jaren tot*
          *von den man disiu maere sait.*

Eine *res ficta* als eine *res facta* auszugeben, aus falsch wahr machen, ist nun nicht so schlimm, wenn gar nicht sicher ist, was das Oppositionspaar wahrfalsch meint. So hat man denn immer wieder davor gewarnt, dem Mittelalter einen modernen Wahrheitsbegriff zu unterlegen – wie ich es bisher getan habe.

---

[32] Zur Quellenfrage im ›Willehalm von Orlens‹ vgl. auch VON ERTZDORFF [Anm. 31], S. 220f.
[33] BRACKERT [Anm. 30], S. 62.
[34] Vgl. aber CAROLA VOELKEL: Der Erzähler im spätmittelalterlichen Roman. Frankfurt 1978 (Europ. HSS I, 263), S. 98 (vgl. S. 105f.): »Gerade in Rudolfs ›Willehalm‹ wird deutlich, wie oft die Wahrheitsbeteuerung nur um des Reimes willen eingesetzt wird.«

Nun ist es aber mit dem mittelalterlichen Wahrheitsbegriff so eine Sache. BRAK-
KERT untersucht zum Beispiel das Verhältnis von Rudolfs ›Alexander‹ zu seiner antiken Quelle, stellt die Abweichungen fest und folgert: »Dem mittelalterlichen Autor scheint nichts an der Darstellung eines vielschichtigen,
faktisch richtigen Geschehens zu liegen« (S. 113). Rudolf suche *der warheit
maere* (S. 151), der Geschichte, *die rehtiu warheit* abzuringen, und das be-
deute, daß »geschichtliches Geschehen und geschichtliche Gestalt exemplarisch Geltung erhalten« (S. 157). Das wird durchaus zutreffen. Es mag dem
mittelalterlichen Erzähler – sei er Historiograph oder Literat – durchaus um
eine »höhere«, göttliche Wahrheit gehen, der gegenüber das, was wir historische Faktizität nennen, zurücktritt. Aber inwieweit ist damit das Interesse an
historischer Wahrheit als Faktenwahrheit schon liquidiert? Es gibt auch die
andere Position:[35] Ich weise nur auf die Polemik der ›Kaiserchronik‹ gegen die
Lügen um Dietrich von Bern oder Lamprechts Angriff gegen die Nektane-
bus-Geschichte des ›Alexander‹. XENJA VON ERTZDORFF bemerkt dazu: »Die
Wahrheit besteht demnach in der sachlich richtigen Information über die Personen und ihre Lebensumstände.«[36] FRANTIŠEK GRAUS[37] hat mit Recht formuliert:»Beinahe muß heute schon wieder darauf hingewiesen werden, daß man
die Betrugsabsicht n i c h t aus dem Bild des Mittelalters ausklammern darf und
daß es m. E. unzulässig ist, sie durch die Annahme eines anderen Wahrheits-
begriffes für vergangene Zeiten zu umschreiben.« Wer kennt nicht die politischen Sagen etwa über die Herkunft königlicher Dynastien von Heiligen
(Karolinger) oder aus geringem Geschlecht (der pflügende Ahnherr der Přre-
mysliden) oder Legitimationsgeschichten, wie die von Rudolf von Habsburg,
der sein Königtum für seine Frömmigkeit von Gott als Lohn erhielt? Nicht
immer handelt es sich da um (volkstümliche) Sagenbildung, nicht um einen
spezifisch mittelalterlichen Wahrheitsbegriff, sondern durchaus um propa-
gandistische Entstellung der historischen Wahrheit, um Betrug, wenn man so
will. Die ›Gute Frau‹ läßt sich sicher in diesem Sinne verstehen: genealogische
Fiktion für den Auftraggeber, den Markgrafen von Baden.[38] Warum soll nicht
auch Rudolf von Ems Betrugsabsichten gehabt haben? – Es ist also notwendig
einen Weg zwischen der Scylla (Geschichtsfälschung des Mittelalters) und der
Charybdis (anderer Wahrheitsbegriff des Mittelalters) zu finden, um nicht
großen Schaden zu leiden.

BRACKERT zeigt in seiner brillanten Arbeit, wie sehr sich Rudolf in seinem
›Alexander‹ bemühte, *der warheit maere* zu suchen. Und das bedeutet: hi-

---

[35] Vgl. aus historischer Sicht auch KLAUS SCHREINER: *Discrimen veri et falsi.* Ansätze und Formen der Kritik in der Heiligen- und Reliquienverehrung des Mittelalters. AKG 48, 1966,
S. 1ff.; ders.: Zum Wahrheitsverständnis in Heiligen- und Reliquienwesen des Mittelalters.
Saeculum 17, 1966, S. 131ff.
[36] XENJA VON ERTZDORFF: Die Wahrheit der höfischen Romane. ZfdPh 86, 1967, S. 379.
[37] FRANTIŠEK GRAUS: Die Herrschersagen des Mittelalters als Geschichtsquelle. AKG 51, 1969,
S. 72f.
[38] Vgl. AKER [Anm. 23], S. 133.

storisch-faktische Wahrheit. Rudolf gab sich nicht mit einer Quellenberufung (wie Gottfried) zufrieden, sondern hat – durchaus neuartig – mehrere Quellen studiert und aus diesen Quellen versucht, *die rechte warheit* zu finden. Dazu kommt, daß Rudolfs »Übertragung der Alexandergeschichte beansprucht, die Substanz der Quellenberichte nicht anzutasten und bis in den faktischen Bericht, bis in den *sensus historicus*, hinein die alte Geschichte in der deutschen Sprache genau wiederzugeben« (S. 155). »Um *rehtiu warheit* zu werden, muß die Geschichte erst einmal *ganze warheit* enthalten« (S. 156). Erst über dem *fundamentum historiae* kann sich der spirituale Sinn der Geschichte entfalten, kann Geschichte exemplarisch werden (S. 157).

Gerade durch BRACKERTS Analyse des ›Alexander‹ wird der ›Willehalm‹ zum Problem. Dort findet sich außer der Nennung von *walschen buochen* (15609) kein Hinweis auf Quellenstudium. Und nach dem, was wir über das Verhältnis Rudolfs zur Quelle und seine eignen Zutaten wissen, scheint gerade das *fundamentum historiae* zu fehlen. Der spirituale Sinn entfaltet sich im ›Willehalm‹ nicht über einem *fundamentum historiae* wie im ›Alexander‹. Es fehlt der faktische Bericht, der exemplarisch zur Geltung gebracht werden sollte. – Hat also Rudolf diesen faktischen Bericht kompiliert und dann versucht, seine Erfindung, wie BRACKERT sagt, »als tatsächliches Geschehen glaubhaft zu machen ... seiner Erzählung den Charakter geschichtlicher Tatsächlichkeit zu geben« (S. 203), um einen spiritualen Sinn zu entfalten? Rudolf wäre dann »Fälscher in Hinblick auf ein Exemplarisches«, wüßte sich im ›Willehalm‹ stärker als der historischen jener exemplarischen Wahrheit verpflichtet, die er im ›Alexander‹ erst über dem *fundamentum historiae* entfaltet.

Was ist aber jenes »Exemplarische«, das nicht aus einem *fundamentum historiae* abgeleitet, über diesem entfaltet ist, sondern dieses Fundamentum »pseudohistorisch« herzustellen erlaubt? Es ist die *lêre*. Nach BRACKERT resultiert Rudolfs Hinwendung zur *historia* aus dem lehrhaften Anspruch seines Dichtens: *Historia magistra vitae*! Aus didaktischem Interesse griff Rudolf zu historischen Stoffen oder versuchte wie im ›Willehalm‹ seine Stoffe der *historia* anzunähern, indem er ihnen Merkmale dieser Gattung gab. Das würde nun aber bedeuten, daß es von der Funktion der Lehre her letztendlich gleichgültig ist, ob ein Autor einen historischen Stoff (›Alexander‹) bearbeitet oder einen fiktionalen (›Willehalm‹). Eine solche Haltung läßt sich durchaus belegen. Johann von Würzburg vertritt sie in seinem ›Wilhelm von Österreich‹:[39]

> 19506        *ez si lûge oder warhait,*
> *sagt auch ez von eren tat,*
> *ain ieglichs daz sich verstat,*
> *bezzerunge nimt davon.*

---

[39] Johann von Würzburg: Wilhelm von Österreich. Hrsg. v. ERNST REGEL. Berlin 1906 (DTM 3). Vgl. LOFMARK [Anm. 25], S. 61 und VON ERTZDORFF [Anm. 36], S. 388.

HORST WENZEL[40] kommentiert das so: »Dem Dichter wird zwar die Erfindung für die erste ›faktische‹ Dimension zugebilligt, aber auch für ihn gilt die Forderung, die höhere Realität des göttlichen Ordo zu demonstrieren.« Im Exemplum verwischt sich der Unterschied zwischen Dichtung und Geschichte.[41] Wenn aber *lüge* und *wârheit* in gleicher Weise belehren können, wozu dann der ganze Aufwand mit der *historia* bei Rudolf? Wozu die deutliche Zunahme der historischen Referenzen im Roman des 13. Jahrhunderts? Rudolfs Bemühungen um eine vollständige und wahre Fundierung der *historia* werden zur Fleißaufgabe eines interessierten Dichter-Lehrers. Von der lehrhaften Intention der *bezzerunge* her ist das historische Gewand des ›Willehalm‹ und der übrigen Texte der Gruppe[42] nicht recht zu begründen.

BRACKERT verweist noch auf einen anderen Gewährsmann, auf Rudolfs »geistigen Verwandten« (S. 237), Thomasin von Zerklaere.

> In der »zum Überdruß zitierten Stelle«[43] aus dem ›Wälschen Gast‹ (1041ff.)[44] empfiehlt Thomasin der Jugend (*den juncherren*) das Vorbild eines Gawein, Clies, Erec, Iwein, Artus und Karl oder Alexander usw. Gereiftere Menschen, die es besser verstehen (*die ze sinne komen sint*: 1081), *suln verlâzen gar diu spel diu niht wâr sint* (1084f.).

Thomasin unterscheidet bei der Registrierung geeigneter Jugend- (und Bauern-) Lektüre (1098) »also nicht zwischen den fiktiven Gestalten des Artusromans ... und den geschichtlichen Gestalten wie Karl und Alexander. Sie gelten ihm alle gleich«. Das hieße freilich: gleich unwahr, denn die Erwachsenen sollen nach Thomasin ja die Texte, *diu niht wâr sint* nicht lesen – ungeachtet ihres moralisch vorbildlichen Charakters. Aber ist es wirklich denkbar, daß Gawein und Karl der Große, Artus und Alexander für Thomasin gleichermaßen *niht wâr sint*, daß also Thomasins *aventiure*-Begriff (bei den Erwachsenen) alle Stoffe der Jugendlektüre erfaßt? Daß ein verständiger Mensch die Geschichten von Artus und seinen Helden nicht lesen soll und braucht, leuchtet zur Not ein. Aber warum soll er von Karl und Alexander nicht lesen? BRACKERTS Auffassung intendiert, daß Thomasin letztlich jedes Erzählen für unwahr hält – wenn man V. 1085 auf alle namentlich angeführten Stoffe bezieht.

---

[40] HORST WENZEL: Höfische Geschichte. Literarische Tradition und Gegenwartsdeutung in den volkssprachigen Chroniken des hohen und späten Mittelalters. Frankfurt/Bern 1980 (Beitr. z. Älteren Dt. Literaturgesch. 5), S. 70.

[41] Vgl. KARLHEINZ STIERLE: Geschichte als Exemplum – Exemplum als Geschichte. In: Geschichte – Ereignis und Erzählung [Anm. 5], S. 359.

[42] Die Texte betonen durchwegs (mehr oder weniger ausdrücklich) ihre lehrhafte Intention.

[43] FRITZ PETER KNAPP: Historische Wahrheit und poetische Lüge. Die Gattungen weltlicher Epik und ihre theoretische Rechtfertigung im Hochmittelalter. DVjs 54, 1980, S. 610.

[44] Der Wälsche Gast des Thomasin von Zirclaria. Hrsg. v. HEINRICH RÜCKERT. Nachdruck von FRIEDRICH NEUMANN. Berlin 1965 (Dt. Neudrucke). – Vgl. dazu bes. HENNIG BRINKMANN: Wesen und Form mittelalterlicher Dichtung. Halle/Saale 1928, S. 27f.; KNAPP, 610ff. und S. 623; KAISER [Anm. 24], S. 25f. und MONECKE [Anm. 24], S. 105f.

Ich denke, man muß den Text anders verstehen. Bei der Jugendlektüre, wo es nur auf den didaktischen Gehalt eines Textes ankommt, dort ist die Unterscheidung zwischen fiktiven und historischen Gestalten tatsächlich unerheblich, entzieht sich für Thomasin wohl auch der Kenntnisnahme durch den jugendlichen und den ungebildeten Leser. Bei den Erwachsenen aber kommt es dann sehr wohl auf den Unterschied wahr-falsch an. Der Erwachsene soll sich wahren Geschichten zuwenden, nicht der lügenhaften *aventiure*. Das ist, so meine ich, nicht mehr auf Berichte von Karl und Alexander zu beziehen, denn das wären wohl keine lügenhaften *aventiuren*. Erst im Kapitel über Erwachsenenliteratur wird die Wahrheitsfrage abgehandelt, bei der Jugendlektüre spielt sie keine Rolle.

Bei Thomasin heißt es nun:

> 1118  die âventiure sint gekleit
> dicke mit lüge harte schône:
> diu lüge ist ir gezierde krône.
> ich schilt die âventiure niht,
> swie uns ze liegen geschiht
> von der âventiure rât,
> wan si bezeichenunge hât
> der zuht unde der wârheit:
> daz wâr man mit lüge kleit.
> ein hülzîn bilde ist niht ein man:
> swer ave iht verstên kan,
> der mac daz verstên wol
> daz ez einen man bezeichen sol.
> sint die âventiur niht wâr,
> si bezeichent doch vil gar
> waz ein ieglîch man tuon sol
> der nâch vrümkeit wil leben wol.

Nach BRACKERT (zitiert werden die Verse 1127ff.) werden in dieser Stelle nun die *aventiuren* zu w a h r e n  Geschichten. BRACKERTs Folgerung: »Das Maß für *warheit* ist offensichtlich der Grad in welchem die Geschichte vorbildliche *lere* formuliert« (S. 238). Das heißt: Je lehrhafter ein Text, desto wahrer. Thomasins eigene Folgerung aus dieser Haltung sei die Hinwendung zum Lehrgedicht, die Preisgabe des Erzählens. Das wäre konsequent. Doch warum ist - wie BRACKERT meint - Rudolfs Hinwendung zur *historia* ebenfalls eine Folgerung aus einem derartigen Grundsatz? Wenn die Wahrheit einer Geschichte vom Ausmaß (und Inhalt) ihrer Lehre abhängt, bedürfte es keiner Hinwendung zur Geschichte - schon gar nicht zu einer »Pseudogeschichte« wie im ›Willehalm‹.

BRACKERT formuliert dann allgemein: »Der von der *warheit* her bestimmte Gegensatz (*warheit-lüge*) meint also nicht, wie der moderne Leser erwartet, g e s c h i c h t l i c h - u n g e s c h i c h t l i c h , sondern: l e h r h a f t , daher w a r - n i c h t  l e h r h a f t , daher *lüge*« (S. 239). Damit wäre der Wahrheitsbegriff des Mittelalters endgültig von jedem Begriff geschichtlicher Wahrheit und Faktizität abgehoben - und die Frage nach Rudolfs historischen Interessen und der Stellung des ›Willehalm‹ doch nicht beantwortet. Ich glaube aber, daß das so bei Thomasin nicht steht. Thomasin gibt eine Rechtfertigung der lügenhaften *aventiuren*. Auch für den Erwachsenen können sie nützlich sein, wenn sie bezeichnen, *waz ein ieglich man tuon sol* (1132f.). Thomasin will die *aventiure* trotz ihres Lügenkleides nicht schelten. Aber dann heißt es weiter:

<blockquote>
1138        *guot âventiure zuht mêrt.*<br>
*doch wold ich in danken baz,*<br>
*und heten si getihtet daz*<br>
*daz vil gar ân lüge wære;*<br>
*des heten si noch græzer êre.*<br>
*swerz gerne tuon wil,*<br>
*der mag uns sagen harte vil*<br>
*von der wârheit, daz wær guot.*<br>
*er bezzert ouch unsern muot*<br>
*mit der wârheit michels baz*<br>
*denn mit der lüge, wizzet daz.*<br>
*swer an tihten ist gevuoc,*<br>
*der gewinnet immer gnuoc*<br>
*materje an der wârheit:*<br>
*diu lüge sî von im gescheit.*<br>
*dâ von sol ein hüfsch man*<br>
*der sich tihten nimet an*<br>
*vil wunderwol sîn bewart*<br>
*daz er niht kome in die vart*<br>
*der lüge; ist er lügenære,*<br>
*sô sint danne sîniu mære*<br>
*gar ungenæme. ein man sol,*<br>
*swer iht kan sprechen wol,*<br>
*kêrn sîn rede ze guoten dingen,*<br>
*sô mag im nimmer misselingen.*
</blockquote>

Der lehrhafte Charakter, die ethische Exemplarität vermag eine lügenhafte *aventiure* zu rechtfertigen. In der moralischen *utilitas* liegt das Gemeinsame von *historia* und *fabula*,[45] auch eine *fabula* hat ihren *sensus moralis*. Aber dieser *sensus moralis* hebt nicht den Unterschied zwischen *historia* (*wârheit*) und *fabula* (*lüge*) auf. Bei Thomasin »überwiegt ... die isidorische Skepsis gegen alle poetische Fiktion«,[46] die aber nicht durch *utilitas* und *sensus moralis* zur Wahrheit wird. Die Wahrheit – und damit kann nicht eine in der Lüge verborgene »höhere« Wahrheit des *sensus moralis* gemeint sein – ist eben doch besser und gibt dem Autor *groezer êre*. Ich kann Thomasin nicht so verstehen, daß es auf die Wahrheit des Erzählten im faktischen und historischen Sinn nicht ankomme, daß die Wahrheit von Stoffen unerheblich sei. Es gibt für Thomasin wahre und falsche Geschichten.

Es ist nun kein Zweifel, daß Rudolf zunehmend historische Stoffe bevorzugt, für ihn ist im ›Alexander‹ und in der ›Weltchronik‹ die geschichtliche

---

[45] KNAPP, S. 620.
[46] KNAPP, S. 623f.

Wahrheit der Lügenhaftigkeit der *aventiure* vorzuziehen. Er hätte sich damit Thomasins Lob und *groezer êre* erworben. Aber es bleibt das Ärgernis des ›Willehalm‹. Historische Verkleidung, um *groezer êre* zu erwerben? Pseudo-historiographie?

Es gibt also nach wie vor zwei Möglichkeiten, den Sachverhalt, wie er sich in Rudolfs ›Willehalm‹ darstellt, zu interpretieren:

1) Der Verfasser folgt Thomasin. Dann hätte er zwar (für ein einfacheres Publikum) weiter Lügengeschichten mit didaktischem Anspruch guten Gewissens erzählen können, aber, da Wahrheit *groezer êre* bringt, seiner Erzählung von Willehalm und Amelie ein historisches Mäntelchen umgehängt, um in den Genuß dieser höheren Ehre zu gelangen. Er wäre dann doch so etwas wie ein »Schwindler«.

2) Der Verfasser folgt dem Grundsatz des späteren Johann von Würzburg, daß eben angesichts der Lehre zwischen wahren und falschen Geschichten kein Unterschied sei. Dann wäre der historische Anstrich bloße Attitüde.

Die *res factae* (oder was man dafür halten konnte), bleiben ein Problem der fiktionalen Texte. Je nach Antwort erweist sich die zunehmende »Historisierung« des Romans im 13. Jahrhundert als Frage des literarischen Geschmacks oder als »egoistische« Konzession an eine rigorose Wahrheitsforderung, wie sie im Mittelalter bekanntlich immer wieder erhoben wurde: *poeta et historicus*.[47]

Wie steht es aber nun überhaupt mit dem »historischen Kostüm« im ›Willehalm‹? Ich bin davon ausgegangen, daß die historischen Referenzen (Ortsnamen, Personennamen, Zeitangaben, Genealogie) nicht als referentielle Illusionen durchschaubar waren. Oder wie Brackert es – ungeachtet der postulierten Gleichgültigkeit Rudolfs gegenüber einem historischen Faktizitätsanspruch – formuliert, Rudolf habe versucht, »seiner Erzählung den Charakter der geschichtlichen Tatsächlichkeit zu geben« (S. 203). Wenn das in dieser generalisierenden Form zutrifft, dann hat Rudolf das sehr schlecht gemacht. In den Prologen und Epilogen zu den einzelnen »Büchern« des ›Willehalm‹ unterhält sich der Autor (Erzähler) mit Frau Minne oder Frau Aventiure über die Notwendigkeit, die Geschichte fortzusetzen und die Probleme, die sich daraus für ihn ergeben. V. 12259 sagt die *Aventiure* etwa dem Erzähler:

> *Du tihtest mich durch ainen man*
> *Der wol nach eren werben kan.*

Im Literaturexkurs zu Beginn des 2. »Buches« stellt sich Rudolf natürlich in eine Reihe mit Dichtern, nicht mit Historiographen. Das sind Mittel des fiktionalen Erzählens, wie sie besonders durch Wolfram Schule gemacht haben. Sie sind nicht dazu angetan, der Erzählung den »Charakter geschichtlicher

---

[47] Dazu bes. von Moos [Anm. 4], und Knapp [Anm. 43], S. 589ff.

Tatsächlichkeit« zu geben. Ähnlich liegen die Dinge in der viel »historischeren« ›Guten Frau‹, wo sich im ersten Teil ein langer Dialog des ritterlichen Helden mit der Minne findet. Derartige Passagen stören doch den Anspruch auf historische Tatsächlichkeit ganz gewaltig. Historische Referenzen und fiktionale Mittel des Erzählens stehen zueinander quer. Unter diesem Aspekt wäre Rudolf vom Vorwurf, ein pseudohistorischer Schwindler zu sein, freizusprechen. Damit wäre aber auch die Annahme, er hätte sich mit seinen historischen Referenzen den Anstrich eines Geschichtsschreibers geben wollen (*groezer êre*) gefallen. Und es wäre dann zu fragen, was die historische Attitüde des Textes bedeutet, wenn nicht der Anstrich von (mehr) Wahrheit ihr Ziel sein sollte.

Ich habe versucht, das Problem an Rudolfs ›Willehalm‹ deutlich zu machen. Der »Historiker« Rudolf kann als Musterfall gelten. Aber die Probleme liegen bei den anderen Texten des Typs durchaus ähnlich. - Da ist einmal das Verhältnis Autor-Quelle: Nehmen wir an, daß Konrad von Würzburg für die personale und geographische Verortung seiner Geschichte von ›Engelhard‹ verantwortlich ist, dann stellt sich auch hier das Problem. Konrad will *ein aventiure wilde* (205) erzählen, die *ein sælic bilde guot ze lûterlicher triuwe* (6498f.) geben soll, also eine exemplarische Geschichte im Sinne von *lêre*, eine Geschichte deren historische *wârheit* unerheblich sein könnte (vgl. aber die Wahrheitsbeteuerungen V. 154; 212ff.; 6483). Wozu aber die historischen Referenzen, die vom Publikum (ähnlich wie im ›Willehalm‹) kaum als referentielle Illusionen durchschaut werden konnten und die den ›Engelhard‹ von den verwandten ›Amicus und Amelius‹-Erzählungen so deutlich abheben, bzw. deren historischen Kontext erheblich verändern?[48] Und auch im ›Wilhelm von Wenden‹ des Ulrich von Etzenbach hat wohl kaum ein Rezipient die historischen Referenzen als referentielle Illusionen erkannt. Er hat wohl in der Regel nicht gewußt, daß ein hl. Albanus von Norwegen nicht existierte (Albanus von Mainz † 404) und daß Papst Cornelius († 255) und Kaiser Alexander Severus († 230) nicht zur selben Zeit herrschten.[49] Und sollte er bezweifelt haben, daß Willehalms Herrschaft von Wendenland bis Dänemark, Walchen und Yberne reichte und seine Kinder bei einem König Honestus aufwuchsen? Ulrich selbst wußte aber wahrscheinlich, daß seine Geschichte einem Wilhelm von England (›Guillaume d'Angleterre‹) gehörte.[50] Wenn er nun einen sagenhaften oder erfundenen Vorfahren seines Gönners, des Böh-

---

[48] Auf den ›Partonopier‹ Konrads ist hier nicht einzugehen, denn Konrad folgt inhaltlich recht genau seiner französischen Vorlage mit all ihren historischen Referenzen. Ob er diesen Text, der stofflich und motivlich alles durcheinander wirbelt, was damals gut und teuer war, als Geschichtsquelle verstand? Konrad nennt seinen Text ein *historje ... wâr ... und guot* (V. 228f.).

[49] Dazu WENDELIN TOISCHER (Hrsg.): Wilhelm von Wenden. Ein Gedicht Ulrichs von Eschenbach. Prag 1876 (Nachdruck: Hildesheim 1968) (Bibl. d. mhd. Lit. in Böhmen 1), S. XXIIf.

[50] Vgl. TOISCHER [Anm. 49], S. XIIIf. - Zu den zahlreichen Quellenberufungen des Textes vgl. VOELKEL [Anm. 34], S. 106, zu den Wahrheitsbeteuerungen S. 98.

menkönigs Wenzel II., mit dieser »historischen« Geschichte schmückte, dann fälschte er: Pseudohistorie. Ulrich wollte nun freilich nicht nur eine Vorgeschichte des böhmischen Königshauses geben. Indem er die Heldin seiner Erzählung Bene nennt, preist er damit die Königin Guta ( = Bene), die Tochter Rudolfs von Habsburg. Die Gegenwart wird in der Vergangenheit verherrlicht. Diese »Verkleidung« ist auf Durchschaubarkeit angelegt.[51] Es scheint, als sei damit der Anspruch auf historische Wahrheit der wendischen Frühgeschichte aufgegeben, bzw. nicht gestellt.

Bei ›Mai und Beaflor‹ schließlich will der Autor nur die *wârheit* schreiben und beruft sich auf eine ungereimte Chronik als Quelle. Was immer es damit für Bewandtnis hat, wir wissen doch, daß die Geschichte an alle möglichen Personen gehängt wurde (die schöne Helene von Konstantinopel, die Tochter des Königs von Reußen usw.), von einem griechischen Grafen Mai wird sie nirgends erzählt. Und die historischen Referenzen des Textes sind zwar nicht ohne weiteres falsifizierbar, aber von einem römischen Kaiserpaar Teljon und Sabie hat man wohl doch nichts gewußt. Ob ferner die Namen der Titelhelden sehr historisch geklungen haben?

Sollte es um Thomasins *groezer êre* gehen, scheint Berthold von Holle ein besonders schlechter »Schwindler« gewesen zu sein. Er formuliert im ›Crane‹ die Wahrheitsbeteuerung als Konditionalsatz (V. 27; vgl. aber V. 35) und baut in seine »historische« Erzählung vom ungarischen Königssohn, der die Steiermark von einem Usurpator befreit, eine echte *aventiure* (Kampf um einen Sittich) ein, die drei Tagereisen von der Steiermark spielt, aber sicher nicht in Kärnten oder Niederösterreich gedacht wird. Und im ›Demantin‹ beruft sich der Autor zunächst auf die Erzählung irgendeines Herrn, läßt dann die Geschichte in einer anonymen Aventiurewelt beginnen, um sie anschließend im westeuropäischen Raum zu lokalisieren (etwa wie im ›Willehalm‹). Aber dann geht die Erzählung gleich bis nach Griechenland und Antioch, dazwischen sind traditionelle *aventiuren* eingeschoben und gerade Name und Heimat des Titelhelden scheinen keine historischen Bezüge zu eröffnen.

Was nun den »Charakter der Tatsächlichkeit« betrifft, kann man sicher behaupten, daß Berthold von Holle und all die anderen Autoren als Historiographen nicht ernstgenommen worden wären. Ein mittelalterlicher Bibliothekar hätte nicht gezögert, ihre Werke unter »Belletristik« einzuordnen. So wie Rudolf im ›Willehalm‹, wie Konrad Fleck, wie Konrad von Würzburg im ›Engelhard‹ und im ›Partonopier‹ gibt sich kein Historiograph, auch kein mittelalterlicher.[52] Das heißt aber: Die historischen und pseudohistorischen

---

[51] Auch wenn es sich nach KURT RUH: Epische Literatur des deutschen Spätmittelalters. In: Europ. Spätmittelalter. Hrsg. v. WILLI ERZGRÄBER. Wiesbaden 1978 (Neues Hb. d. Literaturwissenschaft 8), S. 145, nicht um einen »Schlüsselroman« handelt, wie VOELKEL [Anm. 34], S. 290 meint.

[52] Trotz der »höfischen Geschichte«, wie sie WENZEL [Anm. 40] so hervorragend dargestellt hat.

Referenzen tun der Fiktionalität des Erzählten keinen Abbruch. Es geht nicht darum, daß die Erzählungen den »Charakter des Tatsächlichen« bekommen sollen, es geht den Autoren nicht um Thomasins *grœzer êre*. Aber es wird auch nicht ausreichen, die historisierende Tendenz nur als Attitüde, als Frage des literarischen Geschmacks anzusehen.

BRACKERT hat den Wahrheitsbegriff bei Rudolf an die *lêre* gebunden. Das Stichwort ist »Exemplarität«. Lehre ist Wahrheit, gleichgültig ob die erzählte Geschichte wahr oder falsch ist, Lehre ist exemplarische Wahrheit.[53] Exemplarische Wahrheit wurde aber auch fiktionalen Erzählungen zugestanden. BRACKERT meint nun, Rudolf von Ems habe sich von der fiktionalen Erzählung, wie sie der Artusroman bot, abgewandt, »weil die stark fiktive und fabulistische Erzählweise dem Exempel, d. h. also der *lêre* Abbruch tat« (S. 239). Dem kann ich mich nicht so recht anschließen. Eine exemplarische Lehre wird durch historische Verbürgtheit nicht wahrer; anders gesagt: Fiktionalität wird eine exemplarische Wahrheit nicht einschränken, sie bleibt exemplarisch. Der Vorbildcharakter eines Artus ist grundsätzlich vom Vorbildcharakter eines Alexander nicht zu unterscheiden. Und die Geschichte des Willehalm von Orlens würde nicht weniger exemplarisch belehren, wenn der Held ein *Galan von Karfolanz wäre, der eine *Flordibene liebt. Wenn angesichts der Lehre die Frage nach dem Historisch-Faktischen unerheblich werden soll, ist nicht einzusehen, warum faktische Wahrheit den lehrhaften Gehalt eines Textes steigern soll.[54] Die beiden Regeln: »Je lehrhafter desto wahrer« und »Je historischer desto lehrhafter« würden nur zum alten »Historia magistra vitae«-Satz zurückführen. Das problematische Verhältnis von Geschichte und Fiktion wäre wieder draußen. Über die exemplarische Lehre lassen sich Artusromane und »historische Romane« nicht gegeneinander abgrenzen – wie eben schon Thomasin feststellt: Auch eine lügenhafte *aventiure* vermittelt *zuht*.

KARLHEINZ STIERLE[55] hat nun in einem wichtigen Beitrag mit dem Titel ›Geschichte als Exemplum – Exemplum als Geschichte‹ darauf hingewiesen, daß

---

[53] Ein Zusammenhang zwischen Wahrheit und Lehre soll natürlich nicht geleugnet werden; vgl. MONECKE [Anm. 24], S. 102: »Wahrheit und Beispielhaftigkeit korrespondieren miteinander.« Wogegen ich mich (versuchsweise) sträube, das ist die vollständige Identifizierung von Wahrheit und Vorbildhaftigkeit, vgl. MONECKE, S. 117: »Zwar ist das Gute und Schöne keineswegs schon das Wahre – aber das Schlechte und Häßliche, das Abstechende und Dissonierende ist immer auch etwas das Nichtige, es hat einen geringeren Gegenwärtigkeitsgrad, ist abgeleitet und Mittel zum Zweck.«

[54] Hier wäre wohl der Ort, um die Kategorien des »Wahrscheinlichen« (*verisimile*) und des Möglichen zu diskutieren; vgl. dazu bes. KNAPP [Anm. 43], S. 584; 592ff.; 607ff. Soweit das die rhetorische Lehre von *historia–argumentum–fabula* betrifft, ist eine solche Diskussion wahrscheinlich wenig zielführend, da sich weder der Minneroman noch der Artusroman mittels der *argumentum*-Lehre legitimieren kann und will (KNAPP, S. 610) und die gesamte Unterscheidung für die Volkssprache erst im Humanismus relevant wird; vgl. KAISER [Anm. 24], S. 22 Anm. 23. – Daß eine gewisse Realitätsnähe dem Exemplum und seiner Wirkung förderlich ist, wird man nicht bezweifeln; doch das scheint mir weniger eine Frage des Wahrheitsgehalts, als eine Frage der Vermittlungsstrategie von *lêre*.

[55] STIERLE [Anm. 41].

in der mittelalterlichen Rezeption das antike Exemplum seinen Charakter veränderte. Der Umgang mit der Geschichte, wie ihn die Antike kennt, sei paradigmatisch: »Wo Geschichte überhaupt gegenständlich wird, geschieht dies in Hinblick auf ihre Subsumtion unter Klassen des moralischen Systems« (S. 359). Geschichte konstituiere sich unter moralphilosophischem Gesichtspunkt: »Sie ist ein Makroexemplum« (S. 358). Angesichts der Priorität der moralischen Intention heben sich auch für STIERLE im Exempel die Unterschiede von Dichtung und Geschichte auf. Aber die Geschichte ist nicht nur Lehrerin, sie ist auch Heilsgeschichte. Daher ist das mittelalterliche Exempel für STIERLE »zugleich bezogen auf seine paradigmatische Klassifikation im Zusammenhang des moralphilosophischen Systems und als *figura* auf die sich ankündigende und erfüllende Heilsgeschichte« (S. 359). Das Exempel ist nicht nur Paradigma, sondern auch Syntagma. Mit anderen Worten, ein Geschehen kann exemplarisch eine Lehre, eine vorbildhafte Verhaltensweise demonstrieren oder exemplarisch auf das Wirken Gottes in der Welt verweisen. Das Exemplum hat eine doppelte Funktion. Sollte dieser Aspekt weiterhelfen?

Ich nehme also an, daß die Autoren der »historischen Romane« nicht (nur?) durch historisches Kostüm und alle möglichen Wahrheitsbeteuerungen *græzer êre* einheimsen und ihre »Erfindungen« vor den Augen strenger Rigoristen als wahr legitimieren wollten. Ihre Geschichten waren fiktional wie die arthurischen auch. Sie bieten exemplarische Lehre wie die arthurischen auch. Wie aber steht es mit ihrem heilsgeschichtlichen Verweischarakter?

Ich stelle hier – ohne näher darauf einzugehen – die Behauptung auf, daß sich in der Raum- und Zeitlosigkeit, das heißt in der Geschichtslosigkeit des »klassischen« Artusromans das Erzählen von der (heils)geschichtlichen Geschichtskonzeption des Mittelalters emanzipiert hat.[56] Daher fand denn auch – wie FRITZ PETER KNAPP[57] gezeigt hat – »der ›echte‹ mittelalterliche Roman chrétienscher Prägung ... in der zeitgenössischen gelehrten Gattungspoetik keinen geeigneten Platz«, zeige vielmehr eine »phänomenale Eigenständigkeit«. Ich würde sagen: Der Artusroman hat mythische Qualität.[58] Der christliche Gott kommt im Artusroman natürlich vor, aber in der merkwürdigen Harmonie von Gott, Schicksal, Glück und Tüchtigkeit des Einzelnen, in der Dialektik von Erlösung und Erlöstwerden, in der Konstituierung eines autonomen, glücklichen Weltzustandes geht Gott als Handelnder, auf den mensch-

---

[56] LOFMARK [Anm. 25], S. 56f. meint, daß zwischen Artus und Karl d. Gr. bzw. Dietrich von Bern kein Unterschied im Wirklichkeitsgehalt bestanden habe und daß im Artusroman »die Grenze des historisch Glaubhaften erst erreicht, nicht überschritten« sei, schränkt diese Sicht allerdings auf »die Allgemeinheit« ein, »die keinen Grund zum Zweifeln hatte«. Ich würde das Bewußtsein der Fiktionalität arthurischen Erzählens (zumindest auf dem Kontinent) doch noch höher einschätzen.

[57] KNAPP [Anm. 43], S. 627 und 628.

[58] Vgl. dazu ALFRED EBENBAUER – ULRICH WYSS: Der mythologische Entwurf der höfischen Gesellschaft im Artusroman. Im Sammelband zum »Hof«-Kolloquium in Bielefeld 1983, erscheint 1985.

liche Handlungen verweisen, verloren. Dagegen, so meine ich, wenden sich unsere Autoren. Der Artusroman konnte ihnen bestenfalls als Exemplum der *zuht* gelten. Was ihm fehlte, war der heilsgeschichtliche Verweis, der syntagmatische Aspekt des Exempels.[59]

BRACKERT stellte bei Rudolf von Ems ein Problem fest: »Zwischen dem ganz auffälligen Bemühen des Autors, seiner Erzählung den Charakter geschichtlicher Tatsächlichkeit zu geben und seiner augenscheinlichen Unfähigkeit oder – wohl eher – mangelnden Bereitschaft, die gebotenen erzählerischen Möglichkeiten voll auszunutzen, herrscht ein Mißverhältnis.« Ursache für dieses Mißverhältnis ist nach BRACKERT wiederum die lehrhafte Intention, »die mit der Räumlichkeit und Zeitlichkeit selbst nicht eben viel zu tun hat« (S. 203). Aus lehrhafter Absicht gehe es Rudolf im ›Willehalm‹ zwar um »die Einbeziehung historischer Angaben und eines geographisch realen Lokals . . ., aber Raum und Zeit als solche interessieren ihn nicht« (S. 203). Genau das meine ich nicht. Gerade um Raum und Zeit, das heißt um die Verortung des Erzählten in einem historischen Raum, geht es. Rudolf strebt nicht Tatsächlichkeit an, sondern will seine Erzählung in der Geschichte (Heilsgeschichte) festmachen. Rudolf und seine Kollegen flüchten nicht sosehr – wie KNAPP[60] formuliert – in irgendeine Form verbürgter Historizität, sondern kehren zu den Grundtatsachen christlicher Geschichtsauffassung zurück. Sie wollen in ihren Erzählungen »Musterstücke des Weltlaufs« (WALTER BENJAMIN)[61] bieten. Den »Weltlauf« hatte der »klassische« Artusroman (weitgehend) vergessen. Das wird nun korrigiert. Nicht um Verabsolutierung der Didaxe geht es, auch nicht um vorgetäuschte Tatsächlichkeit, sondern um Verortung in einem christlichen Geschichtskonzept. Neben der Wahrheit christlicher Lehre steht die Wahrheit christlicher Heilsgeschichte.

Rückkehr des Erzählens in den Rahmen der christlichen Heilsgeschichte bedeutet in gewissem Sinne Rückkehr zu den Anfängen mittelalterlichen Erzählens. Das kann negativ gelesen werden und würde heißen: Die Autoren scheuen das Risiko, das mit dem Entwurf einer (mehr oder weniger) geschichtsenthobenen Welt der Phantasie verbunden ist. Rudolf und seine Kollegen geben sozusagen den Mythos preis und werfen sich wieder der Heilsgeschichte in die Arme. Aber das ist eben doch nur die Rückkehr in das Bezugssystem eines raum-zeitlich determinierten, gottgelenkten christlichen Geschichtsordo, nicht die Flucht in eine verbürgte oder scheinbar verbürgte Historizität. Anders als KNAPP[62] halte ich es für denkbar, daß die »Klassiker« des mittelalterlichen Romans durchaus in der Lage waren, das »Bewußtsein einer auto-

---

[59] Vgl. bes. ALOIS WOLF: Erzählkunst und verborgener Schriftsinn. Zur Diskussion um Chrétiens ›Yvain‹ und Hartmanns ›Iwein‹. Sprachkunst 2, 1971, S. 2.

[60] KNAPP [Anm. 43], S. 626.

[61] WALTER BENJAMIN: Der Erzähler. Betrachtungen zum Werk Nikolai Lesskows. In: ders.: Illuminationen. Ausgew. Schriften. Frankfurt 1980 (st 345), S. 397.

[62] KNAPP [Anm. 43], S. 626.

chthonen literarischen Wahrheit zu begründen«. Den Faden zur Geschichte
hatten sie nun einmal durchschnitten. Auch wenn die »Lüge« in eine christliche Konzeption von Geschichte zurückgeholt wird, bleibt sie eine *res ficta*,
wird nicht zu einer *res facta*. Das würde bedeuten, daß das Fiktionale bei allem
historischen Gewand und bei allen historischen und illusionären Referenzen
seinen fiktionalen Charakter beibehält.

Historisierung der Großerzählungen im 13. Jahrhundert bedeutet für mich
also nicht Preisgabe des Fiktionalen, Pseudohistorizität mit schlechten Mitteln,
sondern Betonung des syntagmatischen Charakters der fiktionalen Geschich-
ten. Damit ist zugleich die Behauptung wiederholt, daß das geschichtliche
Gewand der Erzählungen nicht dazu dienen soll, dem paradigmatisch-lehr-
haften Inhalt der Erzählungen stärkeres Gewicht zu geben: Ziel fiktionalen
Erzählens ist nicht die Vorspiegelung eines *historia docet*. Die prononcierte
Einordnung einer exemplarisch lehrhaften Geschichte in einen historischen
Kontext hat vielmehr einen anderen Effekt. Sie markiert jenen »Übergang des
Exemplums in den Zustand seiner Problematisierung«, den STIERLE[63] unter
anderem bei Boccaccio herausgearbeitet hat. Bei Boccaccio wird nach STIERLE
»das Exemplum in Richtung auf eine Geschichte überschritten, deren Über-
schuß an Determinanten die Reduktion auf den moralischen Satz oder . . . die
moralische Idee nicht mehr ohne Rest zuläßt«. Das Exempel wird bei Boccaccio zunehmend zum Fall (*Casus*). An die Stelle des Aufrufs zur *imitatio*
(*Exemplum*) oder neben sie, tritt die Aufforderung zur Stellungnahme, zur
Beurteilung (Fall). Im Anschluß an HANS-JÖRG NEUSCHÄFER[64] wählt STIERLE
die Geschichte von Tito und Gesippo als Beispiel. Die Einsinnigkeit des Exemplums vom großmütigen Freund, der ohne zu zögern dem Freund seine Braut
überläßt, wird bei Boccaccio (unter anderem) »dadurch überspielt, daß die
Braut selbst nicht mehr einfach Objekt ist, sondern Bewußtsein hat, auf das
Ansinnen empört reagiert, und so eine Kette immer weiter reichender Kom-
plikationen auslöst, die die Exemplarität des Exemplums sprengen« (S. 362).
Freilich: Auch im stoffverwandten ›Engelhard‹ Konrads, dessen Problematik
BARBARA KÖNNEKER[65] meines Erachtens zutreffend dargestellt hat, und im
noch näherstehenden Roman von ›Athis und Prophilias‹ wird schon die Exem-
plarität der exemplarischen Freundschaftsgeschichte gesprengt.

Die Verortung im Historischen und die damit zusammenhängende Entfaltung der erzählten Welt steigern nicht den paradigmatischen Wert eines Exempels, sondern problematisieren ihn. Doch scheint mir das keine Entwicklung
zu sein, die erst bei Boccaccio auftritt. Die Beobachtung gilt auch für den
deutschen Roman des 13. Jahrhunderts. Mag sein, daß der ›Engelhard‹ in
erster Linie ein Aufruf zur *triuwe* ist, daß man am Beispiel Beaflors unbe-

---

[63] STIERLE [Anm. 41], S. 361ff.
[64] HANS-JÖRG NEUSCHÄFER: Boccaccio und der Beginn der Novelle. München 1969.
[65] BARBARA KÖNNEKER: Erzähltypus und epische Struktur des ›Engelhard‹. Euph. 62, 1968,
S. 239–277.

grenztes Gottvertrauen lernen soll und nach Willehalms Vorbild so etwas wie
Beständigkeit. Sicher sollen Crane und Demantin ebenso wie Reinfried vorbildhaft wirken, und auch vom Wilhelm von Wenden kann man allerhand
lernen. Aber immer ist in den so lehrhaften und affirmativen Geschichten
etwas wie eine Alternative aufbewahrt. Das mag die schier übermenschliche
Leidensfähigkeit Willehalms sein, oder die heimtückische Ermordung seines
Vaters durch Jofrits Leute, die brutale Askese in der ›Guten Frau‹, Mais Ermordung der eigenen Mutter, Engelhards Gottesgericht und Kindesopferung
oder das Räuberschicksal der Kinder des wendischen Willehalm. Merkwür-
digerweise stellt auch Flore die schlechte *coutûme* des babylonischen Admirals
nicht ab: Der Heide wird Blanscheflurs Freundin Claris heiraten und sie nach
einem Jahr wohl – wie ihre Vorgängerinnen – töten. Auch der ›Reinfried‹ geht
– so weit man sehen kann – nicht so glatt auf. In der Rhetorik der Texte und in
ihrem durchwegs guten Ende wird zwar getan, als ob Individuum und Welt in
Gottes Hand sicher aufbewahrt wären, als ob es angesichts der Gnade Gottes
keine Obdachlosigkeit des Individuums und der Welt und damit – nach
Georg Lukács[66] – auch gar keinen Roman gäbe. Aber es wird meines Erachtens eben nur so getan. Die erzählerische Entfaltung der exemplarischen
Lehre in einem historischen Umfeld läßt die Risse deutlich werden. Die Behauptung von Gottes letztendlicher Gnade gerät den Autoren immer wieder zu
einem Kraftakt, die Behauptung, daß konsequente *imitatio* zum Ziel führe,
läßt sich nie ganz aufrecht erhalten. Daneben steht auch immer der Aspekt:
Da ist es noch einmal gut gegangen. Nicht tänzerische Gebärde über dem
Abgrund, sondern Gratwanderung neben ihm. Nicht Heilsgewißheit der Legende, sondern im besten Fall Hoffnung auf das Heil.

Historisierendes Erzählen im 13. Jahrhundert bedeutet für mich also Rückkehr fiktionalen Erzählens in ein heilsgeschichtliches Bezugssystem, aber ohne
die Heilsgewißheit, die etwa der Legende eignet; es bedeutet für mich auch
lehrhaftes und exemplarisches Erzählen, doch wird das Exemplum nicht aus
der Geschichte deduziert und durch sie legitimiert. Es gibt vielmehr durch
seine Verortung in der Geschichte einen Teil seiner Verbindlichkeit preis.
Wenn anders die »transzendentale Obdachlosigkeit«, von der Lukács spricht,
und die Fiktionalität des Erzählten die bestimmenden Konstituenten des Romans sind, dann sind die historisierenden Erzählungen des 13. Jahrhunderts
zumindest auf dem Weg zum »Roman«.

---

[66] Georg Lukács: Die Theorie des Romans. Ein geschichtsphilosophischer Versuch über die
Formen des Romans. Neuwied 1971 (Slg. Luchterhand 36).

# Wandel von Geschichtserfahrung in spätmittelalterlicher Heldenepik

von

Jan-Dirk Müller (Münster)

Seit dem späten 15. Jahrhundert mehren sich in Titeln, Einleitungsversen, Geschichtswerken und Bibliotheksnotizen Wendungen, die das hohe Alter heroischer Überlieferung ausdrücken: Heldenbücher oder -epen sind *alte heldenpuoch*, *alte liet*, *antiquae cantilenae*, Verfasser und Publikum sind die *vorfordern*, die *alten* oder gar *vralten Teutschen*, und sie handeln von den *alten* Helden, die *vor ziten* um Ehre gekämpft haben, deren Taten gleichwohl noch heute mündlich und schriftlich, jedenfalls unterhalb gelehrter Historiographie verbreitet sind.[1] Das scheint nichts Besonderes: Schon die Programmstrophe des ›Nibelungenliedes‹ erinnert an *alte maeren*, die »zu uns« sprechen sollen. Trotzdem hat das »alt« im 15./16. Jahrhundert einen ganz anderen Status als dort: Es dient nämlich mehr und mehr zur Bezeichnung einer fernen, uneinholbaren Vergangenheit, die »anders« ist als »unsere« Zeit und die deshalb »uns« in anderer Weise angeht. In Heldenepik oder mittels Heldenepik kann sich – so die im folgenden auszubreitende These – ansatzweise ein Bewußtsein historischer Distanz artikulieren und eine Vorstellung weiter historischer Zusammenhänge ausbilden, die – wie Kurt Ruh zu recht bemerkte – weder heilsgeschichtlich überformt noch reichsgeschichtlich zentriert sind, eben deshalb aber auch von den normativen Vorgaben dominierender mittelalterlicher Geschichtsauffassung entlastet.[2]

Es geht mir also nicht um das Geschichtsbild mittelalterlicher Heldenepen, insofern in ihnen – ich zitiere Walter Haug – »historische Erfahrung mittels literarischer Schemata zu sich selber kommt«, es geht mir auch nicht um die

---

[1] Belege bei: Jan-Dirk Müller: Gedechtnus. Literatur und Hofgesellschaft um Maximilian I. München 1982, S. 198ff., vgl. S. 190–197; vgl. etwa auch: Melchior Pfinzings Clavis zu: Maximilian I. ›Theuerdank‹: Hrsg. v. Helga Unger. München 1968, S. 303. – Heinrich Modern: Die Zimmer'schen Handschriften der k.k. Hofbibliothek. Ein Beitrag zur Geschichte der Ambraser Sammlungen und der k.k. Hofbibliothek. Jahrbuch der Kunsthistorischen Sammlungen des Allerhöchsten Kaiserhauses 20, 1899, S. 135, vgl. S. 115. – Johann Turmair, gen. Aventinus: Sämmtliche Werke. Hrsg. v. Siegmund Riezler, Bd I – VI. München 1880–1908, I, 304, 308, 331, 560, 645; II, 53f.; IV, 1, 98, 101, 135, 161 u.ö. – Cyriacus Spangenberg: Mansfeldische Chronica. Der Erste Theil. o.O. 1572, Bl. 57ʳ, Bl. 16ʳ. – Ders.: Adelsspiegel. Historischer Ausführlicher Bericht: was Adel sey vnd heisse (. . .). Schmalkalden Bd. I, 1591; II, 1594; hier Bd. II, Bl. 268ʳ, 267ʳ, 327ᵛ u.ö.

[2] Kurt Ruh: Verständnisperspektiven von Heldenepik im Spätmittelalter und heute. In: Heldenepik in Tirol. König Laurin und Dietrich von Bern in der Dichtung des Mittelalters. Hrsg. v. Egon Kühebacher. Bozen 1979 (Beiträge der Neustifter Tagung 1977), S. 15–31, hier S. 21.

dialektische Verschränkung des »Bewußtseins einer vergangenen Epoche«, des »heroic age«, mit dem einer Gegenwart, die sich – nochmals HAUG – »in der heroischen Welt ›breit macht‹«,[3] vielmehr kommt es auf den Wandel des Standpunktes insgesamt an gegenüber heroischer Überlieferung als einer mehr oder weniger glaubwürdigen Kunde von der Vergangenheit, d.h. auf die Verschiebung der Perspektive, in die der Rezipient von Heldenepik durch die Instruktionen des Textes eingewiesen wird. Seit dem 13. Jahrhundert löst sich Heldenepik allmählich von einem Typus historischer Erfahrung ab, den FRANTIŠEK GRAUS als »lebendige Vergangenheit« beschrieben hat.[4] Sie wird literarisiert oder aber, wenn auch weit seltener, zur historisch-antiquarischen Überlieferung unter anderen. Das hängt mit ihrer Verschriftlichung zusammen, die zunächst weiterhin Austausch mit einer lebendigen mündlichen Tradition und Wechselwirkung zwischen Gegenwarts- und Vergangenheitsbewußtsein zuläßt. GRAUS setzt die entscheidende Schwelle im Humanismus an, allgemeiner könnte man sagen: mit jener »Explosion« von Schriftlichkeit (HUGO KUHN) im Spätmittelalter, in deren Gefolge Traditionswissen gesichert, insgesamt überschaubar und mithin auch historisch-philologischer Kritik zugänglich wird.[5] Aber die Entwicklung setzt schon früher ein.

»Heldendichtung über Heldendichtung« hat MICHAEL CURSCHMANN die Heldenepik des 13. Jahrhunderts genannt, um den Abstand gegenüber dem älteren Typus auszudrücken: Gegenüber einer Kollektiverinnerung, deren fraglos gültige Verlaufs- und Deutungsmuster, Welt- und Gesellschaftsbilder Vergangenheit und Gegenwart zusammenschließen, handle es sich gewissermaßen um Heldendichtung zweiten Grades, die die literarische Verfügbarkeit von Situationstypen, Handlungsschemata, Darstellungsmitteln etc. voraussetzt.[6] Die Formel hat einen neuen Zugang vor allem zu den Sagen- und Motivkom-

---

[3] WALTER HAUG: Andreas Heuslers Heldensagenmodell. Prämissen, Kritik und Gegenentwurf. ZfdA 104, 1975, S. 273-292. Ders.: Die historische Dietrichsage. Zum Problem der Literarisierung geschichtlicher Fakten. ZfdA 100, 1971, S. 43-62.

[4] FRANTIŠEK GRAUS: Lebendige Vergangenheit. Überlieferung im Mittelalter und in den Vorstellungen vom Mittelalter. Köln/Wien 1975. GRAUS sieht die Wende dort, »wo die Historiographie bemüht war, inneren Abstand zu der Vergangenheit zu gewinnen, sich nicht mehr (zumindest teilweise) mit ihr identisch, sondern als im Grunde wesensfremd fühlte« (S. 25). GRAUS nimmt das Heldenepos des Hochmittelalters von dieser ›lebendigen Vergangenheit‹ aus (zu Dietrich von Bern S. 40). Seine Vorstellung vom »rein literarischen« Charakter derartiger Überlieferungen (etwa S. 54, 57) scheinen jedoch einen zu neuzeitlich geprägten Literaturbegriff zu unterstellen, der die gemeinschaftsverbürgenden und identitätsstiftenden Funktionen mittelalterlicher Literatur unterschätzt.

[5] HUGO KUHN: Versuch über das 15. Jahrhundert in der deutschen Literatur. In: H. K.: Entwürfe zu einer Literatursystematik des Spätmittelalters. Tübingen 1980, S. 78.

[6] MICHAEL CURSCHMANN: Dichtung über Heldendichtung: Bemerkungen zur Dietrichepik des 13. Jahrhunderts. In: Akten des V. internationalen Germanisten-Kongresses Cambridge 1975. Heft 4. Hrsg. v. LEONARD FORSTER und HANS-GERT ROLOFF, Frankfurt 1976, S. 17-21. – Ders.: ›Biterolf und Dietleib‹. In: Verf.lex. ²I,881. – Ders.: ›Nibelungenlied und Nibelungenklage‹. Über Mündlichkeit und Schriftlichkeit im Prozeß der Episierung. In: Deutsche Literatur im Mittelalter. Kontakte und Perspektiven. Gedenkschrift Hugo Kuhn. Hrsg. v. CHRISTOPH CORMEAU. Stuttgart 1979, S. 85-119, hier S. 86.

pilationen der Dietrichepik eröffnet; sie sollte allerdings nicht im Sinne bewußt artistischer Aneignung von Tradition verstanden werden, wie sie bei den eher schlichten literarischen Verfahren kaum zu unterstellen ist, und sie sollte nicht ältere Gebrauchsmöglichkeiten ausschließen, nämlich die Orientierungsleistung der Texte innerhalb der Feudalgesellschaft und ihren Beitrag zu deren Bild von Vergangenheit. Hiervon soll jetzt die Rede sein, enger noch: von den Modellen, mit deren Hilfe der »Raum« (noch nicht der prozessuale Zusammenhang) zwischen Vergangenheit und Gegenwart bestimmt, beide aufeinander bezogen werden und in denen sich ansatzweise ein Bewußtsein der »Alterität« des Heroenzeitalters ausbilden kann. Es sind verstreute, um ihrer Signifikanz willen ausgewählte Beobachtungen, die sich angesichts einiger ungeklärter Überlieferungsdaten nur grosso modo, erst im letzten Jahrhundert etwas genauer, auf die Chronologie berufen können.[7] Trotzdem scheint mir eine solche vieles notgedrungen aussparende Skizze unter der Voraussetzung legitim, daß sich langfristiger Wandel von Einstellungen weder am Fahrplan der Jahre und Jahrzehnte abmessen noch als lückenlos-einsinnige Abfolge von Daten beschreiben läßt: Faßbar wird er erst im rückschauenden Überblick über einen größeren Zeitraum.

* *<br>*

Schon die handschriftliche Fassung der Heldenbuch-Prosa (ca. 1480) will darüber unterrichten *wie all heild ab sind gangen vnd wie sú ein end hant genomen. Also wurden gar vil held erschlagen*, schließt der Bericht vom Untergang der Nibelungen. *Darnach wart aber ein streit beret (. . .) Alle die helden, die in aller welt waren wurdent dazümal abgethan, außgenomen der berner*: er muß von nun an außerhalb der Geschichte den Jüngsten Tag erwarten.[8] Während etwa die ›Thidrekssaga‹ mit einem allmählichen Auslaufen der Heldenzeit in die Geschichte gewöhnlicher Menschen rechnet, wird hier das Zeitalter der Heroen als geschlossener historischer Zusammenhang mit einem absoluten Schlußpunkt behandelt.[9] Ältere Formulierungen präzisierend hebt Sigmund Feyerabends Vorrede zum Heldenbuch (1560) diesen Epochencharakter hervor: *Inn dem ersten ist begriffen / der anfang / vnnd das herkomen der Helden / vnd Rysen (. . .) vnd wie sie widerumb ein end genomen / vnd jr gantzes*

---

[7] JOACHIM HEINZLE: Mittelhochdeutsche Dietrichepik. Untersuchungen zur Tradierungsweise, Überlieferungsstil und Gattungsgeschichte später Heldendichtung. München 1978 (MTU 62). – Ders.: Überlieferungsgeschichte als Literaturgeschichte. Zur Textentwicklung des Laurin. In: Heldenepik in Tirol [Anm. 2], S. 172–191, hier S. 186f. zu den schwierigen Überlieferungsfragen.

[8] Heldenbuch. Altdeutsche Heldenlieder aus dem Sagenkreise Dietrichs von Bern und der Nibelungen: Hrsg. v. FRIEDRICH HEINRICH VON DER HAGEN. Bd. 1. Leipzig 1855, S. CXI-CXXVI. Vgl. Das deutsche Heldenbuch nach dem mutmaßlich ältesten Drucke: Neu hrsg. v. ADELBERT VON KELLER. Stuttgart 1867 (StLV 87), S. 11.

[9] Thidriks Saga af Bern: Hrsg. v. HENRIK BERTELSEN. Kopenhagen 1905/1911, S. 4f.

*Geschlecht vergangen.* Wie das Einzelleben ist die versunkene Epoche Gegenstand erbaulicher Betrachtung: *Darumb des menschen leben ein kleine zeit hie
wert / sonder dasselbige verget.*[10]

Dies Ende knüpft sich an den Kampf zwischen rheinischen und südosteu-
ropäischen Helden, das heißt vor allem an den Sagenkreis um Nibelungenunter-
gang und Dietrichs Rückkehr nach Bern. *Diu vil michel êre was dâ gelegen
tôt,* heißt es zwar auch zu Ende des ›Nibelungenliedes‹ (B 2378,1; C 2438,1).
Burgonden wie Hunnen, Amelungen wie Thüringer werden in den Strudel des
Untergangs gerissen. Der Schluß ist hier jedoch nicht absolut, bloß, was
zählte, ist vorbei: *wie ir dinc an geviengen sît der Hiunen diet* (C 2440,3), das
hält der Redaktor von C nicht mehr für redenswert. Aber ist *ir dinc* damit zu
Ende? Es ist ein Ziel der ›Klage‹, diesen Eindruck aufzuheben und das *maere*
auf übergreifende Feudalgeschichte hin zu öffnen. »Die Weltgeschichte erneuert sich«, sagt MAX WEHRLI.[11] Daß es die *groezeste geschiht* bis zum Jüngsten Tage ist (3480), ist nicht nur genretypische Hyperbel, sondern stellt jenen
minimalen Bezug auf Weltgeschichte im mittelalterlichen Sinne her, die der
Heldenepik, wie RUH sagte, sonst überwiegend abgeht. Was jetzt folgt, ist
weniger groß, aber doch prinzipiell gleichartig. Deshalb kann das Geschehen
an »jetzt« gültigen Normen gemessen werden (zum Beispiel an der Verpflichtung zu und Durchführung von Rache); deshalb können Alternativen zum
Verlauf und zum Ausgang durch Figuren wie Erzähler erörtert werden. Deshalb schickt man auch die Waffen der Gefallenen in ihre Heimat zurück. Sie
werden weiter gebraucht. Das Aus trifft nur Etzel, der von nun an *kranker
witze wielt* (4188) und Gottweißwohin entschwindet, betrifft sein Reich und
seinen Hof. Auch für ihn ist das Ende nicht zwingend: bei seinen Machtmit-
teln solle er doch, rät Dietrich ihm, neu anfangen:

> *sine sint niht alle noch begraben,*
> *di iu ze dienste sint gewant:*
> *her künec, jâ mügt ir iuwer lant*
> *mit heleden wol besetzen.*
> *got mag iuch wol ergetzen*
> *genaedeclîch der leide*
> *ir habt doch noch uns beide ...* (2446–2452)

Etzel hat die Mittel, aber er lehnt ab, *wand er hete ze vil verlorn* (2481): Für
ihn als Person gibt es keinen neuen Anfang mehr – so wie ja auch Gotelint und
Uote die Katastrophe nur physisch und für kurze Zeit überleben –, aber sein

---

[10] Das Heldenbuch Welchs auffs new Corrigiert und gebessert ist / mit schônen Figuren geziert
gedruckt zu Franckfurdt am Mayn durch Weygand Han und Sigmund Feirabendt. Franckfurt
1560.

[11] MAX WEHRLI: Die ›Klage‹ und der Untergang der Nibelungen. In: Zeiten und Formen in
Sprache und Dichtung. Festschrift für Fritz Tschirch. Hrsg. v. KARL-HEINZ SCHIRMER und
BERNHARD SOWINSKI. Köln/Wien 1972, S. 96–112, hier S. 111. – ›Diu Klage‹: Hrsg. v. KARL
BARTSCH (1875). Nachdruck: Darmstadt 1964. – Vgl. dort im Apparat die Varianten der
Fassung C der ›Klage‹.

Verschwinden macht keine Epoche. Helden gibt es weiter. Nicht einmal Etzels
Leute wurden ganz ausgerottet: von Rüedegêrs Mannen überleben sieben,
nicht viele, aber genug für die Trauergesandtschaft. Hunnische Landleute bleiben übrig; an Sindolt und Rumolt erinnert man sich plötzlich. Beide übernehmen bei Hof die Beraterrolle Hagens. Die trauernden Damen am Hunnenhof
haben königliche Väter, die rings im Lande offenbar bei bester Gesundheit
weiterhin herrschen. Ein Grund mehr, auch in Bechelaren, Passau, Worms
und Bern zur gewöhnlichen Ordnung zurückzukehren: Hochzeit, Ritterwei-
he, Krönung, Sicherung der Erbfolge, bei aller Trauer künftig auch wieder die
Hoffnung auf *vil manegen vroelîchen tac* (3209). Feudal business as usual –
erst recht unter dem neuen Herrscher in Worms:

> *der hof unt daz gesinde*
> *ir leit mit freuden sît vergaz.*
> *wie der künec sît gesaz*
> *und wie lange er krône mohte tragen,*
> *daz kan ich niemen gesagen.*
> *diu maere suln uns noch komen* (4098–4099d = C 4150–4155)

Was Unverständnis gegenüber der heroischen Überlieferung scheint, verweist gerade auf die Funktion der ›Klage‹: das Außerordentliche in die Nor-
malität von Feudalgeschichte zurückzuholen. Eine »christliche Geschichtsdichtung« (so HANS SZKLENAR), die die Epenüberlieferung, ob nun die schriftliche
oder die vorschriftliche, ersetzen wollte und selbständigen Bestand hätte, ist
die ›Klage‹ nicht. Dagegen spricht ihr Erzählduktus: die mehrfach rekapitu-
lierende, ergänzende, zeitversetzte, trotzdem unvollständige Darbietung des
Geschehens folgt nicht der *via plana* der Historie. Dagegen spricht auch die
Gewichtung der Vorgänge: die Epenhandlung wird nicht als sie selbst the-
matisiert, sondern als Vorgeschichte ihrer Nachgeschichte.[12] Damit aber wird
sie aus ihrer voraussetzungslosen Isolation, und das heißt, ihrer Einmaligkeit
und absoluten epischen Präsenz, befreit. Das geschieht in zeitlicher Hinsicht
durch die dynastische Fortsetzung, in räumlicher Hinsicht durch Verweis auf
fortbestehende Herrschaftszentren, die nicht tangiert sind – in Bayern zum

---

[12] Die Frage der Priorität von ›Lied‹ oder ›Klage‹ ist in jüngerer Zeit wieder offen. In jedem Fall
setzt die ›Klage‹ eine umfangreichere epische Überlieferung (ob nun mündlich oder schriftlich)
voraus und führt in mehrfacher Hinsicht zu Ende, was diese widersprüchlich oder dissonant
erzählt. Trotz allen Diskrepanzen zum ›Lied‹ und Unklarheiten im Text kann die ›Klage‹ als
Rezeptionsanleitung für die Heldensage gelesen werden. – GEORGE T. GILLESPIE: ›Klage‹ as a
Commentary on ›Das Nibelungenlied‹. In: Probleme mhd. Erzählformen. Hamburger Colloquium 1969. Hrsg. PETER GANZ u. WERNER SCHRÖDER. Berlin 1972, S. 153–177. – BURGHART
WACHINGER: Die ›Klage‹ und das ›Nibelungenlied‹. In: Hohenemser Studien zum Nibelun-
genlied. Hrsg. v. ACHIM MASSER u. IRMTRAUD ALBRECHT. Dornbirn 1981. (Montfort. Viertel-
jahresschrift für Geschichte und Gegenwart Heft 3/4 1980), S. 264–275, hier S. 273. –
CURSCHMANN: ›Nibelungenlied‹ [Anm. 6], S. 104ff., 114. – Das Zitat bei: HANS SZKLENAR: Die
literarische Gattung der ›Nibelungenklage‹ und das Ende »alter maere«. Poetica 9, 1978,
S. 41–61, hier S. 61. – Anders als SZKLENAR sehe ich nicht, wieso in der ›Klage‹ heroische
Dichtung liquidiert würde.

Beispiel reagiert man recht gelassen: *Got von himel der sis gelobt* (3521), denn endlich sei Hagen tot –, das geschieht schließlich in exemplarischer Hinsicht durch ein gegenwartsbezogenes Raisonnement, das das Geschehen an dem mißt, was auch heutzutage passieren könnte oder passieren sollte.

Auf solche Exemplarität legt es schon das Epos an. Die ›Klage‹ spannt das Geschehen in einen geschichtlichen Rahmen, dessen Grenze der Jüngste Tag ist, in dem aber nicht ein zielgerichteter oder auch nur unumkehrbarer Prozeß abläuft, sondern prinzipiell Gleiches sich wiederholt. Deshalb ist es auch nicht nötig, die zeitliche Position des Hörers zum vergangenen Geschehen zu bestimmen. Wohl ragen einzelne Institutionen oder Monumente in seine Zeit: das Passauer Bistum und sein Pilgrimskult, das Kloster Lorsch, Siegfrieds Grab. Aber sie verweisen nicht zurück, sondern erinnern an die Präsenz der heroischen Leitbilder. Ihr dient auch Pilgrims Bemühen, daß die Erinnerung an die *groezeste geschiht diu zer werlde ie geschach* (3480f.) *behalten* wird, nämlich dank schriftlicher Fixierung des Augenzeugenberichtes aller künftigen Gegenwart quasi gegenständlich verfügbar.[13] Rituelles *verklagen*, schriftliche *memoria* und Eingliederung in das Kontinuum feudaler Geschichte garantieren die exemplarische Präsenz der Vergangenheit. Der Abstand zu ihr ist nicht zeitlich bestimmbar, sondern nur qualitativ: Taten wie Verfehlungen waren größer, die Verluste höher, die Helden stärker und noch als Leichen sperriger und schwerer.[14]

Diese Einstellung gegenüber Heroenzeit ist nicht ungewöhnlich. Sie findet sich grundsätzlich selbst dort noch, wo deren exemplarischer Anspruch an die Gegenwart in Frage gestellt wird. Bekanntlich drückt der Prolog des ›Goldemar‹-Fragments eine derartige Distanz zur Heroenwelt aus.

1,1  *Wir han von helden vil vernomen,*
    *die ze grôzen strîten sint bekomen*
    *bî hern Dietrîches zîten.*
    *si begiengen degenheit genuoc,*
    *dô einer ie den andern sluoc (. . .)*
1,10  *man sprach, er taete dez beste*

---

[13] Zum Status dieser Aussagen in der literatur- und bildungsgeschichtlichen Situation des 12. Jahrhunderts: CURSCHMANN, ›Nibelungenlied‹ [Anm. 6], S. 108ff. – Auf die Glaubwürdigkeit dieser besonderen Nachricht kommt es weniger an als auf den Typus feudaler Geschichtserinnerung, zentriert um ein Adelsgeschlecht. Die Gegenwärtigkeit solcher Erinnerung im Selbstbewußtsein des frühmittelalterlichen Adels ist von der Historie (KARL HAUCK, WILHELM STÖRMER, REINHARD WENSKUS, UWE MEVES u.a.) vielfältig bezeugt. Ihre Literarisierung in der ›Klage‹ mag schon spätzeitliches Phänomen sein: Der Prolog weitet die Gemeinschaft, in der zuerst Klage und Erinnerung statthaben, auf *alle* aus, die das *maere* hören: *daz ez ze klagene den liuten allen so gezimt. swer ez zeinem mâl vernimt, der muoz iz iaemerliche klagen und immer jâmer dâ von sagen* (4–8, nach C).

[14] Der Gestus rührender Klage, die »nie« ganz zum Ende kommen kann (860, 1960 u.ö.) zielt auf die zeitlose Exemplarität des Geschehens. Die »Ohnmacht« der Überlebenden äußert sich in körperhafter Direktheit, ob in der Besinnungslosigkeit des Schmerzes (879f. u.ö.), im Machtverlust der Könige, in der Schwierigkeit, die riesenhaften Körper eines Gernôt (2026ff.) und Rüdiger (2193ff.) aus dem Saal zu schaffen.

> *der mängen âne schulde ersluoc.*
> *dâ von ir lop geprîset wart,*
> *sô man die tôten von in truoc.«*

Solch ein Bild will die Geschichte von Dietrich als Frauendiener korrigieren. Die Distanz gegenüber den Geschichten aus *Dietriches zîten* ist also keine historische, sondern eine der Leitbilder (heroisches vs. ritterlich-höfisches Handeln). Das neue Leitbild, das das alte ersetzen soll, kann deshalb auf der gleichen zeitlichen Ebene angesiedelt werden, nämlich in jener Heroenzeit. Die Kritik richtet sich nicht auf einen überholten Handlungstypus, sondern auf einen ethisch fragwürdigen; ihre Maßstäbe gelten »jetzt« wie damals wie jederzeit.[15]

Einen zeitlichen Index dagegen erhält die Relation im ›Buch von Bern‹. Bekanntlich nutzt der Redaktor die Geschichte von Dietrichs Vertreibung durch Ermrîch und von seinen letztlich erfolglosen Rückkehrversuchen zu aktuellen Ausfällen gegen die *werlt bî dirre zît* (182), vor allem gegen die Macht- und Habgier der Fürsten, die den Adel ruinieren.[16] Freilich meint ein Satz wie *ez stêt nû niht als ez dô stuont* (232) wieder nicht uneinholbare Vergangenheit, sondern das Versagen einer *kranken* (183) Gegenwart vor den Maßstäben der *alten* (224), nach denen man sich auch heute noch richten sollte. Zeitlich entrückter Wunschraum, ist die alte Zeit durch Normen und Herrschaftsgefüge mit der Gegenwart verbunden. Allerdings gliedert sich die Epenwelt ihrerseits in zwei Epochen. Die zweite umfaßt die Kernfabel, Dietrichs und seiner Gefolgsleute Kampf um das Reich. Ihr geht als erste eine jahrhundertelange Geschichte seiner Vorgänger als Herrscher voraus.[17] Die Vorgeschichte ist uneingeschränkt vorbildhaft. In der Kernfabel dagegen ist

---

[15] ›Goldemar‹. In: Deutsches Heldenbuch. 5. Teil. Hrsg. v. JULIUS ZUPITZA (1870). Dublin/Zürich ²1968, S. 203. Vgl. RUH [Anm. 2], S. 22.

[16] ›Dietrichs Flucht‹. In: Deutsches Heldenbuch. 2. Teil. Hrsg. v. ERNST MARTIN (1866). Dublin/Zürich ²1967, S. 55–215. – Zur zeitgeschichtlichen Polemik: MICHAEL CURSCHMANN: Zu Struktur und Thematik des Buchs von Bern. PBB 98, 1976, S. 380ff. – JAN-DIRK MÜLLER: Heroische Vorwelt, feudaladeliges Krisenbewußtsein und das Ende der Heldenepik. Zur Funktion des ›Buchs von Bern‹. In: Adelsherrschaft und Literatur. Hrsg. v. HORST WENZEL. Bern/Frankfurt/Las Vegas 1980 (Beiträge zur älteren dt. Literaturgeschichte 6), S. 209–257.

[17] Die beiden ältesten Hss. (RW) enthalten diese Vorgeschichte nicht, die erst aus dem 15. und frühen 16. Jahrhundert überliefert ist in den Hss. P und A. (Vgl. die Einleitung von MARTIN, S. XXXIIIff., bes. S. XXXV). Obwohl eine derartige pseudo-historiographische Vervollständigung gerade für Bearbeitungen des 15. Jahrhunderts typisch ist (›Trojaroman‹, Füetrer etc.), spricht einiges für SCHUPPS Auffassung, die Fassungen ohne den Einleitungsteil seien verstümmelt (VOLKER SCHUPP: Heldenepik als Problem der Literaturgeschichtsschreibung. Überlegungen am Beispiel des ›Buches von Bern‹. In: Deutsche Heldenepik in Tirol [Anm. 2], S. 85ff.). Die Polemik hat die gleiche Stoßrichtung wie die Fürstenschelte im Hauptteil und paßt zudem zu den politischen Auseinandersetzungen im Österreich des 13. Jahrhunderts (vgl. MÜLLER [Anm. 16], S. 214–218). Der Einsatz des Epos in R und W (vgl. S. 93, 2329ff.) erfolgt zudem recht unvermittelt. Er knüpft an Wolfdietrichs überlange Regierungszeit resümierend an und bringt dann zunächst weitere Herrscherviten wie in P und A mit dem Unterschied, daß diese allesamt streng genealogisch auf Dietrichs Ahnen konzentriert sind. Aus diesem Umstand könnte die Kürzung begründet werden. In AP ist an der entsprechenden Stelle keinerlei Einschnitt in der dynastisch-historiographischen Darstellung zu beobachten.

die gute alte Ordnung schon bedroht: Durch Ermrîch nämlich kommt jene *untriuwe* in die Welt, die auch »heutzutage« den entstehenden fürstlichen Territorialstaat nach Meinung des Redaktors kennzeichnet. Eine »quasi mythische Figur einer Zeitenwende« hat WALTER HAUG Ermrîch deshalb genannt, durch die es »zum Bruch mit einer ebenfalls mythisierten heroischen Urzeit« komme, mit jener »in die Vorzeit projizierten Utopie« unbedingter und ungefährdeter Treue zwischen Herrscher und Vasallen.[18] Wenn man Ermrîchs Auftreten als Zeitenwende auffassen darf – es gibt da einige Einschränkungen –, dann erhält die Heroenzeit eine historische Tiefenstaffelung, quasi in Heroenzeit I und II, wobei die erste die Ferne des Ideals repräsentiert, die zweite aber durch die gleichen Bedingungen wie die Gegenwart bestimmt ist, nur daß eben Dietrich, anders als die Fürsten heute, unter jenen Bedingungen seine Verpflichtung gegenüber seinen Mannen aufopferungsvoll, ja selbstzerstörerisch bewährt.[19] Zwischen Gegenwart und Heroenzeit II wird das Verhältnis also wieder nur als Wertrelation, nicht zeitlich bestimmt. Zeitlich ausgefaltet dagegen wird das Verhältnis von Heroenzeit II zu ihrer idealisierten Vorgeschichte (Heroenzeit I). Diese Vorgeschichte wird mit Regierungs- und Lebensdaten versehen, die zusammengerechnet, mehr als 2000 Jahre zurückreichen bis auf den Urahn Dietwart, der *milte* und höfisch war wie Artus. Was sollen gerade hier die Zeitangaben, noch dazu so großzügige wie bei der mehrhundertjährigen Lebensspanne der Vorzeitkönige? Sind nur »lange Zeiträume mit nur wenigen Herrscherfiguren zu füllen«?[20] Aber es gibt doch gerade keine vorweg definierten Zeiträume, die zu füllen wären. Vielmehr öffnet sich erst durch diese Zahlen das Geschehen in eine vorzeitliche Tiefe, die den Rahmen des römischen Kaisertums wie des christlichen Zeitalters sprengen müßte, so daß die jahrhundertelangen Biographien fast in die Nähe jener biblischen Patriarchenzeit rücken, die wohl ihr Modell ist. Heldenzeit träte damit in Konkurrenz zu jener biblischen Urgeschichte, deren übermenschliche Maße die Weltchronistik notiert, zum Teil auch mit dem damaligen Weltzustand nach der Sintflut »erklärt«. Allerdings stellt das Epos keinerlei Beziehung (erst recht keine temporale) zur Genesis her. Die Heroenzeit liegt ganz außerhalb der biblischen Geschichte.[21] Die Altersangaben meinen natürlich auch gar

---

[18] WALTER HAUG: Hyperbolik und Zeremonialität. Zur Struktur und Welt von ›Dietrichs Flucht‹ und ›Rabenschlacht‹. In: Deutsche Heldenepik in Tirol [Anm. 2], S. 116–134, hier S. 120f.

[19] Der Sündenfall der *untriuwe* ist nicht absolut: immerhin gehen Hagens *mort* an Siegfried oder der Verrat Godians voraus.

[20] SCHUPP, Heldenepik [Anm. 17], S. 79.

[21] Vgl. RUH [Anm. 2], S. 19. – Die von Genesis 6,4 ausgehenden Vorstellungen von einem Zeitalter der Riesen und die Bilder biblischer Urzeit, wie sie von Flavius Josephus über Petrus Comestor, Vincenz von Beauvais u.a. auch in die spätmittelalterliche deutsche Chronistik eingehen (zum Beispiel Twinger von Königshoven, Ulrich Füetrer), könnten auf die rudimentären Geschichtsbilder später Heroik eingewirkt haben. Hinweise auf die nationalen Adaptionen biblischer Vorzeitkunde bei ARNO BORST: Der Turmbau zu Babel. Geschichte der Meinungen über Ursprung und Vielfalt der Sprachen und Völker. 4 Bde. Stuttgart 1957–1963, hier Bd. 2.2, S. 673, 716f., 824f., 912; Bd. 3.1, S. 1022f. – »Biblisches« Alter kennzeichnet zum Beispiel auch den Laurin im Dresdner Heldenbuch (400 Jahre) und Berhtunc (350 Jahre) in einigen Redaktionen des ›Wolfdietrich‹.

nicht chronologisch Meßbares: Ebenso wie die Dutzende von Söhnen, von
denen zum Glück für die Erzählökonomie und den Hörer meist nur einer am
Leben bleibt, drücken sie eine durchaus körperhaft verstandene *virtus* der
Vorzeit aus. Nicht einmal immanent sind die Angaben auf ein chronologisches
Gerüst bezogen oder die Zuordnung der Sagenelemente zeitlich fixiert. Trotzdem ist hier schon quantifizierbare Zeit Zeichen für den Abstand einer endgültig vergangenen, sich in urzeitliche Fernen verlierenden Welt. Freilich ist
ihre Dauer nicht chronikalisch meßbar; und wenn auch die glücklichen Verhältnisse endgültig vergangene sind, so ist das Ordnungsmodell für Ur- und
Jetztzeit identisch, oder sollte es trotz einer pervertierten Welt der Territoria-
lisierung wenigstens sein. Erst recht gibt es kein kulturelles Zeitgefälle: der
früheste König ist zugleich der höfischste.[22]

So bleibt letztlich hier, wie in den meisten Epen auch, der Abstand vage: Mit
einem voraussetzungslosen Präteritum setzt das Epos gewöhnlich ein, erweitert vielleicht durch ein unbestimmtes »Damals« oder eine epenimmanente Bestimmung des Zeitraums (Dietrich *bî sînen zîten*).[23] Vage ist die Zuordnung
noch da, wo sich historische Anknüpfungspunkte ergeben könnten, wie etwa
in ›Biterolf und Dietleib‹ durch die Gründung der Steiermark. Die Gründung
ist nur locker mit den eigentlichen heroischen Handlungen verknüpft. Recht
unvermittelt schließt sie an die Kämpfe vor Worms an. Etzel will Biterolf
belohnen. Widerwillig nimmt dieser schließlich die Steiermark *zeim jeithove
(. . .) für eigen* (13277f.). Das Land gefällt ihm; so gründet er eine neue Herrschaft. Das spätere Herzogtum, inzwischen im Besitz der österreichischen
Landesfürsten, wird an die Heldensage angeschlossen, indem es Biterolf, dem
König von Toledo, seinen Ursprung verdankt.[24] Was dieser erst noch zum *lant*
ausbauen soll, wirkt freilich kaum vorzeitlich: Jagd, Fischfang, besonders aber
Getreide, Wein- und Bergbau, dazu die Eignung *ze ritterspil* (13305) sind
Vorzüge einer Kulturlandschaft. In ihr erbaut der Held die Stadt Steyr, richtet
Burgen und eine geordnete Herrschaft ein. Trotz geschichtsmächtiger Wir-
kung: die Differenz der Gründerzeit zur jüngsten Vergangenheit wird durch
den Vorgang zwar kenntlich gemacht, aber zugleich eingeebnet. Ähnlich wer-
den vorzeitliche Verhältnisse auch sonst behandelt. Bei Tolêt, der Residenz des
Helden, liegt jener Berg, *dâ der list nigromanzî von êrste wart erfunden* (81).
Wann dies geschah, also wie sich diese Vorzeithandlung zum epischen Geschehen verhält, wird nicht gesagt. Beide laufen irgendwann ab, zeitigen ihre
Ergebnisse, die heute wie je fortbestehen.

---

[22] Die Vorstellung einer höfischen Vorzeit unter Dietwart als Kontrast zur »heroisch-tragischen
Gegenwart« (HAUG [Anm. 18], S. 122) kehrt die historischen Verhältnisse um - und wird eben
dadurch als paradigmatischer Entwurf fortschreitenden Verfalls kenntlich, bis hin zur Gegenwart des Redaktors, die durch Geld pervertiert ist.

[23] Die *sâz-* oder *was-gesezzen*-Formel nennt meist nur den Ort, nicht die Zeit, die irgendwann
*hie vor* (›Laurin‹ D) abläuft, allenfalls als kurze Vorgeschichte, irgendwo einsetzend, erinnert
wird (*ez wuohs ein heiden zwelef jâr*, ›Virginal‹, V.2).

[24] ›Biterolf und Dietleib‹: In: Deutsches Heldenbuch. 1. Teil. Hrsg. v. OSKAR JÄNICKE (1866).
Berlin/Zürich ²1963, S. 1-197.

So entwickelt die historische Dietrichepik nur sehr rudimentär historische Perspektiven, und zwar eben weil ihre Leitbilder in der spätmittelalterlichen Feudalgesellschaft fortgelten sollen, bzw. dort, wo man ihre wachsende Differenz zu den politischen und sozialen Strukturen der Zeit bemerkt (›Buch von Bern‹, ›Rabenschlacht‹, ›Biterolf‹), sich die Differenz in aktuelle Zeitkritik ausmünzen läßt. Von dieser lebenspraktischen Verbindlichkeit scheint dagegen die âventiurehafte Heldenepik eher entlastet. Die Fiktionalisierung des Genres unter Einfluß des Artusmodells schließt dabei jedoch eine historische Interpretation des Geschehens nicht aus. Gewiß verschärfen Riesen, Zwerge, Drachen und Unholde die Fremdheit der Welt, in der Helden gewöhnlich agieren. Die paradigmatische Überdehnung heroischer Kraft kann sich hier in monströsen Handlungsträgern einer Vorzeitwelt verkörpern. Wo die ›Klage‹ heroisches Handeln als extreme, aber nicht unwahrscheinliche historische Möglichkeit auswies, noch das Übermaß der Katastrophe in abgestufter Klage, aufgeräumten Leichenbergen und exakt vermessenen Massengräbern im wahrsten Sinne des Wortes kommensurabel machte, da verzerrt die Hyperbolik späterer Heldenepik die quantitativen Dimensionen, steigert die Reichweite heroischen Handelns und die Physis seiner Repräsentanten ins Übermenschliche, ins Wunderbare, oder auch ins Groteske.

Der Anspruch auf Verbindlichkeit für eine Gegenwart tritt zurück, konzentriert sich auf wenige Helden, nicht das Weltmodell insgesamt. Ein Wolfdietrich oder ein Dietrich von Bern bewegen sich in einer verzerrten Gegenwelt. Was man dort vollbringen darf und kann, ist von zeitgenössischen Normen, Herrschaftsordnungen oder Konflikttypen weit entfernt.[25] Die monströse Übersteigerung könnte geradezu als Antwort auf beschränktere Handlungsmöglichkeiten verstanden werden: in der Weise kompensatorischer Brutalität oder entlastender Komik.[26] Unter der Form des Wunderbaren und des Grotesken kann aber auch das ethnographisch oder historisch Fremde gefaßt werden. Jene in jeder Hinsicht übermäßigen Begebenheiten – die Recken werden

---

[25] Diese Herauslösung der Helden aus realen Handlungskontexten, wie sie die historische Dietrichepik, wie archaisch oder unverstanden auch immer, noch bewahrt hatte, könnte allegorische Interpretationsversuche motiviert haben, und in einem zweiten Schritt deren produktive Umsetzung im allegorischen Heldenbuch vom ›Theuerdank‹. Trotz ihrer allegorischen Bedeutung tragen die Gegner des Helden dort noch Spuren einer dämonischen Natur, die an die âventiurehafte Heldenepik erinnert.

[26] Der Punkt, an dem eine monströse Gegenwelt ins Komische umschlägt, ist schwer zu bestimmen. Schon der ›Ortnît‹ gibt Anlaß zum Zweifel (HEINZ RUPP: Der ›Ortnît‹ – eine Heldendichtung oder? In: Heldenepik in Tirol [Anm. 2], S. 231–252, hier S. 250). Im ›Großen Wolfdietrich‹ hat es der Held mit grotesken Gegnern zu tun, deren gräßliche Verstümmelungen zum Teil offenbar komischen Effekt machen sollten. Hildebrant in Dietrichs Hochzeitsnacht unter dem Bett (›Virginal‹ im Dresdener Heldenbuch) oder der ›Wunderer‹ (ebd.), der unbedingt die verfolgte Jungfrau fressen will und alle Ersatzspeisen, selbst Spitalinsassen ablehnt, gehören in dieselbe Reihe. Gerade das letzte Beispiel zeigt, wie eine offenbar mythische Überlieferung komisch distanziert wird. Vgl. XENJA VON ERTZDORFF: Linhart Scheubels Heldenbuch. In: Festschrift für Siegfried Gutenbrunner. Hrsg. v. OSKAR BRANDLE et al. Heidelberg 1972, S. 33–46, hier S. 35, 37, 45.

bekanntlich zu Riesen – werden in eine von der heutigen Welt strikt geschie-
denen Heldenzeit entrückt. Vor allem in Kaspars von der Rhön und Lienhard
Scheubls Heldenbüchern wird dies Bemühen greifbar: *Vor zaiten vil der wunder was* (›Sigenot‹); *Es was vor langen zaitenn der recken also vil* (›Laurin‹);
*Es lebt bei heldes zeiten nie miniglicher weib* (›Nibelungenlied‹); *Es was bei
heldes zeiten der wunder mer dan iz* (›Antelan‹).[27] In einzelnen Redaktionen
läßt sich schrittweise die historische Distanzierung verfolgen: der ›Laurin D‹
kündigt *wunder* an, die *hievor geschehen sint*; der hochdeutsche Druck (1560)
schreibt *vor zeiten*, der niederdeutsche *in vǒrtyden*.[28] Die Nicht-Identität der
Verhältnisse wird herausgestellt: *seint han verkeret sich dy lant* (›Eckenliet‹,
Dresdner Heldenbuch) oder noch genauer: *Manch nam hat sich verkert im
land* (›Eckenliet‹ 1559).[29] Wie aber sieht diese Vorzeit aus?

Kaspars von der Rhön ›Laurin‹ schickt eine programmatische Interpretation der Heldenwelt voraus, die, wie HEINZLE hervorhob, zwar vom folgenden
Text nicht konsequent getragen wird, trotzdem aber die Sehweise des Rezipienten vorformt.[30] Die Recken, die *vor langen zaitenn* lebten, waren *kaysser,
konge, fursten; sie heten stet vnd schlosser, vnd manches preites lant*. Ihre
Gegner aber waren *helt gar ongehawr*, weder *von adellicher art* noch christlichen Glaubens, *die lagen in dem walde, al freud die was in teur*. Den *recken
von adel geporen* sind sie verhaßt und werden von ihnen erschlagen. Dies Bild
der Vergangenheit hat der Epenhandlung ebenso wie der Gegenwart des 15.
Jahrhunderts seine Eindeutigkeit voraus. Es vereinfacht die durchaus problematische Konstellation des ›Laurin‹ zu einem schlichten Schwarz-Weiß, so
daß selbst die brutal ausgemalte Gewaltprovokation der Berner in einen po-

---

[27] Der Helden Buch in der Ursprache: Hrsg. v. FRIEDRICH HEINRICH VON DER HAGEN u. ANTON
[recte ALOIS] PRIMISSER. 2 Bde. Berlin 1820/25. Bd. 2, S. 117, 160. – Das Nibelungenlied nach
der Piaristenhandschrift: Hrsg. v. ADELBERT VON KELLER. Stuttgart 1879 (StLV 142) Str. 2,3. –
Antelan: Hrsg. v. WILHELM SCHERER. ZfdA 15, 1872, S. 140–149, Str. 1. Im ›Antelan‹ erscheinen als *heldes zeiten* die Zeiten des *Küng Artus*. Der Eingang orientiert sich bekanntlich
an dem des ›Nibelungenliedes‹ (S. 148). Zu einer »Heldenzeit« treten auch andernorts die
Gestalten aus verschiedenen epischen Überlieferungen zusammen. So heißt im Wolfdietrich
D/y der Vater Hugdietrichs Artus (Str. 5); zu den Akteuren gehört neben Sant Jorgen und
bekannteren Figuren der Heldensage lt. Str. 809 auch Herzog Ernst. Aus dem V e r g l e i c h
Etzels mit Artus im ›Wunderer‹ des Kaspar von der Rhön wird die G l e i c h z e i t i g k e i t der
beiden Herrscher in der Druckfassung: *Künig Arthus was auch reiche / zǔ der selben zeit* (Le
Wunderer: Fac-similé de l'édition de 1503. Avec introduction, notes et bibliographie par
GEORGES ZINK. Paris 1949. Bl. Bijʳ, Str. 3).
[28] Laurin und Der Kleine Rosengarten: Hrsg. v. GEORG HOLZ. Halle 1897, S. 96. – Laurin. Ein
altdeutsches Gedicht nach dem alten Nürnberger Drucke von Friedrich Gutknecht: Hrsg. v.
OSKAR SCHADE. Hannover 1854. – TORSTEN DAHLBERG: Zum dänischen Lavrin und niederdeutschen Lorin. Mit einem Neudruck des einzigen erhaltenen niederdeutschen Exemplars
(Hamburg um 1560). Lund 1950 (Lunder Germanistische Forschungen 21), S. 65.
[29] Der Helden Buch [Anm. 27], II, S. 74. – Ecken Auszfart. Nach dem alten Straßburger Drucke
von MDLIX: Hrsg. v. OSKAR SCHADE. Hannover 1854, S. 35. – Unter den ›verkerten‹ Namen
die antiken Ursprünge zu entdecken, ist Anliegen humanistischer Altertumskunde, etwa bei
Flavio Biondo, in Deutschland bei Konrad Peutinger oder Johannes Aventin.
[30] Der Helden Buch [Anm. 27], II, S. 160. – HEINZLE, Dietrichepik [Anm. 7], S. 202; zu Unstimmigkeiten zwischen Programmstrophe und Handlung: S. 192f., 198, 203.

sitiven Handlungskontext rückt. Erst recht wird die Komplexität der politisch-sozialen Verhältnisse reduziert: Anstelle antagonistischer Lebensformen und Mächte, wie sie Hof, Stadt und (erschlossenes) Land im 15. Jahrhundert repräsentieren, waren »damals« alle Instanzen legitimer Ordnung unter Führung der adligen Helden auf der einen Seite versammelt, während auf der Gegenseite Wildnis, Unkultur, Usurpation legitimer Herrschaft und Heidentum stehen. Der Gegensatz zwischen anarchischer Wildnis und Kulturlandschaft wird nicht als zeitliches Gefälle, sondern in hergebrachter Weise räumlich interpretiert. Die Grenze geht quer durch die Heroenwelt. Diesseits von ihr eine bekannte Ordnung, deren Grundstrukturen mit der gegenwärtigen Welt übereinstimmen – nur eben ohne deren konfliktträchtige Differenzierung – und deren Protagonisten, die Recken, sich als Identifikationsfiguren adligen Handelns anbieten. Jenseits gehäuft all jene Negativphänomene, die diese Ordnung als eine zivilisierte, christliche und herrschaftsständische ausgrenzt. Auf diese Deutungsskizze, die die Heroenzeit zugleich mit gegenwärtigen Verhältnissen korreliert und von ihnen abgrenzt, muß der Redaktor großen Wert legen, denn sie kollidiert auffällig mit dem Text: Das Reich der Zwerge erscheint dort keineswegs vorzivilisatorisch, sondern als höher entwickeltes Gebilde, was Künste wie adlige Herrschaftsform angeht. Die Dietrichsmannen erscheinen nicht als Verteidiger von Städten, Schlössern und Kulturland, sondern als deren Zerstörer. Eingeführt werden sie schon von ihrer körperlichen Erscheinung her als Bewohner einer riesenhaften Vorwelt: Es sind *funf recken*, auf denen Dietrichs Herrschaft ruht; *die andern waren cleine, als itzund sein die leut* (wie Anm. 30). Die Heroenwelt insgesamt hat »ungeheure« Dimensionen. Die programmatisch behauptete Polarisierung der Welt in Barbarei und Zivilisation sucht den archaischen Gewaltverhältnissen einen Sinn einzuzeichnen. Trotzdem, der Versuch das Fremde zu verarbeiten, bleibt inkonsequent innerhalb eines »synchronen« Interpretationsmodells. Konsequent wäre, die Grenze zwischen beiden Welten aus der Heldenzeit herauszunehmen und zwischen diese und die Gegenwart zu legen.[31]

Eben dies geschieht in der ›Heldenbuch-Prosa‹. Sie enthält ein Phasenmodell, das Berührungspunkte mit gelehrter Vorzeitkunde des 15. Jahrhunderts hat.[32] Voraussetzung ist die absolute Vergangenheit der Heldenzeit. Die Geschichten von Zwergen, Riesen und Helden enthalten eine Geschichte der

---

[31] Diese ›horizontale‹ Trennung des Ungleichzeitigen kennzeichnet auch Heinrich Wittenwilers ›Ring‹. Nur stehen hier schon die Gestalten der Heldensage (Helden, Riesen, Zwerge) allesamt auf einer Stufe mit einer dämonisiert-anarchischen Gegenwelt, repräsentiert in den *dörpern*, während die Vertreter entwickelterer politischer Ordnung und höfischer Zivilisation (die Städte, die Artushelden) außerhalb der katastrophenhaften Epenhandlung bleiben.

[32] Zitiert nach dem Druck der Heldenbuch-Prosa [Anm. 8], S. 2. Vgl. die Vorrede zu dem Heldenbuch nach der (verbrannten) Straßburger Hs. In: Heldenbuch [Anm. 8], S. CXI-CXXVI. Die Druckfassung verstärkt den Eindruck der Vollständigkeit und Abgeschlossenheit, indem ein Passus der Hs. fehlt: *vnd ist zů wissend, das der andern heild vil dusent sind gewesen, die nit hie stont* (S. CXI).

Kultur *in nuce*. Als nämlich *das lant vnd geburge gar wiest vnd vngebawen was*, die Schätze der Gebirge ungenutzt, läßt Gott die Zwerge werden, die *übel vnd gůt wol erkanten vnd warzů alle ding gůt waren*. Sie schaffen Künste und politische Ordnung. Ihnen sind zum Schutz gegen bedrohliche Naturgewalten die Riesen beigegeben, dann, als diese selbst entarten und sich gegen die Zwerge wenden, die *starcken held* als *ein mittel volck vnder der treier hant volck*, eine besondere Spezies von Menschen, deren *natur* (. . .) *auff manheit nach eren* gerichtet ist. Nicht mehr die Helden allein, sondern all die überdimensionalen Gestalten dieser Vorzeit sind von Adel und Vorfahren adliger Geschlechter heutzutage. Damit werden selbstverständliche Identifikationsmöglichkeiten auf Grund der Standesrolle zum Teil blockiert. Die Riesen bleiben monströs auch als Vorzeitadel. Dagegen rücken Zwerge und Helden als Stifter und Verteidiger urzeitlicher Inseln von Ordnung (*wann sie heten ruhe lant vnd wieste weld vnd gebürge nach bey iren wonungen ligen*) in die Nähe der antiken und biblischen Städtegründer und Erfinder von Kulturtechniken. Für eine »Herogonie« fehlt ein echter Ursprungsmythos. Innerhalb der von Gott gelenkten Geschichte handelt es sich um einen abgeschlossenen Zeitraum mit Ansätzen zu einer relativen Chronologie, doch ohne Bezug auf die zentralen heilsgeschichtlichen Daten. Er setzt sich nurmehr qua Genealogie in gegenwärtiger Feudalgeschichte fort, umgreift ansonsten einen vorzivilisatorischen Zustand. Die Kluft ist freilich noch nicht allzu tief, denn zu den Bewährungsproben der Vorzeithelden gehört auch der ritterliche Frauendienst.[33]

Heldenepik spielt jenseits der Ränder der geschichtlichen Welt, wirkt aber gleichwohl in sie hinein: Die »historischen« Schlußstrophen des ›Eckenliedes‹ von 1559 erzählen, wie das Schwert, das Dietrich von Ecke gewinnt, dem neuen Besitzer auch späterhin dient. Er führt es nämlich noch in den politischen Auseinandersetzungen *Bey Keyser Zenos* [Dr.: *Zones*] *zeite*, im Kampf um Italien im Namen des legitimen römischen Kaisertums gegen den Usurpator *Octaher*. Das Schwert ist Klammer zwischen archaischer Sagenzeit und historischer Zeit. Das Heldenlied verfolgt Dietrichs heroische Bewährung »draußen«, im Wald, in einer unbestimmten Zeit (*Bey Heidnischen zeiten*), in einem heutzutage »verkerten« Raum. Mit dem Sagenschwert in der Hand taucht er in die chronikalisch gesicherte Zeit der Spätantike ein, und für seine weiteren Bewandtnisse ist nicht mehr Heldenepik sondern die chronologisch (Regierungszeit, Todesjahr!) zu bestimmende Geschichte der Könige und der Päpste maßgeblich.[34]

Eine Marginalie der Rezeption? Gewiß nicht nur. Eine heroische Urzeit auf historische Zeit zu beziehen, ist Anliegen auch gelehrter Geschichtsforschung des 16. Jahrhunderts. Ihre Quellen entstammen meist der autoritativen (des-

---

[33] RUH [Anm. 2], S. 18: Trotz genealogischer Übersicht fehlt – außer der Bezeichnung von Anfang und Ende – eine Gründersage.

[34] Ecken Auszfart [Anm. 29], S. 176, 35. Vgl. HEINZLE: Dietrichepik [Anm. 7], S. 93.

halb nicht minder fabulösen) lateinischen Literatur. Deren Manko in den Augen patriotischer Humanisten aber ist, daß sie von Fremden stammt. Gestützt auf das Zeugnis des Tacitus von der poetischen Geschichtsschreibung der Germanen, glaubt man in der Heldenepik einen einheimischen Ersatz für die fehlende Historiographie zu finden.[35] Johannes Aventin systematisiert, was er aus *unserer alten vorfordern gesang, lieder und geschichtsschreiber* in den Epen wiederzuerkennen glaubt, zu einer Geschichte vorzeitlicher Völker und Heroen, die er mit biblischen und pseudo-antiken Zeugnissen kollationiert.[36] Noah verteilte die Erde unter die Helden, die Städte und Gemeinwesen gründeten, Gesetze und Religion (übrigens wieder *gesangsweis*) einrichteten. *Nach dem absterben des Noah erhebten sich überall die risen (. . .) groß faul wild leut (. . .) lagen wie das viech in den großen welden.* Ein Zug der Helden über den Rhein (›Großer Rosengarten‹?) vertreibt sie dort. Auch die *risenweiber*, die damals *die leut gemuetwilliget* haben, werden *zulest von den teutschen helden überwunden.* Das Personal deutscher Heldenepik, an der Seite von oder identifiziert mit antiken Heroen, agiert im Zusammenhang eines kulturstiftenden Prozesses, der von den Patriarchen bis in die Völkerwanderungszeit reicht.[37] In die taciteisch geprägte Idealisierung Altgermaniens fließen aktuelle Aversionen: keine *finanzer* gab es unter den Königen der Vorzeit (die übrigens schon die gereimte Vorrede des Heldenbuchs von Wucher, Verpfändung und juristischer Spitzfindigkeit freispricht). Den höfischen Frauendienst aber, an dem die Heldenbuchprosa als an einem zeitübergreifenden Leitbild noch festhielt, rückt Aventin von der Urzeit ab. Er gehört einem späteren höfischen Zeitalter an, das schuld daran ist, daß die Taten der Vorzeithelden nur verfälscht, etwa zum Minneroman stilisiert, auf uns gekommen sind. Durch den gleichfalls fremd gewordenen mittelalterlichen Verputz hindurch gilt es zum archaischen Kern der Begebenheiten um Dietrich, Larein-Laertes, Eckard-Hektor usw. vorzustoßen. Die Heroen sind nicht mehr Leitbilder fortdauernder Feudalgeschichte sondern Repräsentanten einer archaischen Gegenwelt: größer, sittenstrenger, genügsamer, barbarischer, jedenfalls anders.[38]

---

[35] FRANK L. BORCHARDT: German Antiquity in Renaissance Myth. Baltimore/London 1971, S. 98ff. – JACQUES RIDÉ: L'image du Germain dans la littérature allemande de la rédécouverte de Tacite à la fin du XVIᵉ siècle. 2 Bde. Lille/Paris 1977. In der humanistischen Vorzeitkunde spielen nur einzelne Gestalten aus der Heldensage, vor allem Theoderich d. Gr. eine Rolle (vgl. Celtis' Plan einer Theodoriceis); erst recht ist das idealisierte Bild der Vorzeit nicht vom spätmittelalterlichen Heldenbuch geprägt.

[36] Johannes Turmair, gen. Aventinus [Anm. 1], I, S. 331; vgl. S. 98, 302; vgl. IV, 1, S. 161, 278; IV, 2, S. 135 u.ö. Bei seiner antik-germanischen Synopse stützt er sich zum Teil auf die Fälschungen (Pseudo-Berosus) des Giovanni da Viterbo.

[37] Aventin [Anm. 1], IV, 1, S. 52, 74, 92, 101.

[38] Zur Utopie des alten Deutschland: Aventin [Anm. 1], I, S. 385; Heldenbuch. Hrsg. v. KELLER [Anm. 8], S. 13f. Bei Aventin spaltet sich also das germanische Altertum vom Mittelalter ab. Das Mittelalter wird gegenüber dieser Vorzeit wie gegenüber der griechisch-römischen Antike als (höfische) Verfallsepoche gesehen (vgl. I, S. 308, 331; IV, S. 160f.).

Wie man dieser »Alterität« der überlieferten Zeugnisse zuleiberückt – unter anderem mittels allegorisierender Rückübersetzung in Historiographie und dadurch in eine aktuellere Exemplarität – liegt außerhalb meines Rahmens. Aufs ganze gesehen, spielen die alten Heroen nurmehr eine bescheidene Rolle in der Vorzeitkunde des 16. Jahrhunderts. Trotzdem sollten die – zumeist kritischen – Bemerkungen der Trithemius, Albert Krantz, Beatus Rhenanus, Wolfgang Lazius usw. nicht mehr nur als Belege für die Kenntnis von Heldenepen ausgewertet werden, sondern in ihrem Zeugniswert für ein Bild von Frühgeschichte, das noch in der Abwehr volkssprachlicher Heldensage von dieser beeinflußt wird. Wie dies positiv geschehen kann, illustriert Mathias Holtzwarts ›Lustgart Newer deuttscher Poeteri‹, ein geschichtlich-didaktisches Werk, das dem Hause Württemberg gewidmet ist. Die *Muse* zeigt dem Dichter eine Tafel mit der Geschichte des Riesen Heime, der das Inntal von einem Drachen befreite und im Kloster Wilten bei Innsbruck begraben liegt:

> *Im Inntal waren derselben zeit /*
> *Allein hüttlein vnd anders neit /*
> *Dann hien vnd wider in den wålden /*
> *Holtzflôsser sassen / wunder selten*
> *Man ein andere wonung fand*
> *Vil koler waren in dem land*
> *Auch etlich bauren die jhrn gnieß*
> *Sůchten mit dem vieh on vertrieß /*
> *Den zuuorab gemelter Trache*
> *Gar vil kummernuß thet machen.*

Heime tötet den Drachen, baut eine neue Brücke über den Inn, an der Innsbruck entsteht, errichtet einen Damm gegen Wildwasser, läßt sich taufen, ordnet die Stadt: Heldensage an der Nahtstelle zwischen archaischer Vorwelt und christlicher Zivilisation des Inntals; der Riese als Gründerheros.[39]

Meist freilich wird das, was Heldenepik als Kunde einer fernen Vorzeit zu überliefern scheint, auf ein dürres Gerüst von Namen und Daten reduziert. Vor allem muß die als ›gleichzeitig‹ gedachte Heldenzeit chronologisch entzerrt und mit der bekannten antik-biblischen Geschichte kollationiert werden, nicht nur die historiographisch bezeugten Geschichten um Etzel, Dietrich und den Burgondenuntergang, sondern gerade um Sagengestalten wie Laurin, den Laertes des Tacitus, von dem *die alten Deutschen Lieder / doch sehr dunckel vnd von fern* künden. So öffnet Cyriacus Spangenberg den recht schmalen Raum deutscher Heldenzeit bis in die ferne Vorzeit, indem er unter einem Namen viele und zeitlich weit gestaffelte Heldengeschichten in bester euhemeristischer Tradition annimmt. Er liest Heldenepik allegorisch, um die fremdartige Handlung auf bekannte politische Konstellationen hin auslegen zu können, und vergleicht sie mit der griechischen Mythologie, die gleichfalls auf exakte *Jharzal* verzichte.[40] Streng chronologisch dann und bis in die bibli-

---

[39] Mathias Holtzwart: Lustgart Newer deuttscher Poeteri. Straßburg 1568, Bl. 164ʳf.
[40] Cyriacus Spangenberg: Adelsspiegel [Anm. 1], II, Bl. 172ᵛ, 268ʳᵛ. Vgl. ders.: Mansfeldische Chronica [Anm. 1], cap. 19, Bl. 164ʳf.

sche Urzeit ausgeweitet ist die Geschichte nationaler Helden in Heinrich Pantaleons ›Teutscher Nation Heldenbuch‹. Er knüpft jedoch an andere als heldenepische Traditionen an: spätmittelalterliche Überlieferungen über die Gründung Triers, die Namen des Pseudo-Berosus, von den Humanisten erneuerte Stammessagen. Seine Heroengeschichte ist lückenlos, dank seiner chronologischen Verschachtelungskünste bei überlangen Heroenviten. Seine deutschen Helden (*von anfang der welt / fürnemlich nach der Spraachenverwirrung*) sind kaum noch heldenepischer Provenienz, schließen allenfalls die angeblichen Doppelgänger germanischer Helden ein. Wo selbst Saxo grammaticus sich vorhalten lassen muß, er habe *kein rechnung der zeit gehalten*, ist für Laurin, Ecke und den hürnen Seyfrid ausdrücklich kein Platz mehr. Hiltebrant kommt nur vor, weil Pantaleon in seiner Geschichte einen poetischen Reflex auf Dietrichs Vorgehen gegen Boethius und Symmachus sieht.[41] Nur noch punktuell berühren sich volkssprachliche Heldenepik mit Vorzeitkunde. Diese erschließt, auf pseudo-antike Quellen gestützt, einen gigantischen Zeitraum, wieder in Konkurrenz zu Heils- und Reichsgeschichte. Aber selbst wenn die Quellen nicht gefälscht wären: bevölkert ist er mit belanglosen Fürstenviten, monotonen Kriegszügen, inhaltsleeren Gründungsakten und ermüdenden Apotheosen, alles datierbar. Gelehrte Konstruktionen um Tuisto und Mannus, ausgeschmückt mit altdeutscher Redlichkeit und einigen abgezogenen Fürstentugenden, haben die abenteuerlichen und gewaltsamen *maeren* einer heroischen Vorzeit verdrängt.

---

[41] Heinrich Pantaleon: Das erste theil Teutscher Nation Heldenbuch (...) von dem ersten authore selbs verteütschet / gemehret / vnnd gebesseret / (...). Basel 1573, Bl. ij$^v$, iij$^v$, sowie S. 242: *Ich gedenke auch / es seye durch dise vrsach die fabel entstanden / als wann Herr Thieterich seinen lieben Meister Hiltebrandt zuletst mit betrug hingerichtet.* Die Dietrichsage selbst wird moraliter gedeutet: *also daß auch noch auf heutige tag mancherley lieder vnnd erdichtete fabel bücher umgetragen / inn welchen angezeiget / er habe sich guter zuchtmeisteren vnnd Rhåten gebrauchet / die Risen uberwunden / mit den Helden gestritten / die listigen gezwergen vnder sich gebracht / vnd sein Reich mit grosser vernunfft vnd manheit geregieret. Es haben aber die nachkommende darum vil fablen in seine historien vermischet / damit sie die Teütsche jugent durch jres Kőnigs gedechtnuß zu tugenden ermaneten / vnd zu grossen thaten wider die gottlosen Tyrannen anreitzeten* (ebd.) Eine solche Auslegung kann jene Texte retten, die Pantaleon als Quellen ablehnt. Sie beseitigt jedoch die historische Differenz zur Heroenwelt.

# Heldenepik und Historie im 14. Jahrhundert

Dietrich und Etzel in der Weltchronik Heinrichs von München*

von

GISELA KORNRUMPF (MÜNCHEN)

*Nach Theodosy des kaysers tod besas ainer das reich der was genant Marcianus. Der was ain gůt man vnd begund das reich vasst höhen, vnnczt kchünig Hëczel von Vnngernn zoch auf den kayser vnd raubt vnd prannt im sein lannd alsuer das es kcham zu ainem streyt. Den gewan künig Hëczel. Der betwang auch darnach Franckchenreich vnd die dewtschen lannd. Darnach vber ain zeytt starb dem künig Heczel sein weyb Helich. Do nam er ain weyb aus Purgunder lannd die was gehayssen Chreymhilt. Der het vor ze weib gephlegen her Seyfrid, den erstach Hagen ob ainem prunne. Das rach Chreymhilt darnach. Wann do sy hochzeyt hielt mit kchünig Heczel, darzue lued sy ir drey prueder Gunther Geyselher vnd Gernot vnd auch Hagen. Die wurden all ze Öfen ertöttet. Darvmb erslueg der allt Hildprant Chreymhilden auch ze tod. Darnach sannt künig Heczel gen Röm zw dem kayser vnd empot dem das er im sein swester ze weyb gäb oder er wolt im sein reich zerfueren. Das vnnderkcham got. Wann künig Heczel ward aines tags trunkchen, davon begund im die nasen pluetten vnd das plůt ran im ze tall in den halls, davon erstikcht er in seinem plůt. Do kchlagten in die seinen vnd machten im von gold vnd von silber ainen sarich vnd senkchten in in ain wasser. Davon ways noch nyemand wo künig Heczel hyn sey kchömen.* (Berlin, SBPK Mgf 1108 v. J. 1472, 257[rab])[1]

Das Zitat stammt aus der jüngsten von sieben Handschriften der ›Historienbibel IIIb‹, die der ersten Hälfte des 15. Jahrhunderts angehört.[2] Die aus dem

---

* Den Kolloquiumsteilnehmern, deren Anregungen und Hilfe der Druckfassung zugute gekommen sind, gilt mein herzlicher Dank. Ausgangsbasis der Untersuchung war die von Norbert H. Ott in der Kommission für Deutsche Literatur des Mittelalters der Bayerischen Akademie der Wissenschaften angelegte Filmsammlung. Die wichtigsten Textpartien sind zugänglich bei: GRIMM = WILHELM GRIMM: Die deutsche Heldensage aus der Weltchronik. Altdeutsche Wälder 2, 1815, Nachdruck Darmstadt 1966, S. 115–134; nach Cgm 7377 bzw. der Abschrift der Gottschedin in Dresden und Gotha Cod. Chart. A 3. Kommentierte Auszüge bei DEMS. [Anm. 7], S. 224–228. – MASSMANN = HANS FERDINAND MASSMANN: Der keiser und der kunige buoch oder die sogenannte Kaiserchronik. Tl. 3. Quedlinburg/Leipzig 1854 (Bibl. d. gesammten dt. Nat.-Lit. 4,3), S. 962–968, 922f., 756, 923, 958f., 959–962; nach Cgm 7377, normalisiert und nicht immer ganz wortgetreu, mit den Entsprechungen der ›Sächsischen Weltchronik‹ (nach Cgm 55) bzw. Hinweisen auf korrespondierende Verse in ›Dietrichs Flucht‹ oder der ›Kaiserchronik‹. Weitere Drucknachweise siehe Anm. 21–23.
[1] Hier wie in späteren Handschriften-Zitaten habe ich Groß- und Kleinschreibung geregelt, Abkürzungen aufgelöst und interpungiert; diakritische Zeichen sind auf den Filmen nicht immer sicher erkennbar und unterscheidbar. Mgf 1108 schreibt *lyed, ze weyb ze weyb, in dem halls*. – Vgl. mit diesem Text GRIMM S. 129–131; MASSMANN S. 958f.; GSCHWANTLER [Anm. 10], S. 257f.
[2] Zur ›Historienbibel IIIb‹ siehe HANS VOLLMER: Materialien zur Bibelgeschichte und religiösen Volkskunde des Mittelalters I–IV. Berlin 1912–1929, hier I,1, S. 23–28, 146–162 (zu Mgf 1108 S. 148–150); II,1, S. XXXII; II,2, S. XIf., 838–841; III, S. XLIXf.; IV, S. XIII–XVI. Teilausgabe von DEMS.: Ein deutsches Adambuch. Hamburg 1908. – Vgl. CHRISTOPH GERHARDT: Historienbibeln. In: ²VL 4, 1983, Sp. 67–75.

›Nibelungenlied‹ vertrauten Ereignisse sind geschickt eingefügt zwischen eine Abbreviatur der Schlacht auf den Katalaunischen Feldern 451 und Etzels »Brautwerbung« in Rom und Tod im Jahre 453, wie sie zum Beispiel die ›Sächsische Weltchronik‹ referierte. In einer Historienbibel erwartet man eine derartige Verbindung von Heldenepik und Historie gewiß am allerwenigsten. Der Redaktor IIIb hat denn auch, als er den alttestamentlichen ›Historia scholastica‹-Auszug IIIa bearbeitete und mit einem neutestamentlichen Appendix[3] versah, nicht einer heimlichen Vorliebe für die verpönte Heldendichtung nachgegeben, sondern lediglich in Prosa umgeformt, was die Hauptquelle seiner Erweiterungen in prosanahen Versen erzählte: Es ist die unter dem Namen Heinrichs von München bekannte, wohl im zweiten Viertel des 14. Jahrhunderts geschaffene chronikalische Kompilation,[4] die letzte gereimte Weltchronik des deutschen Mittelalters – genauer gesagt, eine durch drei Handschriften bezeugte Heinrich-von-München-Fassung der zweiten Jahrhunderthälfte (siehe unten Fassung 5). Bemerkenswert bleibt immerhin, daß der Historienbibel-Redaktor die Nibelungen-Verse seiner Vorlage ebensowenig wie einen Abschnitt über König Artus[5] verschmäht hat, obwohl er sie aus ihrem chronistischen Kontext hätte lösen können, ohne daß eine spürbare Lücke in der Erzählung entstanden wäre.

›Nibelungenlied‹-Geschehen, berichtet als Teil des historischen Kontinuums, als *res facta* – das ist freilich auch in einer Chronik des 14. Jahrhunderts, und sei's eine Chronik in der Sprache der Laien, die gegen den Zug der Zeit zur Prosa sogar die »avantgardistische« Prosa der ›Sächsischen Weltchronik‹ des 13. Jahrhunderts in Verse transponiert, alles andere als eine Selbstverständlichkeit und nicht zu vergleichen mit Bezugnahmen der Chronisten auf Heldendichtung oder -sage – zum Beispiel Jans Enikels Vers *dâ huop sich Krîmhild hôchzît* anläßlich eines von Nero veranstalteten Gemetzels[6] – oder mit abwehrend polemischen Anspielungen auf das, was das ungebildete Volk singt und sagt.[7] Das Inserieren von – zum Teil aufs Chronikalisch-Faktische zurückgestutzten – literarischen Bearbeitungen des Trojanerkriegs, des Alexanderlebens usw., wie es besonders für die Heinrich-von-München-Kompi-

---

[3] Dieser knappe Anhang, in dem Kaiser- und Papstgeschichte dominiert, endet mit einem Ausblick auf Karl d. Gr. und ist nicht zu verwechseln mit der von VOLLMER (Materialien IV) edierten, heilsgeschichtlich orientierten ›Neuen Ee‹, die er im »Anhang zu Gruppe IIIb« behandelt hat, weil sich durch die Verwandtschaft der Vorlagen Berührungen ergeben. Vgl. jetzt KURT GÄRTNER: Die Reimvorlage der ›Neuen Ee‹. Vestigia Bibliae 4, 1982, S. 12–22.

[4] Grundlegend, mit Literatur, NORBERT H. OTT: Heinrich von München. In: ²VL 3, 1981, Sp. 827–837. Vgl. auch die Beiträge von OTT und von KURT GÄRTNER im vorliegenden Band, S. 119–135 bzw. S. 110–118.

[5] Dazu mein Beitrag: König Artus und das Gralsgeschlecht in der Weltchronik Heinrichs von München. In: Wolfram-Studien VIII. Hrsg. von WERNER SCHRÖDER. Berlin 1984, S. 178–198.

[6] v. 23372 der ›Weltchronik‹, hrsg. von PHILIPP STRAUCH in: Jansen Enikels Werke. Hannover/Leipzig 1891/1900 (MGH Dt. Chron. III). Der Vers ist auch in Heinrich-von-München-Bearbeitungen anzutreffen.

[7] Für Belege sei generell verwiesen auf WILHELM GRIMM: Die deutsche Heldensage. Darmstadt ⁴1957.

lation und -Überlieferung typisch ist, liegt auf einer anderen Ebene, weil es sich um Stoffe von unbestritten historischem Status handelt, die von jeher Heimatrecht in der Chronistik hatten[8] und seit dem ausgehenden 14. Jahrhundert wie diese volkssprachlich vorwiegend in Prosa dargeboten wurden – während die Heldenepik-Überlieferung in der Spätzeit die gebundene Form nicht aufgegeben, ja sogar die strophische Form favorisiert hat.

Das gesamte Repertoire deutschsprachiger Chronistik im 14. Jahrhundert, die Neuproduktionen bis hin zu Jakob Twingers ›Straßburger Chronik‹ um 1400 und die neuen Abschriften und Umgestaltungen älterer Werke[9] – zum Beispiel der ›Sächsischen Weltchronik‹ in ihren verschiedenen Rezensionen, der ›Prosakaiserchronik‹ und immer noch der ›Kaiserchronik‹ in der ersten Version A sowie den Versionen B, C –, unter dem Aspekt ihres Verhältnisses zur Heldenepik zu mustern, ist mir nicht möglich. Ich beschränke mich auf die Heinrich-von-München-Überlieferung, die in dieser Hinsicht besonders aufschlußreich erscheint.[10]

Heinrich von München ist von einer wohl im 4. Buch der Könige abbrechenden Kompilation ausgegangen, die die Torsi des 13. Jahrhunderts – ›Christherre-Chronik‹ und Rudolfs von Ems ›Weltchronik‹ – vereinte, und hat sein Werk möglicherweise bis in die eigene Gegenwart geführt, wenigstens aber bis zum Tod Friedrichs II. (siehe unten: 3 und 4), der auch bei Enikel und in der ›Kaiserchronik C‹ den Schluß bildet. Von den 17 bairisch-österreichischen Handschriften[11] enden allerdings sechs bereits mit dem Wiederaufbau Jerusalems unter Hadrian oder früher;[12] zwei weitere Codices springen von Tiberius' Tod bzw. Marcus Aurelius (Elagabal) gleich zu Karl d. Gr.[13] – ähnlich wie Jans Enikel in seiner ›Weltchronik‹ von Konstantin zu Karl

---

[8] Dazu vgl. Oтт in ²VL 3 und vor allem im vorliegenden Band [Anm. 4].

[9] Ein instruktives Beispiel für die Verschränkung neuer Übersetzungsprosa mit einer Kompilation aus Versen des 12. und Prosa des 13. Jahrhunderts bietet Joachim Knapes Abdruck des Dietrich-Abschnitts aus der Pommersfeldener Handschrift 107 von 1370 im vorliegenden Band (S. 29–36).

[10] Vgl. Otto Gschwantler: Heldensage in der Historiographie des Mittelalters. Habil.schr. (masch.) Wien 1971, S. 238ff., zu Heinrich von München S. 252–265, 307f.; Gschwantler fordert (S. 262) mit Recht eine Untersuchung der gesamten Überlieferung, von der ihm nur ein Teil zugänglich war. Siehe auch Heinrich Joachim Zimmermann: Theoderich der Große – Dietrich von Bern. Die geschichtlichen und sagenhaften Quellen des Mittelalters. Diss. Bonn 1972, S. 142–146.

[11] Paul Gichtel: Die Weltchronik Heinrichs von München in der Runkelsteiner Handschrift des Heinz Sentlinger. München 1937 (Schriften zur bayer. Landesgesch. 28), S. 12 und XX; Oтт [Anm. 4], Sp. 828f.; Betty C. Bushey: Neues Gesamtverzeichnis der Handschriften der ›Arabel‹ Ulrichs von dem Türlin. In: Wolfram-Studien VII. Hrsg. von Werner Schröder. Berlin 1982, S. 228–286, hier S. 235–237, 273–286. Nicht mehr mitgezählt ist Linz Cod. 472 (siehe Bushey S. 237); über die Zahl der Fragmente liegen noch keine genaueren Angaben vor (siehe Oтт Sp. 829).

[12] Cgm 279 (bis Josua), Wien Cod. 2782 (bricht im Gaius-Caligula-Kapitel ab), 2921 (nur Bl. 1–4, aus der Eingangspartie), 12470 (AT), 13704 (lückenhaft bis in den Trojanerkrieg erhalten), Wolfenbüttel 1.16 Aug. fol. (AT bis Josua, NT bis Hadrian).

[13] Berlin Mgf 1416 und Wolfenbüttel 1.5.2 Aug. fol. (beide enden mit Ludwig dem Frommen und ›Willehalm‹).

springt. Es bleiben neun Handschriften, die über das 3. bis 8. Jahrhundert berichten; Bruchstücke sind bisher nicht bekanntgeworden. Der hier relevante Passus von Valens (364–378) bis Justinian I. (527–568) ist in fünf Fassungen überliefert, die sämtlich noch aus dem 14. Jahrhundert datieren und im Umfang zwischen rund 700 (5) und 1200 Versen (4) schwanken:

1.1 New York, Pierpont Morgan Library Cod. M. 769 (14. Jahrhundert; bis zum Tod Karls d. Gr.), 327$^{va}$–331$^{rb}$. Miniatur 331$^{ra}$: Dietrich wird von den Teufeln geholt, die einzige Dietrich-Illustration der Heinrich-von-München-Handschriften.

1.2 Wien, ÖNB Cod. Ser. n. 9470 (14. Jahrhundert; bis zu Karl III. dem Dicken), 412$^{vb}$–417$^{va}$.

2. München, BSB Cgm 7377, ehem. Kremsmünster (14. Jahrhundert; bis zu Ludwig dem Frommen und ›Willehalm‹, Schluß verloren), 253$^{va}$–257$^{rc}$.
   Abdrucke (Valens, Anhang; Theodosius I. und Anhang; Theodosius II.; Marcianus; Zeno) siehe unten Anm. 19–23.

3.1 München, BSB Cgm 7330 (Heinz Sentlinger auf Runkelstein, 1394; bis zum Tod Friedrichs II., Epilog), 293$^{vb}$–296$^{va}$.
   Abdrucke (Theodosius II., Auszug; Marcianus, Auszug; Zeno) siehe unten Anm. 22–23.

3.2 Graz, UB Cod. 470 (Johann von Ezzlingen in Tramin an der Etsch, 1415, wohl Abschrift aus Cgm 7330; NT, bis zu Friedrich II., Epilog), 106$^{va}$–111$^{rb}$.

4. Gotha, Forschungsbibl. Cod. Chart. A 3 (Anonymus und Johann Albrant von Sontra, 1398; bis zu Friedrich II., Epilog), 275$^{va}$–279$^{vb}$.
   Abdrucke (Valens, Auszug aus dem Anhang; Marcianus, Auszug) siehe unten Anm. 19, 22.

5.1 Wien, ÖNB Cod. 2768 (14. Jahrhundert; bis zu Leo IV. und Konstantin VI., mit einem Ausblick auf Karl d. Gr., Epilog), 389$^{va}$–393$^{va}$.
   Abdrucke (Marcianus; Zeno) siehe unten Anm. 22, 23.

5.2 Berlin, SBPK Mgf 1107, ehem. Efferding (1387; Ausblick auf Karl d. Gr., Epilog), 499$^{va}$–505$^{ra}$. Damit eng verwandt:

5.3 München, BSB Cgm 7364 (Heinrich Freytag für Jörg Kramer, Rottenmann/Steiermark, 1449; Ausblick auf Karl d. Gr., Epilog), 499$^{rb}$–505$^{rb}$.

Angesichts der divergierenden Überlieferung speziell dieser chronikalischen Kompilation überrascht die Vielzahl der Fassungen nicht. Eher überrascht ist man, daß sich bei näherem Zusehen ganz klar – am klarsten in Passagen, die in unserem Zusammenhang weniger interessieren und bis in Einzelheiten des Wortlauts erstaunlich konservativ tradiert sind – die Filiation zu erkennen gibt: α (1) – β (*2/3 :*4/5). Ein Filiationsschema schafft nicht absolute Sicherheit über Bestand und Gestalt der Kompilation Heinrichs von München und alle Stationen ihres Gebrauchs. Aber es hilft doch, über das bloße Konstatieren von Unterschieden hinauszukommen, Einblicke in die vielschichtige Genese der erhaltenen Fassungen zu gewinnen: Bei Abweichungen läßt sich zum Teil ausmachen, welche Seite Erzählabschnitte aus- oder ein- oder wiedereingegliedert, erweitert oder gekürzt, umformuliert, umgemodelt, umgestellt, ausgewechselt etc. hat, zum Teil auch, warum dies geschehen ist; Änderungen lassen sich korrelieren und verschiedenen Phasen des Überlieferungsprozesses zuordnen. Erst so gelangt man zu einer genaueren Vorstellung vom

Ausgangstext und den Bearbeitungskonzepten und kann versuchen, die Geschichte des Text-Gebrauchs wenigstens in groben Zügen nachzuzeichnen.

Eine detaillierte Begründung des Filiationsschemas, von dem ich im Folgenden ausgehe, würde zuviel Platz erfordern. Wie Stichproben an mehreren Stellen der Kompilation gezeigt haben, ist die in dem Abschnitt von Valens bis Justinian I. beobachtete Konstellation zumindest als Arbeitshypothese für weiträumiger angelegte Untersuchungen geeignet.[14] Auf eine gemeinsame Vorstufe *2/3 weisen die Fassungen 2 und 3 zum Beispiel auch in der Art, wie Ottes ›Eraclius‹ ausgegliedert ist.[15] Daß Fassung 4 und 5 auf eine Vorstufe *4/5 zurückgehen, bestätigen unter anderem die reduzierten Trojanerkrieg- und Alexander-Partien[16] (als terminus post quem für *4/5 ergibt ein bisher nicht erkanntes Einschiebsel aus Seifrids ›Alexander‹ 1352). Und für den Ansatz von *2–5 (β) sprechen etwa auch Exzerpte aus dem ›Schachgedicht‹ Heinrichs von Beringen, die – weit gestreut – nur hier begegnen und teils Einschübe sind, teils jedoch offenkundig konkurrierende Erzählvarianten ersetzen, die Version α bietet (der erste Wein und Noahs Trunkenheit, Tarquinius und Lucretia).[17] Scheinbar widersprechende Gruppierungen, auf die Vergleiche einzelner, verschieden breit überlieferter Passagen führen, sind, soviel sich bisher feststellen ließ, durchaus mit dem Schema vereinbar;[18] d. h. es müßte gelingen, auf Beobachtungen zu begrenzten Abschnitten oder zur Verarbeitung bestimmter Quellen aufbauend, eine Geschichte der Weltchronik-Kompilation als ganzer und ihrer produktiven Rezeption in Angriff zu nehmen.

Grundsätzlich kann β oder eine β-Handschrift ebensogut Wortlaut und Bestand der »Basiskompilation« repräsentieren wie α oder eine α-Handschrift

---

[14] Zu Version α stellen sich noch: Berlin Mgf 1416, Wien Cod. 2782 und 13704, Wolfenbüttel 1.5.2 Aug. fol. sowie anfangs Cgm 7377 (später β 2); New York M. 769 folgt, wie Betty C. Bushey mir freundlicherweise bestätigt, zunächst nicht ausschließlich einer Heinrich-von-München-Redaktion. Insgesamt gesehen, zeugt die α-Überlieferung von ebenso lebhafter Auseinandersetzung mit der Kompilation wie die β-Überlieferung. – Zu β 3 stellen sich: Cgm 279 (Betty C. Bushey), Wien Cod. 12470, Wolfenbüttel 1.16 Aug. fol. (GÄRTNER [Anm. 3]). – Vgl. auch die Ergebnisse von FRANK SHAW: Die Darstellung Karls des Großen in der ›Weltchronik‹ Heinrichs von München. In: Zur deutschen Literatur und Sprache des 14. Jahrhunderts. Dubliner Colloquium 1981. Hrsg. von WALTER HAUG/TIMOTHY R. JACKSON/JOHANNES JANOTA. Heidelberg 1983 (Reihe Siegen 45), S. 173–207, bes. S. 175f. mit Anm. 5–7, S. 202f.

[15] Vgl. die Abdrucke in: Otte. Eraclius. Hrsg. von WINFRIED FREY. Göppingen 1983 (GAG 348), S. 116, 120–122.

[16] In anderen Handschriften sind Trojanerkrieg und/oder Alexanderleben unabhängig von *4/5 gekürzt bzw. ausgeklammert worden. Zu Fassung 5 in Wien Cod. 2768 vgl. HERMANN MENHARDT: Zur Weltchronik-Literatur. PBB 61, 1937, S. 402–462, hier S. 454–457 und 406.

[17] Zu den ›Schachgedicht‹-Exzerpten in Cgm 7377: S. SINGER, ZfdA 30, 1886, S. 390–395; in Cgm 7330: GICHTEL [Anm. 11], S. 229–234. Nur in β-Handschriften stehen ferner die ›Parzival‹-Exzerpte (vgl. ebd. S. 241–243) und die Erzählung von Daniels Jugend (ebd. S. 300; in α gestrichen?). Vgl. noch: König Artus [Anm. 5]. – Auch Nennungen Heinrichs von München scheinen nur hier vorzukommen, so daß es sich vielleicht um den Namen des β-Redaktors handelt; ich meine mit »Heinrich von München« jedoch immer den Autor/Redaktor der α und β zugrunde liegenden Chronik-Version.

[18] Für briefliche Mitteilungen zum Streit der Töchter Gottes bzw. zur ›Urstende‹ Konrads von Heimesfurt in der Chronik danke ich Betty C. Bushey und Werner Hoffmann herzlich.

(so dürfte zum Beispiel der nur in Fassung 3 und 4 vorhandene Schlußteil nicht erst eine Zutat von β sein), α kann ebensogut geändert haben wie β. β nenne ich die Vorstufe *2–5 hier vor allem deshalb, weil die in 2–5 zusammenhängend erzählte Geschichte des historischen Dietrich sich gegenüber dem »annalistischen« Bericht in 1 als sekundär erweist. Zwar könnte man zur Not plausibel machen, daß der Text von α/1 aus *2–5 abgeleitet ist; aber nur wenn man seine Priorität voraussetzt, werden die Differenzen in der Papstzählung einsichtig (vgl. die Erläuterung am Schluß des Überblicks).

Ich gebe zunächst für den Zeitraum von Valens bis Justinian I. einen Überblick in Stichworten mit Hervorhebung der Etzel- und Dietrich-Partien und Hinweisen zu einigen filiationsrelevanten Abweichungen. Eine schematische Darstellung der »heldenepischen Bestandteile« A, B, C der fünf Fassungen und ihres Verhältnisses zueinander findet sich auf S. 98.

K. Valens
Anhang (Incidens):[19] Einfall der Hunnen in Ungarn, Herkunft Etzels (in 3 und 5 weggelassen); anschließend:
A[19] α: -------
β: Vorgänger und Ahnen Dietrichs, Vertreibung durch *Erntreich*, Flucht zu Etzel (in 2 kürzer, in 3 und 5 weggelassen)
KK. Gratianus, Maximus
PP. (Liberius), Felix, Damasus (zur Zählung siehe am Schluß)
K. Theodosius I. (in 2 Anhang: Richter *Zalengus*)[20]
KK. Arcadius, Honorius; zu Honorius:
α: Die Schotten werden Christen. (›Sächsische Weltchronik‹)
β: 2/3: Die Schotten werden Christen; sie bekehrt der hl. Patricius, Schwestersohn des hl. Martin, (fehlt 3:) und zwar bekehrt er *Schotten lant in dem land Hybernia*.
4/5: (siehe unten unter P. Coelestin)
PP. Siricius, Anastasius, Innozenz
K. Theodosius II., Tribut an Etzel[21]
PP. Innozenz (3: Pelagius), Zosimus, Bonifaz, Coelestin, Sixtus
α: Coelestin sendet den hl. Patricius, Schwestersohn des hl. Martin, *gen Hybernia in daz lant*, das dieser zum Christenglauben bekehrt, er findet dort auch ein *hell weicz*. (›Flores temporum‹)
β: 2/3: (siehe oben unter K. Honorius)
4/5: wie α, jedoch: *gen Ybernia in Schotenlant*.
K. Marcianus;[22] Etzels Kriegszüge,

---

[19] Valens, Anhang: α (64 Verse) entspricht β 2, v. 1–64. – β 2: Grimm S. 115–129 (mit den wichtigsten Varianten von β 4, vgl. bes. S. 121–127: Ortneits Brautwerbung), Massmann S. 962–968, ohne den Schluß v. 346–348.

[20] Theodosius I., β 2: Massmann S. 922f.; der Anhang ebd. S. 756 (aus dem ›Schachgedicht‹ Heinrichs von Beringen, vgl. Singer [Anm. 17], S. 394f.).

[21] Theodosius II.: α (30 Verse) entspricht β 2. – β 2: Massmann S. 923, ohne v. 26–30; Tribut an Etzel: v. 19–25. – β 3: ein Auszug bei Gichtel [Anm. 11], S. 385f. (Sondergut, aus dem ›Passional‹!).

[22] Marcianus: α (72 Verse) bis auf die Dietrich-Stelle (siehe unten S. 97) übereinstimmend mit β 2. – β 2: Grimm S. 129–132, ohne den Schlußabsatz; Massmann S. 958f., ohne den Schluß v. 74–86. – β 3.1: das Nibelungenlied-Resümee I bei Gichtel [Anm. 11], S. 386. – β 4: das Nibelungenlied-Resümee II bei Grimm S. 129–131 und Massmann S. 958 im Apparat. – β 5.1: Gschwantler [Anm. 10], S. 257f., ohne den Schlußabsatz.

$\underline{B}^{22}$ α: mit Beteiligung Dietrichs

β: anschließend Nibelungenlied-Resümee (2/3 Resümee I, mit Nennung Dietrichs; 4/5 Resümee II, -------)

Brautwerbung in Rom und Ende Etzels

P. α: Leo

β: (siehe unten nach K. Leo)

K. Leo (I./II.)

α: Charakteristik: -------

β: Charakteristik (›Kaiserchronik‹)

P. α: (siehe oben vor K. Leo)

β: Leo

K. Zeno[23]

α: und K. Odoaker

β: und P. Johannes (in 2/3 nicht in die Papstzählung einbezogen, in 4/5 mitgezählt, siehe unten)

Zeno begibt sich von Rom nach Konstantinopel

α: und setzt in Rom Augustulus als *kayser* ein; Odoaker zieht nach Rom, wird zum Kaiser ausgerufen und vertreibt Augustulus.

β: und setzt in Rom Augustulus (4/5: *Ecius*) als *richter* ein; dieser holt, um sich an der in Rom verbliebenen Kaiserin zu rächen, Odoaker nach Italien, der in Ravenna (!) zum Kaiser gekrönt wird.

$\underline{C}^{23}$ Dietrich – nach dem Tod Etzels und seiner Verwandten in Ungarn (3: Ofen) zu Zeno nach Konstantinopel gekommen (fehlt in 5) – läßt sich nach Italien entsenden,

α: enthauptet Odoaker im Zweikampf vor Ravenna, jagt nach erfolgreicher Schlacht die Reste von Odoakers Heer in die Stadt, zieht nach Rom, wird römischer König. Zenos Tod nach 17 Jahren Regierung.

(Fortsetzung siehe K. Anastasius.)

β: erhält Zuzug in Bern, enthauptet Augustulus (4/5: *Ecius*) vor Ravenna; (nur 2/3: erfolgreiche Schlacht vor Ravenna, Odoaker flieht mit den Resten seines Heers in die Stadt); Dietrich enthauptet Odoaker im Zweikampf vor Ravenna (fehlt 2/3:) und jagt nach erfolgreicher Schlacht die Reste von Odoakers Heer in die Stadt; er zieht nach Rom und regiert mit Zeno. Zenos Tod nach 17 Jahren Regierung.

Dietrichs Ende: Dietrich wird *ein ỏbel man* und Ketzer unter P. Johannes; dessen Einkerkerung und Hungertod; Tötung des Boethius; die Teufel holen Dietrich in den *Perk ze Fulcan*, wo er bis zum Jüngsten Tag brennen muß. Dietrich hat mit Zeno 17 (in 3: zwei) Jahre regiert. Von ihm wird *manik gelogenz mâr gesait*; man lese *Hystoria Katolicum*.

PP. Hilarius, Simplicius

α: zur Zeit des K. Zeno

β: nach Tötung des P. Johannes durch Dietrich (3: nach P. Johannes)

K. Anastasius, Ketzer

α: Dietrich ist zu seiner Zeit König in Rom (zwei Verse).

---

[23] Zeno: α (152 Verse) entspricht in etwa β 2, v. 1–192; wichtigste Abweichungen: statt v. 32–68 siebzehn andere Verse, statt v. 79–82 zwei Verse, v. 126–129 und v. 144–152 fehlen, v. 153–173 fehlen und statt v. 181–183 sieben Verse (so auch β 4/5), statt v. 187–189 fünfzehn Verse; die Etzel-Stelle siehe unten S. 97. – β 2: MASSMANN S. 959–962, die Etzel-Stelle v. 93–99 und der Schluß v. 217–242 auch bei GRIMM S. 132f. – β 3.1: ZIMMERMANN [Anm. 10], S. 242–249. – β 5.1: GSCHWANTLER [Anm. 10], S. 259–261, jedoch nur die Entsprechungen zu MASSMANN v. 88–192, 215–242.

β: -------
PP. Felix, Gelasius, Anastasius, Symmachus
    α: Dietrich setzt Symmachus *mit gewalt* ein (drei Verse).
    β: -------
K. Justinus I., Christ
    α: Drohung (König) Dietrichs wegen der Schließung der Ketzerkirchen (sechs
    Verse)
    β: -------
PP. α: Hormisdas
    β: -------
    α: und Johannes; Dietrichs Ende (wie β, siehe oben unter K. Zeno, jedoch
    ohne Dietrichs Ketzertum).
    Dietrich hat 31 Jahre regiert. Von ihm wird *manig gelogens mær gesait*; man
    lese *Hystoriam Cathorum* ( = Gotorum).[24]
    β: (siehe oben unter K. Zeno)
K. Justinianus I.
PP. Felix, Bonifaz, Agapitus
    α: Lückenlose Papstzählung von P. Damasus bis Agapitus: Nr. 49–69 (vorher
    Zehnersprung von Nr. 34 auf 45).
    β: 2/3: Dieselbe Zählung wie in α, jedoch mit einem weiteren Sprung, da Hor-
    misdas (Nr. 65) übergangen und Johannes (Nr. 66) versetzt ist; an seinem
    neuen Ort (nach P. Leo, Nr. 58) ist Johannes nicht mitgezählt.
    4/5: »Berichtigte« Zählung, P. Damasus bis Agapitus: Nr. 39–58 (im Gegen-
    satz zu α und 2/3 Zehnersprung beseitigt; im Gegensatz zu 2/3 die durch
    Auslassung von Hormisdas entstandene Lücke geschlossen und Johannes an
    seinem neuen Ort mitgezählt).
    (Auf einzelne Unstimmigkeiten in der Zählung, die für die Filiation irrelevant sind,
    ist hier nicht hingewiesen.)

Heinrich von München und die Bearbeiter seiner Weltchronik haben eine
Vielzahl von Vorlagen und Quellen kompiliert und exzerpiert. Für die Zeit-
spanne von Valens bis Justinian I. ist – wie für das 3. bis 8. Jahrhundert
insgesamt – die Quellenlage glücklicherweise einigermaßen transparent.[25]

In nicht ganz strengem Wechsel wird über Kaiser und die gleichzeitig re-
gierenden Päpste berichtet. Das Gerüst und den Fakten-Grundstock liefert die
›Sächsische Weltchronik‹; auszugsweise in Verse umgesetzt ist eine oberdeutsche Fassung, die bis mindestens 1314, das heißt bis zur Wahl Ludwigs des
Bayern, fortgeführt war.[26] Der ›Sächsischen Weltchronik‹ entstammt das Gros
der Nachrichten über Etzel und Dietrich[27] (ich folge α[28]): im Anhang zum

---

[24] Papst Johannes, Dietrichs Ende, Epilog: α (45 Verse) entspricht in etwa β 2 (Schluß des
Zeno-Kapitels), MASSMANN S. 962, v. 193–242, doch mit mehreren Abweichungen; v. 193–196,
200–203 fehlen, statt v. 230–233 sechs Verse (siehe unten S. 96).

[25] Vgl. GICHTELS detaillierte Analyse des Cgm 7330 (β 3.1) [Anm. 11].

[26] Ebd. S. 249ff., zum Folgenden S. 267–270. Zur Fassung (Rez. A, Hss. 2-081) siehe HUBERT
HERKOMMER: Überlieferungsgeschichte der ›Sächsischen Weltchronik‹. München 1972
(MTU 38), S. 41–65, 251–266; die Fortsetzung bis 1314 kann entgegen der neueren For-
schungsmeinung (dazu ebd. S. 45 Anm. 25) nicht erst um 1350 entstanden sein.

[27] Vgl. in der Ausgabe von LUDWIG WEILAND (Hannover 1876, MGH Dt. Chron. II,1) für Etzel
S. 129, 132f., für Dietrich S. 133–135 (und KNAPES Abdruck [Anm. 9]).

[28] Ungedruckt. Vgl. den Überblick und Anm. 19, 21–24.

Valens-Kapitel der teils schon vorgreifende Bericht, *wie pey der zeit* – im Jahre 375, mit dem man die germanische Völkerwanderung beginnen läßt – *die Håwnen von erst in Vngerlant chamen vnd von wem chůnik Etzel wart geporn;*[29] später die Tributzahlungen Theodosius' II. an Etzel; im Marcianus-Kapitel schließlich Etzels Kriegserfolge, seine »Brautwerbung« in Rom, Tod und Begräbnis (vgl. die oben zitierte Prosa). Im übernächsten Kapitel ist zumindest das Gerippe der Handlung aus der ›Sächsischen Weltchronik‹ genommen: Zeno in Konstantinopel, Augustulus in Rom, der Usurpator Odoaker, Dietrichs Entsendung nach Italien und Sieg über Odoaker, seine Erhebung zum römischen König (in der Quelle, historisch korrekter, unter dem Ketzerkaiser Anastasius!). Dazu kommen Erwähnungen Dietrichs in den folgenden Papst- und Kaiser-Kapiteln bis hin zum Hungertod des Papstes Johannes, der Tötung des Boethius und Dietrichs jähem Ende nach 31 Jahren Regierung. Auch dem Epilog liegt die ›Sächsische Weltchronik‹ zugrunde (WEILAND S. 134,36–135,1), doch sollte man die Modifikationen nicht übersehen. Er beginnt:

> *nu han ich ew gesait gar*
> *von dem geslæcht der Amelungen,*
> *wie den nu ist gelungen,*
> *daz habt ir wol vernomen hie,*
> *vnd wie ez Dietreichen ergie*
> *den man von Pern nant …*   (New York M. 769, 331[ra])

Dietrich erscheint (unter dem Eindruck der Heldenepik?) als letzter der Amelungen; warum er *van Berne* heißt (S. 135,1f.) und daß er *Diedmares sone* ist (S. 134,36), sagt Heinrich nicht,[30] sondern lehnt nur Lügenmären über ihn ab (siehe unten S. 100) und zitiert als Bürgen der Wahrheit eine *Hystoriam Cathorum*. (Die ›Sächsische Weltchronik‹ verweist auf die *Hystoriam Gothorum*, das heißt den Jordanes-Auszug bei Frutolf/Ekkehard, weil man dort mehr über Dietrichs Geschlecht, von dem die Amelungen kamen, und seine Kriege erfahren könne.)

Eine zweite Hauptquelle Heinrichs waren die franziskanischen ›Flores temporum‹ (vom Ende des 13. Jahrhunderts). Vielleicht lag ihm dieses Geschichtskompendium schon in deutscher Übersetzung vor, womöglich in einer mit der ›Sächsischen Weltchronik‹ kompilierten Fassung. Von den Mitteilungen über Etzel und Dietrich läßt sich keine auf die ›Flores‹ zurückführen.[31]

---

[29] So β 2 (GRIMM S. 115), ähnlich β 4. Überschrift in α/1 *Waz hie vnder geschach* (New York M. 769, 327[va]).

[30] Weil er es schon vorher gesagt hatte? Das Amelungen-Reimpaar (das in β fehlt, vgl. MASSMANN S. 962, v. 230–233) klingt wie ein Rückweis auf den Passus über Dietrichs Ahnen (siehe das Zitat unten S. 102), wo auch von Dietmar die Rede ist, der in Bern *daz wunderhaus* baute und mit Vorliebe dort residierte (GRIMM S. 128, v. 323, 325), so daß es nicht zutreffen konnte, daß Dietrich *Berne allererst gewan* (WEILAND [Anm. 27], S. 135,2). Allerdings fehlt der ganze Passus in α/1 und läßt sich im Gegensatz zu dem Epilog nicht mit Sicherheit auf Heinrich zurückführen.

[31] GICHTEL [Anm. 11], S. 318ff., bes. S. 332–334; S. 398 mit Anm. 20. Vgl. PETER JOHANEK:

Dagegen hat Heinrich die – bei Theodosius II. und Leo zum Beispiel übergangene – ›Kaiserchronik‹ benutzt, um den knappen Bericht der ›Sächsischen Weltchronik‹ über Zeno, Dietrichs Italienzug und sein böses Ende erzählerisch aufzufüllen.[32]

Keine der drei Chroniken enthält zwei wesentliche Elemente:

(B) Im Marcianus-Kapitel wird Dietrich als Mitstreiter der *Hæwnen* unter Etzel vorgestellt:[33]

> *dar nach er [kŭnick Ezel] Franckreich vnd Purgunder lant*
> *vnd allew dæutschew lant betwang.*
> *in dem streit waz manick gedrang*
> *von recken vnd von zagen,*
> *die all do wurden erslagen*
> *von den Hæwnen vnd von dem Perner.*
> *auch sagt mir daz mær*
> *daz Ezel einez tages sant*
> *gen Rom . . .*   (New York M. 769, 329[rb])

(C) Im Zeno-Kapitel heißt es nicht, der junge Dietrich sei von seinem Vater dem Kaiser als Geisel übergeben worden, wie die ›Flores temporum‹ und die ›Kaiserchronik‹ wissen, sondern Dietrich hat eine Vorgeschichte:[34]

> *wan do kŭnick Ezel tot gelag*
> *vnd daz zu Vngern all sein mag*
> *in dem sal wurden erslagen,*
> *do chom her Dietreich in den tagen*
> *gen Constantinopel aldo*
> *zu dem kayser Zeno*   (New York M. 769, 330[ra])

– also nach Teil II des ›Nibelungenlieds‹ und der ›Klage‹. Daß zwischen Marcianus, in dessen Regierungszeit Kriemhilds *hôchzît* und Etzels Tod fallen, und Zeno noch Kaiser Leo 16 Jahre regierte, hat kein Gewicht: Der entschlossen klitternde Chronist tut ihn mit 10 dürren Versen ab, obwohl die Quellen durchaus einige Informationen boten. (Zu Version β siehe Anm. 41.)

Der Burgundenuntergang des ›Nibelungenlieds‹ bedeutet strenggenommen nicht das Ende der Heldenwelt. Im Gesamtcorpus der mittelhochdeutschen Heldenepik des Nibelungen-Dietrich-Stoffkomplexes nimmt das ›Lied‹ gleichwohl – zusammen mit der ›Klage‹, die mit Etzels Ende schließt und Dietrich mit Herrad und Hildebrand noch *in sîn lant* aufbrechen und *ze Bechelâren*

---

›Flores temporum‹. In: ²VL 2, 1980, Sp. 753–758. Der Abschnitt über Zeno und Dietrich: MGH SS XXIV, S. 250.

[32] GICHTEL [Anm. 11], S. 205ff., bes. S. 220f. Vgl. in EDWARD SCHRÖDERS ›Kaiserchronik‹-Ausgabe (Hannover 1892, MGH Dt. Chron. I,1) v. 13825–14193 und KNAPES Abdruck [Anm. 9]. Nach SCHRÖDER (S. 76) hat Heinrich von München Fassung C benutzt; GICHTEL zeigt, daß die Dinge komplizierter liegen. Zudem haben mehrere Bearbeiter unabhängig voneinander zur ›Kaiserchronik‹ gegriffen.

[33] So nur in α/1. In β (2/3) in gleichem Kontext das ›Nibelungenlied‹-Resümee I mit Nennung des Berners; Abdrucke siehe Anm. 22.

[34] So auch in β (2/3, 4); Abdrucke siehe Anm. 23.

"HELDENEPISCHE BESTANDTEILE" DER WELTCHRONIK HEINRICHS VON MÜNCHEN

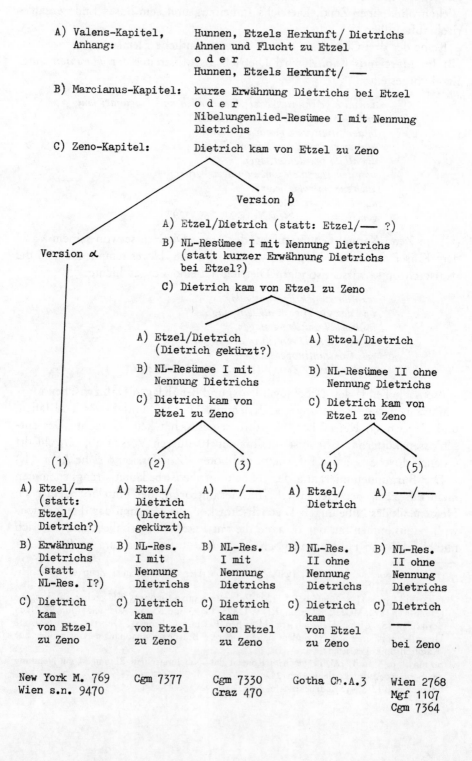

A) Valens-Kapitel,        Hunnen, Etzels Herkunft / Dietrichs
   Anhang:                Ahnen und Flucht zu Etzel
                          o d e r
                          Hunnen, Etzels Herkunft/ ——

B) Marcianus-Kapitel:     kurze Erwähnung Dietrichs bei Etzel
                          o d e r
                          Nibelungenlied-Resümee I mit Nennung
                          Dietrichs

C) Zeno-Kapitel:          Dietrich kam von Etzel zu Zeno

Version β

A) Etzel/Dietrich (statt: Etzel/—— ?)

B) NL-Resümee I mit Nennung Dietrichs
   (statt kurzer Erwähnung Dietrichs
   bei Etzel?)

C) Dietrich kam von Etzel zu Zeno

Version α

A) Etzel/Dietrich              A) Etzel/Dietrich
   (Dietrich gekürzt?)

B) NL-Resümee I mit            B) NL-Resümee II ohne
   Nennung Dietrichs             Nennung Dietrichs

C) Dietrich kam von           C) Dietrich kam von
   Etzel zu Zeno                 Etzel zu Zeno

(1)          (2)          (3)          (4)          (5)

A) Etzel/——   A) Etzel/     A) ——/——     A) Etzel/    A) ——/——
   (statt:       Dietrich                   Dietrich
   Etzel/        (Dietrich
   Dietrich?)    gekürzt)

B) Erwähnung  B) NL-Res.   B) NL-Res.   B) NL-Res.   B) NL-Res.
   Dietrichs     I mit        I mit        II ohne      II ohne
   (statt        Nennung      Nennung      Nennung      Nennung
   NL-Res. I?)   Dietrichs    Dietrichs    Dietrichs    Dietrichs

C) Dietrich   C) Dietrich  C) Dietrich  C) Dietrich  C) Dietrich
   kam           kam          kam          kam          ——
   von Etzel     von Etzel    von Etzel    von Etzel
   zu Zeno       zu Zeno      zu Zeno      zu Zeno      bei Zeno

New York M. 769   Cgm 7377   Cgm 7330   Gotha Ch.A.3   Wien 2768
Wien s.n. 9470               Graz 470                  Mgf 1107
                                                       Cgm 7364

Station machen läßt (v. 4114ff.), jedoch nichts mehr von einer Rückkehr nach Bern, geschweige denn von Dietrichs Tod erzählt – die Schlußposition ein. Alle anderen, späteren Epen sind in der Zeit vor dem Burgundenuntergang angesiedelt. Erst die ›Heldenbuch-Prosa‹ des 15. Jahrhunderts bringt nach Dietrichs und Hildebrands Rückkehr das Heldenzeitalter – ähnlich wie der ›Prosa-Lancelot‹ in der ›Mort Artu‹ die Artus-Ära – in einer umfassenden Vernichtungsschlacht vor Bern zum Abschluß (und sanktioniert, indem sie es als definitiv vergangen darstellt, indirekt seine Historizität): *da kam ye einer an den andern biß das sie all erschlagen wurden. Alle die helden die in aller welt waren wurdent dazůmal abgethan – außgenomen der berner*: er wird entrückt.[35] Heinrich von München entrückt Dietrich auf seine Weise dem Reich der Helden-Bücher: indem er ihn – unbegleitet von Herrad und Hildebrand – auf dem Umweg über Konstantinopel zurück nach *Lamparten* und so zugleich ins Reich der Chronistik führt. Durch diese Konstruktion gelingt es Heinrich, dem, was die Heldenepen erzählen, Faktizität, Wahrheit im Sinne der Chronisten zu attestieren, ohne daß er die teilweise schwer integrierbaren »Fakten« in seine Kaiser- und Papstgeschichte einbringen mußte. Das kommt einem (bairisch-österreichischen) Publikum volkssprachlicher Literatur entgegen, dessen Interesse sich im 14. Jahrhundert verstärkt auf Historisch-Faktisches richtet und für das doch die Heldenwelt, die kodifizierte wie die unkodifizierte, trotz ihres grundsätzlich andersgearteten Wahrheitsanspruchs ihre Faszination nicht einbüßt.

Indem Heinrich Heldenepik- und Chronisten-Chronologie als vereinbar darstellt, entzieht er dem zuerst in Frutolf/Ekkehards ›Weltchronik‹ (MGH SS VI, S. 130) formulierten Argument für die Lügenhaftigkeit der Erzählungen um Etzel und Dietrich, ihrer Ungleichzeitigkeit, den Boden.

> *Swer nû welle bewæren,*
> *daz Dieterîch Ezzelen sæhe,*
> *der haize daz b u o c h vur tragen,*

sagt im 12. Jahrhundert der ›Kaiserchronik‹-Autor (v. 14176–78),[36] fest von der Unerfüllbarkeit seiner Forderung überzeugt, denn von einer Fuldaer Handschrift konnte er nichts wissen. Im 14. Jahrhundert wurden seine Verse immer noch abgeschrieben, obwohl die Heldenepik inzwischen längst schriftlich geworden war und sich leicht ein Pergamentcodex herbeischaffen ließ, in dem man von Dietrichs Exil bei dem *Huneo truhtin* lesen konnte. Der Verfasser der ›Prosakaiserchronik‹ vom Ende des 13. Jahrhunderts trägt dem Wandel Rechnung und konstatiert:

---

[35] Das deutsche Heldenbuch. Hrsg. von ADELBERT VON KELLER. Stuttgart 1867 (StLV 87), S. 11,16ff.

[36] Zu dieser Stelle im Kontext des Werks und der Zeit GEORGE T. GILLESPIE: Spuren der Heldendichtung und Ansätze zur Heldenepik in literarischen Texten des 11. und 12. Jahrhunderts. In: Studien zur frühmittelhochdeutschen Literatur. Cambridger Colloquium 1971. Hrsg. von L. P. JOHNSON u.a. Berlin 1974, S. 235–263, bes. S. 244f.

*Swer nu seit daz Dieterich von Berne Ezeln den künig von Ungern sæhe, der seit unrehte; der selbe sehe an* C r o n i c a m *... Swer iht anders seit, als h i e geschriben stat, der seit unrehte.*[37]

Heinrich von München will aber nicht grundsätzlich unterscheiden zwischen Chroniken als glaubwürdigen Quellen und anderen Büchern über Etzel und Dietrich oder gar, wie Jakob Twinger um 1400, nur akzeptieren, was durch die *meister in latyne* verbürgt ist (siehe unten S. 108); *buoch, (ge)schrift, coronik* als Garanten der *warheit* sind für ihn und die Bearbeiter seiner Kompilation austauschbare Begriffe. Er macht sich zwar die Bemerkung der ›Sächsischen Weltchronik‹ über Dietrich zu eigen. *Ez wirt doch von im manig gelogenz mer geseyd,* heißt es in einer seiner Vorlage nahestehenden Handschrift (Cgm 327, 108[vb]; vgl. WEILAND S. 135,1), und Heinrich reimt:[38]

> *von dem selben weigant*
> *wirt manig gelogens mær gesait,*
> *des mich vil oft hat betrait*   (New York M. 769, 331[ra])

– doch zielt diese Polemik nun wohl unter anderem auf die ›Kaiserchronik‹, die zu behaupten wagt, Dietrich sei erst 43 Jahre nach Etzels Tod geboren.

Zweifel an Heinrichs »Sympathie« für die Heldenepik könnte der Umstand wecken, daß er die althergebrachte kirchliche Version von Dietrichs schlimmem Ende der ›Kaiserchronik‹ nacherzählt. Ein anderes Ende jedoch als das des Papst- und Boethius-Mörders Dietrich fand Heinrich in seinen schriftlichen Quellen nicht vor – die ihm vertraute Heldenepik spart das Ende aus, ›Zabulons Buch‹, das von Dietrichs »Entrückung« ins Zwergenreich Palakers berichtet, war ihm wohl kaum bekannt –; und wenn der *edel künick reich* (New York M. 769, 330[rb]) schon böse enden mußte, dann wenigstens eindrucksvoll.[39] Bemerkenswert scheinen mir in diesem Zusammenhang Heinrichs Auslassungen: Nichts davon, daß Dietrich ein illegitimer Sprößling Dietmars war (›Kaiserchronik‹); nirgends – in α – ein ausdrücklicher Hinweis darauf, daß Dietrich (unter Kaiser Anastasius) ein Ketzer geworden ist (WEILAND S. 134,13f.), und *ein übel man* wird er so spät wie möglich, kurz vor seinem Tod. Gezielte Auslassungen sind auch bei Etzel zu verzeichnen: Weder tötet Etzel hinterhältig seinen Bruder Bleda (S. 132,24), der im ›Nibelungenlied‹ durch Dankwart fällt, noch verwüstet er *Langbarden,* also Dietrichs Land, noch muß Papst Leo ihn mit Engelshilfe von weiteren Verwüstungen zurückhalten (S. 132,37ff.). Auch stirbt Etzel nicht, während er doch um des Kaisers Schwester »wirbt«, bei *sineme wive* liegend (S. 133,6f.), nur die Trunkenheit

---

[37] Der künige buoch Niuwer Ê. Hrsg. von H. F. MASSMANN. In: Land- und Lehenrechtbuch. Hrsg. von A. VON DANIELS. Berlin 1860 (Rechtsdenkmäler des deutschen Mittelalters 3), Sp. CXXI-CCXXIV, hier Sp. CLVIII; *Cronicam* meint die ›Kaiserchronik‹, deren Angaben referiert werden, *hie* meint das Referat in der ›Prosakaiserchronik‹.

[38] So auch in β; vgl. zum Beispiel MASSMANN S. 962, v. 234–236.

[39] Einen anderen Weg gehen die ›Weihenstephaner Chronik‹ (siehe unten S. 107f.) und die historischen Schlußstrophen des ›Eckenlieds‹ (siehe unten S. 109).

wird erwähnt. Der Widerspruch zwischen dem Etzelbild der Chronisten und dem Etzelbild der Heldenepik wird zumindest gemildert, die Geißel Gottes, soweit möglich, auf einen erfolgreichen Krieger reduziert.

Vielleicht hat bereits Heinrich von München der Chronik ein Exzerpt aus der dynastisch-genealogischen Einleitung von ›Dietrichs Flucht‹ inkorporiert (A) und sogar das ›Nibelungenlied‹-Resümee I gedichtet, statt im Marcianus-Kapitel nur Dietrich zu streifen (B). Für ersteres spricht mehr als für letzteres, sicher erweisen läßt sich indes nichts, und Heinrichs Verhältnis zur Heldenepik erschiene in keinem Fall in wesentlich anderem Licht. Folgen er-gäben sich allerdings für eine Beurteilung der Tätigkeit der Redaktoren α/1 und β. Hat der Redaktor α/1, ohne die Möglichkeit der Faktizität dessen preiszugeben, was in Helden-Büchern geschrieben steht, Heldenepik-Exzerpte gestrichen und -Resümees reduziert? Oder hat erst der Redaktor β Dietrichs Ahnenreihe oder die Nibelungen-Verse (I) oder beides in die Chronik einge-fügt und ist damit auf dem von Heinrich eingeschlagenen Weg weitergegan-gen? Jedenfalls waren beide Textpartien spätestens in Version β der Chronik-Kompilation vorhanden.

Das besondere Interesse des Redaktors β an Dietrich wird offenkundig in einer Änderung, für die er mit Sicherheit verantwortlich ist: in der Kontrak-tion der Geschichte des »historischen« Dietrich.[40] Sein Ende schildert er gleich nach seinen Heldentaten unter Kaiser Zeno, das heißt in Etzels Nähe (v. 193–242), versetzt deshalb Papst Johannes hierher und opfert dessen Vorgänger Hormisdas (die dadurch in der Papstzählung entstehenden Unstimmigkeiten kümmern ihn nicht); periphere Nachrichten in drei dazwischenliegenden Ka-piteln werden getilgt bzw. gehen in Dietrichs Titulierung als Ketzer (v. 201) ein. Vorbild der Kontraktion war die von Heinrich nur teilweise ausge-schöpfte ›Kaiserchronik‹, die der Redaktor erneut heranzieht.[41] Das zeigt sich vor allem bei Augustulus, dessen Rolle der des Êtîus angeglichen wird (v. 23, 32–68, 144–152): Augustulus ist nicht mehr *kayser*, sondern *richter*, holt – von Rachsucht getrieben – Odoaker selbst nach Rom, statt von ihm vertrieben zu werden, und infolgedessen hat Dietrich es jetzt mit zwei Gegnern zu tun und enthauptet beide, statt nur Odoaker wie bei Heinrich (der die von ihm nicht benötigte Enthauptung des Êtîus auf Odoaker übertragen hatte). Während seines Zugs durch *Lamparten* zur historischen Rabenschlacht macht Dietrich – nur in β – kurz Station *ze Pern, da man in vil gern sah* und wo *er sein schar mert* (v. 125–129). Er löst damit ein Zeno gegebenes Versprechen ein, das schon Heinrich von München der ›Kaiserchronik‹ entlehnt hatte (*so wil ich*

---

[40] Die Nachfolger des Redaktors β haben ihrerseits kleinere Änderungen vorgenommen. Ab-drucke des Zeno-Kapitels siehe Anm. 23. Verszahlen beziehen sich auf MASSMANN S. 959–962 (β 2), zitiert ist nach Cgm 7377 selbst.

[41] Auch die von GICHTEL [Anm. 11], S. 211, 214, 220 bei den römischen Wochentagen, Gaius und Zenos Vorgänger Leo nachgewiesenen ›Kaiserchronik‹-Anleihen sind Anleihen des Redak-tors β.

*nemen all mein man    vnd mein chůnn in Lamparten lant,* v. 110f.). Primär
besiegelt die Einkehr in Bern aber die endgültige Heimkehr des exilierten
Dietrich der Heldenepik, den *der vngetrew Erntreich ... von Pern auz dem
lant* vertrieben hatte[42]. Über spezielles Sagenwissen braucht der Autor dieser
Verse nicht verfügt zu haben.[43] – Dietrich ist nun, obzwar mit verkürzter
Regierungszeit (17 Jahre, wie Zeno) und ein *chetzer an dem zil* (v. 201), voll-
ends zur Hauptperson des Zeno-Kapitels geworden. Das bringt die in Fassung
2 und 4 bezeugte Überschrift zum Ausdruck; noch bevor, wie üblich, der
Name des Kaisers und das Jahr seines Regierungsantritts genannt werden,
heißt es: *Hie hǒrt nu wie Dietreich von Pern sein end nam ...* (Cgm 7377,
256[rb]).

Es wäre dem Bearbeiter β wohl zuzutrauen, daß ér ›Dietrichs Flucht‹ ex-
zerpierte (A)[44] und dem Ende einen gleichgewichtigen Anfang gegenüber-
stellte: *Auch hǒrt von dem geslǎcht der Amelungen vnd von wem Dietreich von
Pern wart geporn*; umgekehrt mag dieser Abschnitt, wenn er auf Heinrich von
München zurückgeht, β den Anstoß zur Neufassung des Zeno-Kapitels gegeben haben. ›Dietrichs Flucht‹ scheint die einzige mittelhochdeutsche
Heldendichtung zu sein, die im Mittelalter so direkt als historische Quelle
benutzt wird. Der Chronist apostrophiert sie sogar ausdrücklich als *choranik*,
nachdem er, nicht ohne Stolz, Dietrichs stattliche Vorgänger- und Ahnenreihe
*Dietwar*(t) – *Sigher* – *Ortneit* (und dessen Neffen *Seifried*) // *Wolfdietereich
– Dietreich*[45] – *Amelung* – *Dietmar* (mit dessen Brüdern *Erntreich*[45] und *Diether* samt ihren Söhnen) und den Bruder *Diether* präsentiert hat:[46]

> *nu han ich ew gesait gar*
> *von dem geslǎcht der Amelungen,*
> *wie jr stam ist ensprungen,*
> *alz ir choranik sait*
> *vns fůr die gantzen warhait,*
> *vnd alz ich ez gelesen han.*    (v. 338–343)

Bezeichnend ist, daß gerade der Einleitungsteil der ›Flucht‹[47] – auf weite Strek-
ken literarische Neuerfindung, die den Zeitgenossen des Dichters als solche

---

[42] Am Ende des ›Flucht‹-Exzerpts (vgl. Anm. 44), v. 331/333.

[43] GSCHWANTLER [Anm. 10], S. 261 weist auf eine Parallele in der ›Thidrekssaga‹ hin.

[44] Das ›Flucht‹-Exzerpt ist nur in β 2 (Cgm 7377) und β 4 (Gotha Chart. A 3) bewahrt und mit
dem Abschnitt über die Hunnen und Etzel unter éiner Überschrift vereinigt; nur Cgm 7377
kündigt hier den Amelungen/Dietrich-Teil an. Zitate nach GRIMM S. 115–129 (v. 1–66; 67–
348). – Zu dem Exzerpt vgl. GRIMM [Anm. 7], S. 224–226 und besonders ERNST MARTIN in:
Deutsches Heldenbuch. Tl. 2. Berlin 1866, S. XLVI–XLIX (der Text der ›Flucht‹ ebd. S. 55–
215).

[45] *Dietreich* statt *Hugedietrîch* (›Flucht‹ v. 2316, 2346) ist vielleicht durch Dietrichs gleichnami-
gen Großvater in der ›Kaiserchronik‹ veranlaßt. – *Erntreich* für *Ermrîch* auch in der (am
nächsten stehenden) ›Flucht‹-Handschrift A, dem Ambraser Heldenbuch.

[46] Vgl. oben S. 96 mit Anm. 30.

[47] Dazu HUGO KUHN in: ²VL 2, 1980, Sp. 117 und ausführlich MICHAEL CURSCHMANN: Zu Struktur und Thematik des Buchs von Bern. PBB (Tüb.) 98, 1976, S. 357–383, hier S. 360ff., bes.
S. 362–364.

durchschaubar gewesen sein muß, die aber zugleich ein Schema der Geschichtsschreibung zitiert und verstreute Andeutungen der Heldenepen in einen klaren
Zusammenhang bringt – das Interesse des Chronisten auf sich zieht. Immer
wieder trifft man in der ›Weltchronik‹ oder einzelnen Bearbeitungen auf solche versifizierte Stammbäume, die voraus- oder zurückweisen oder zeitlich
weit Entferntes verbinden: bei Balaam und den Hl. Drei Königen, nach Roms
Gründung (Aeneas – Romulus und Remus), bei der hl. Anna, Vespasian
(– Parzival), Karl d. Gr.[48] usw. Wenigstens einen rudimentären Stammbaum
bietet Heinrich auch für Etzel, indem er in den Abschnitt über die Herkunft
der Hunnen und ihren künftigen König jenen *Vallerades* einreiht, den er in
der ›Sächsischen Weltchronik‹ erst unter Honorius als Etzels Vater erwähnt
fand.[49] Um so mehr fällt auf, daß er im Zeno-Kapitel gegen alle seine Chro-
nik-Vorlagen den Vater Dietrichs keines Wortes würdigt; das könnte bedeuten: Dietmar ist schon vorher aufgetreten, das ›Flucht‹-Exzerpt entstammt
Heinrichs Feder. (Siehe auch Anm. 30.)

Den rund 2500 Versen der ›Flucht‹-Einleitung entsprechen in der ›Weltchronik‹ etwa 360 Verse.[50] Dem Exzerptor kam es auf Namen und »Fakten«
an, und so raffte er unterschiedlich stark, am meisten zu Beginn: Von der
»gleichsam als Modellfall« ausführlich erzählten Werbung Dietwarts[51] bleibt
kaum ein Vers übrig; dann werden – mit dem immer knapperen Bericht des
›Flucht‹-Dichters – die wörtlichen Entsprechungen immer dichter. Otnits
Brautwerbung und Drachentod und auch noch Wolfdietrichs Rache und Heirat mit Liebgart hat der Chronist nahezu ungekürzt wiedergegeben, weil die
Darstellung im Vergleich zu dem vertrauten Doppel-Epos sich ohnehin wie
ein bloßer Abriß ausnahm.[52]

Ob der Redaktor Einzelheiten wie Wolfdietrichs Tod in Bari (v. 238) aus
seinem ›Flucht‹-Exemplar oder anderer schriftlicher Quelle geschöpft hat oder
frei ergänzte, muß dahingestellt bleiben. Zweifellos hat er in einigen Fällen um
des chronistischen Kontextes willen geändert. Die fabelhaft-patriarchalischen
Lebenszeiten und Kinderzahlen, die ›Dietrichs Flucht‹ den älteren Generationen zuschreibt, sind dem modernen Normalmaß angepaßt: So wird zum Bei-

---

[48] Vgl. Gichtel [Anm. 11], S. 80/82, 256, 145; König Artus [Anm. 5]; Shaw [Anm. 14], S. 180–
182.

[49] *Vallerades* (v. 53), d.i. *Vall'a* + *des*, stand schon in Heinrichs Vorlage; Weiland S. 132,14:
*Vallia des koning Ezzelines vader*. Es handelt sich um den Westgotenkönig Wallia (415–418)!

[50] Das gilt für die Gothaer Handschrift (β 4), die Ortneits Brautwerbung getreu der ›Flucht‹
erzählt (v. 182,1–103 = v. 2115–26. 33–43. 45–78. 83–92. 92a.b. 93–2226); Cgm 7377 (β 2) ist
hier genauso kurz wie bei den übrigen Werbungen (v. 183–192). Ich folge Martin [Anm. 44]
und gehe davon aus, daß der Redaktor 2 (oder *2/3) nachträglich gekürzt hat. Doch ist meines
Erachtens eine erneute Benutzung der ›Flucht‹ und nachträgliche Erweiterung des Exzerpts
durch Redaktor 4 nicht auszuschließen.

[51] Curschmann [Anm. 47], S. 360.

[52] Vgl. Anm. 50. – Die frühen ›Flucht‹-Handschriften R und W beginnen erst mit Wolfdietrichs
Tod, die Heinrich-von-München-Handschriften sind also die ältesten Zeugnisse für die An-
fangspartie, die aber zweifellos original ist (Martin [Anm. 44], S. XLV) und vermutlich in
*RW durch ›Ortnit‹/›Wolfdietrich‹ ersetzt war.

spiel Wolfdietrich nicht 503, sondern 62 Jahre alt, und seine Nachkommen-
schaft schmilzt von 56 Kindern, von denen nur ein Sohn überlebt, auf diesen
einen Sohn zusammen (v. 237, 233). Die Geographie ist mit Rücksicht auf die
römische Kaiser-Geschichte (und weil Dietrich römischer König erst nach
dem Sieg über Odoaker wird) modifiziert: Die Amelungen und ihre Vorgänger werden nicht als *künec von Rœmisch lant* und ähnlich bezeichnet,
ihnen *dient* nicht *vür eigen Rœmisch lant* (›Flucht‹ v. 9 und oft; vgl. auch die
›Rabenschlacht‹). Vielmehr sitzt König Dietwar in dem Land *Meran* (v. 70),
wie Dietrichs Großvater in der ›Kaiserchronik‹;[53] sein Sohn Sigher, der Vater
Ortneits, erobert *Lamparten*, und von da an ist *Lamparten* das Land der Diet-
war-Dynastie (v. 123–125, ohne Entsprechung in der ›Flucht‹). Dort erwirbt
nach Dietmars Tod in Bern Dietrich die Krone (v. 323ff.) – und *gen Jtalia in
daz lant   daz nu Lamparten ist genant* kehrt er im Zeno-Kapitel zurück (New
York M. 769, 330^ra).

Der dynastisch-genealogische Abriß mündet in Dietrichs Vertreibung durch
Erntreich und seine Flucht

> *zu Etzel dem chŭnig reich,*
> *dem dient er seit vil fleizzikleich,*
> *vnd waz pey jm vil jar*   (v. 335–337).

Es wird also nicht auf Heldenepen verwiesen, sondern auf – in den
Heldenepen »dokumentierte« – *res gestae*. Das Ziel, in der Chronik die Exilsi-
tuation als »Rahmen« dieser *res gestae* herbeizuführen, bestimmt die Einfügung des ›Flucht‹-Exzerpts an einer – von Dietrich und von Etzel her gesehen
– viel zu frühen, durch die ›Sächsische Weltchronik‹ vorgegebenen Stelle:
nach dem Bericht, wie unter Kaiser Valens die Hunnen nach Ungarn gelangen
und sich dort niederlassen, an Macht zunehmen, von einem König Vallerades
und schließlich von seinem Sohn Etzel regiert werden; der *lebt auch vil her-
leich,   alz ich noch wil sagen* (v. 60f.), im Marcianus-Kapitel nämlich. Dann
beginnt, sozusagen im chronologischen Niemandsland, der Dietrich-Exkurs,
und nachdem der Chronist *den Pernǎr* zu Etzel gebracht hat, läßt er ihn
ebenfalls *ein weil still stan* (v. 345/344) und lenkt zur Kaiser- und Päpste-
Geschichte zurück. Auf diese Weise war er im übrigen der Schwierigkeit
überhoben, die Geschichte des vor-historischen Dietrich und seiner Ahnen mit
der »historischen Geschichte« zu synchronisieren.[54]

Als Zeitgenosse eines römischen Kaisers wird Dietrich erstmals im Marcia-
nus-Kapitel genannt (B). Während Version α/1 Dietrichs Tätigkeit »in Etzels
Diensten« explizit streift (siehe oben S. 99) – und damit die oben zitierten
Verse aufgreift, falls das ›Flucht‹-Exzerpt in der Vorstufe vorhanden war –, ist

---

[53] Vgl. GRIMM [Anm. 7], S. 224 Anm.; MARTIN ([Anm. 44], S. XLVIII) denkt an Berhtungs
Meran im ›Wolfdietrich‹.
[54] So hätte sich zum Beispiel die lückenlose Reihe der *Lamparten*-Herrscher schlecht mit dem
vertragen, was im Arcadius-Kapitel über Radagais und Alarich als Könige von *Lamparten*
berichtet wird.

in β hier Dietrichs Anwesenheit bei Etzel nur implizit vorausgesetzt. Dem Autor des ›Nibelungenlied‹-Resümees I (16 Verse) rufen Etzels Siege die Katastrophe in Ofen in Erinnerung:[55] *nach der zeit wurden erslagen   die Håunn mit grozzer not.* Vorbedingungen und Ausgang des von Kriemhild angerichteten Blutbads sind mehr angespielt als referiert: Siegfrieds Ermordung durch Hagen (*alz von im geschriben stet,* v. 370[56]), Etzels Heirat mit Kriemhild nach Helches Tod, Kriemhilds Tod durch *Hilprant des Pernerz man   der pey dem streit waz.* Etzel, der Protagonist dieses Kapitels, ist also erneut Witwer, was seine »Werbung« in Rom nur um so plausibler erscheinen läßt. Kriemhilds Rache-Motive, Namen und Rollen der übrigen Hauptakteure des ›Lieds‹ interessieren in diesem Zusammenhang nicht, sind dem Publikum aber natürlich präsent. Aus Dietrichs Perspektive wird ›Lied‹-Geschehen dann von Heinrich im Zeno-Kapitel evoziert (siehe oben S. 99).

In Version β ergeben sich für Etzel und für Dietrich zwei analog aufgebaute »Biographien« – nur ist die des Berners entschieden voluminöser:

1. Herkunft und Ahnen, Zusammenführung Etzels und Dietrichs: zeitlich vorgreifend im Anhang zum Valens-Kapitel;
2. eine Erwähnung, mehr ein Präsenzvermerk als eine Information: Etzel im Theodosius-, Dietrich im Marcianus-Kapitel;
3. Etzels Taten und Tod im Marcianus-Kapitel; Dietrichs Taten und Tod im nur wenige Verse später beginnenden Zeno-Kapitel;
4. eine posthume Nennung: Etzel im Zeno-, Dietrich im folgenden Päpste-Kapitel.

Die Reproduzenten der Version β haben die »heldenepischen Elemente« dieser Biographien nicht vermehrt, sie sogar eher wieder abgebaut, ohne daß man Grund zur Vermutung hätte, dahinter stünde eine dezidierte Ablehnung der Heldenepik.

Der Redaktor von *2/3 hat zwar der Rabenschlacht im Zeno-Kapitel mehr Relief gegeben und dazu noch einmal auf die ›Kaiserchronik‹ zurückgegriffen.[57] Aber der in β wahrscheinlich breit erzählten Brautwerbung Ortneits gesteht er – oder vielleicht erst Fassung 2 – nicht mehr Verse zu als den Werbungen der Vorfahren und Nachfolger (siehe Anm. 50). Redaktor 3 läßt, wie auch unabhängig davon 5, den ganzen Passus über Etzels und Dietrichs Herkunft fallen.

Der Bearbeiter von *4/5 hat verbessert und geglättet. So ist die in Unordnung geratene Papstzählung »korrigiert« (siehe oben S. 97); Augustulus ist umbenannt in *Ecius,* dessen ›Kaiserchronik‹-Rolle ihm in β übertragen wor-

---

[55] Zitate nach β 2, GRIMM S. 129–131, v. 366–381.
[56] Auch ein Rückweis auf das ›Flucht‹-Exzerpt, das Siegfrieds Ermordung ankündigt? (GRIMM S. 120f., v. 161–164 = ›Flucht‹ v. 2051–54.)
[57] Es sei denn, Redaktor *4/5 (und α/1?) hätte seinerseits die zwanzig Verse vor Odoakers Enthauptung (MASSMANN S. 961, v. 153–172) gestrichen; in *4/5 und α/1 sind der Schlacht nur fünf Verse nach Odoakers Enthauptung (anstelle von v. 181) gewidmet.

den war. Vor allem hat *4/5 das ›Nibelungenlied‹-Resümee I im Marcianus-Kapitel (B) aufgrund eigener Erinnerung durch eine »richtigere«, das heißt vollständigere und zeitlich geordnete Wiedergabe der Geschehnisse des Etzel-Teils ersetzt (II, 24 Verse).[58] An Etzels Kriegszüge schließt *4/5 mit Helches Tod an und führt in gerader Linie zur »Werbung« Etzels um die Kaiserschwester nach Kriemhilds Tod. Erobern darf Etzel dann nur noch *Frankreich* und *die dewtschen lant*, nicht wie in α und β (2/3) gemäß der ›Sächsischen Weltchronik‹ auch *Purgunderlant*, da Kriemhild dorther stammt (nach ›Lied‹ 2,1; Resümee I nennt statt dessen *Wurmzz an dem Rein*, vgl. ›Lied‹ 6,1). Kriemhilds prominenteste Opfer führt der ›Lied‹-»Kenner« namentlich auf (die Historienbibel-Prosa erwähnt dann nur noch diese). Dagegen mochte es ihm unpassend erscheinen, unter den sonstigen *tzirleichen* Helden, die in Ofen ihr Leben lassen, Etzels Hunnenscharen eigens hervorzuheben – zumal Etzel mit der folgenden »Werbung« in Rom die Drohung verbindet, des Kaisers Reich zu zerstören. Kaum auf Absicht beruht es, daß Dietrichs Name nicht mehr fällt;[59] denn wenn statt *Hilprant des Pernerz man* nun *Hilprant der alt* Kriemhild tötet, verdrängt lediglich ein geläufiges, auch im ›Lied‹ in dieser Situation gebrauchtes Attribut die ungewohnte Prägung. Wer konnte sich schließlich schon Kriemhilds *hôchzît* ohne Dietrich vorstellen?

Fassung 4 bewahrt *4/5 vermutlich recht getreu[60] und repräsentiert die umfänglichste Überlieferung der ganzen Passage. Redaktor 5 kürzt radikal. *Daz Dieterîch Ezzelen sæhe*, wird nirgendwo ausdrücklich gesagt. Vielmehr tritt er – wie in der ›Sächsischen Weltchronik‹ und der ›Kaiserchronik‹ – erstmals unter Zeno auf, und woher er an den byzantinischen Kaiserhof gekommen ist, erfährt man so wenig (C) wie seine Abstammung (A). Zugleich mit Dietrichs Ahnen und Flucht zu Etzel wird die – in Chroniken *bewærte* – Herkunft der Hunnen und Etzels übergangen. Beibehalten ist jedoch im Marcianus-Kapitel das vordergründig »unanstößige« ›Nibelungenlied‹-Resümeee II ohne Dietrichs Namen (B), das von hier aus im 15. Jahrhundert in die ›Historienbibel IIIb‹ gelangte.

Die Variationen, die man in den für das Verhältnis von Heldenepik und Historie relevanten Partien der ›Weltchronik‹ Heinrichs von München beobachten kann, sind nur ein Ausschnitt aus der »intensive(n) Auseinandersetzung der späteren Generationen mit seinem Werk«[61]. Sie wären zu beziehen auf die Bearbeitungskonzepte oder -tendenzen der einzelnen Redaktoren (bzw. ihrer Auftraggeber), von denen wir noch zu wenig wissen.[62] Fassung 4 etwa scheint generell bestrebt zu sein, den Textbestand von *4/5 in toto wiederzugeben, und schiebt noch neue Informationen, ja große Erzählblöcke ein.

---

[58] Zitate nach β 4, GRIMM S. 129–131, Apparat.
[59] Entgegen der Vermutung GRIMMS [Anm. 7], S. 227.
[60] Zu einer eventuellen Erweiterung (Ortneits Brautwerbung) siehe Anm. 50.
[61] KLAUS GRUBMÜLLER: Heinrich von München. In: NDB 8, 1969, S. 418f., hier S. 419.
[62] Vgl. GÄRTNER [Anm. 4].

Die nächstverwandte Fassung 5 dagegen rafft oft stark und drängt im allgemeinen erzählende Passagen und Anekdoten zurück (ohne doch auf Zusätze dieser Art zu verzichten), so daß eine Chronik völlig anderen Charakters entsteht.

Aber allein mit differierenden Bearbeitungskonzepten läßt sich die Variabilität der »heldenepischen Bestandteile« in der Heinrich-von-München-Überlieferung nicht erklären. Es spiegelt sich darin auch etwas von der »fragwürdigen«, nach wie vor umstrittenen Historizität der Heldenepik wider,[63] die an einer viel breiteren, nicht als *choranik* apostrophierbaren, in Lied und Sage gegenwärtigen Tradition teilhat. Selbst wenn man willens war, die in Helden-Büchern präsentierten Fakten und Konstellationen als historisch wahr aufzufassen, bereitete es einem Chronik-Schreiber Schwierigkeiten, sie mit Fakten und Konstellationen in Einklang zu bringen, wie die Chroniken sie boten. Das gilt vor allem für diejenigen Epen, die Dietrichs Flucht zu Etzel zum Thema haben oder voraussetzen. Heinrich hat es unternommen, statt einen beliebten Topos zu verwenden und in seiner Chronik auf Heldenepen über Dietrich nur zu verweisen, heldenepisches Geschehen der Historie als Vor-Geschichte zuzuordnen und so chronistisch zu legitimieren. Seine etwas gewaltsame Notlösung wird von den Bearbeitern der Chronik-Kompilation fast durchweg akzeptiert. Eine gewisse Scheu ist aber gegenüber der expliziten Zusammenführung Dietrichs und Etzels zu bemerken. Das ›Flucht‹-Exzerpt hat nicht etwa zu einer Einbeziehung der Heimkehrschlachten und anderer Taten Dietrichs im Exil ermutigt. Vielmehr haben es die Redaktoren 3 und 5 und möglicherweise auch α/1 ausgegliedert; 5 hat es vermieden, Dietrichs Aufenthalt bei Etzel auch nur rückblickend anzudeuten. Selbst dieser Redaktor hält jedoch an Kriemhilds *hôchzît* in Ofen als Bestandteil der Geschichte fest. Daß im Marcianus-Kapitel der Fassungen 2–5 ›Nibelungenlied‹-Ereignisse als historische Tatsachen referiert werden, könnte auf einer Initiative des Redaktors β beruhen, der eine vage Anspielung Heinrichs konkretisierte; im übrigen hat β gewiß im Hinblick auf den Dietrich der Heldenepik – wenngleich nach dem Vorbild der ›Kaiserchronik‹ – der Geschichte des historischen Dietrich durch ihre Konzentration im Zeno-Kapitel mehr Profil verliehen.

Auf die volkssprachliche Geschichtsschreibung des späten Mittelalters hat die Etzel- und Dietrich-Darstellung Heinrichs von München und seiner »Nachfolger« keine direkt faßbare Wirkung ausgeübt. Von ähnlichem Geist geprägt ist der Dietrich-Abschnitt der sogenannten ›Weihenstephaner Chronik‹ (nach 1433, drei Handschriften): Sie verläßt ihre Quelle, die ›Flores temporum‹, da,

---

[63] Die Historizität der Artusepik, für die Heinrich ebenfalls einen chronistischen »Rahmen« geschaffen hat, indem er Artus als Sieger über Marc Aurels Bruder Lucius in seine Chronik aufnahm, ist in den deutschsprachigen Chroniken, die seit dem 14. Jahrhundert nach lateinischen Quellen über Artus berichten (ein Beispiel bei KNAPE [Anm. 9]), nicht Gegenstand der Diskussion gewesen (von einer Vinzenz-von-Beauvais-Adaptation abgesehen). Dazu paßt, daß sich in der Heinrich-von-München-Überlieferung keine Spur einer Auseinandersetzung mit dem Artus-Passus zeigt. Vgl. König Artus [Anm. 5].

wo diese auf Dietrichs Ketzertum, die Morde und den Höllensturz zu sprechen kommen, und ersetzt die abschließende Bemerkung *Multa de ipso cantantur, que a ioculatoribus sunt conficta* (MHG SS XXIV, S. 250) durch die Feststellung: Dietrich *stift auch Pern die stat und begieng vil wunders mit den recken, als man von im geschriben vint.*[64] Hier wird der Dietrich der Historie gewissermaßen ein zweites Mal in die Heldenepik entrückt.

Am häufigsten gelesen und ausgeschrieben worden ist im 15. Jahrhundert Jakob Twingers »Gegendarstellung« in seiner um 1400 für ein wißbegieriges, aber latein-unkundiges Publikum (*klůge legen*) verfaßten ›Straßburger Chronik‹.[65] Im Rahmen einer kurzen Geschichte der Goten und Hunnen, die in das Arcadius-Kapitel eingeschaltet ist, behandelt Twinger den *bösen künig Attila*, ohne auf den Etzel der Heldenepik einzugehen (S. 375f.), und ausführlicher Dietrichs Leben (S. 376–381) – nach *den bewerten bůchern* und nur deshalb, weil *die geburen* von ihm *singent und sagent* (S. 376f.). Damit ist formelhaft die gesamte Dietrichepik umschrieben. Wenn Twinger am Schluß lediglich die aventiurehaften Epen ausdrücklich ablehnt – *do schribet kein meister in latyne von. dovon habe ich es für lügene* (S. 380,25f.) –, so wohl nicht, weil die historische Epik dem Straßburger Publikum weniger bedeutete oder weil sie ohnehin durch die Chronik-Vita als lügenhaft erwiesen war, während ›Eckenlied‹, ›Sigenot‹ usw. sich immer noch als »Enfances« eines historischen Dietrich begreifen ließen. Wahrscheinlich zielt Twinger auf das Bild des strahlenden Siegers, als der Dietrich aus den Einzelkämpfen der aventiurehaften Epen letztlich hervorgeht; denn dieser »starke« Dietrich ist es offenbar, den *etliche leigen gar vaste lobent*, obwohl er doch, wie Twinger zeigt, *einen bösen anevang und usgang* hatte und *nüt mit sin selbes sterke* siegte, sondern *mit ufsetzen sines volkes* (S. 381,5ff.). Diese Kritik mag ihre Schärfe sogar aus der Erinnerung an die Blutbäder und Totenklagen der historischen Epik beziehen, in der schließlich bis auf Hildebrand niemand von Dietrichs Mannen und Gesellen übrigbleibt.

Die von zahlreichen Chronisten aufgegriffene Polemik Twingers hat freilich die lebhafte Reproduktion der lateinisch nicht *bewærten* Heldenepik im 15. Jahrhundert keineswegs beeinträchtigt, sowenig wie der ›Kaiserchronik‹-Dichter im 12. Jahrhundert mit seiner Buch-Version des Dietrichlebens das Weiterleben der mündlichen Heldenepik verhindert hat. Wie *Dieterich von Berne ... mit den querhen und in dem rosegarten* kämpfte, konnte man sogar wenige Jahre, nachdem Twingers Chronik erstmals (ca. 1474) im Druck erschienen war, ebenfalls gedruckt lesen im Straßburger Heldenbuch,[66] und etwas später

---

[64] SIGRID KRÄMER: Die sogenannte Weihenstephaner Chronik. Text und Untersuchung. München 1972 (Münchener Beiträge zur Mediävistik und Renaissance-Forschung 9), S. 148,4–6.

[65] Hrsg. von C. HEGEL in: Die Chroniken der deutschen Städte. Bd. 8/9. Leipzig 1870/1871, S. 230–910; Zitat S. 230,7. Vgl. GSCHWANTLER [Anm. 10], S. 266ff., zur Rezeption S. 274ff.; siehe auch JOACHIM HEINZLE: Mittelhochdeutsche Dietrichepik. München 1978 (MTU 62), S. 271–274.

[66] KELLER [Anm. 35], S. 594ff.: ›Rosengarten‹, ›Laurin‹; vgl. im Faksimile (hrsg. von JOACHIM

auch, wie er *mit Ecken dem rysen streit* (¹1491). Die Schlußstrophen des Drucks verlängern sogar – möglicherweise angeregt von Heinrichs Kombination der Daten der ›Sächsischen Weltchronik‹ mit Dietrichs Schwertstreich gegen Odoaker aus der ›Kaiserchronik‹[67] – das ›Lied‹ in die Historie hinein: Eckes Schwert, so mutmaßen sie, gelangte zu Zenos Zeiten im Kampf des »bewährten«, gegen den Usurpator Odoaker zu Hilfe gerufenen Dietrich noch einmal zum Einsatz; der Sieger wird römischer König, regiert 31 Jahre zur Zeit der Päpste Felix, Gelasius, Anastasius (die heikle Schlußphase bleibt wie in der ›Weihenstephaner Chronik‹ ausgespart) und stirbt im Jahre 497.[68]

Heinrichs von München Versuch einer chronistischen Verankerung der Heldenepik bleibt trotz des schwachen Widerhalls beachtenswert als der, wie es scheint, früheste konkrete Ansatz zu einer (Re-)Historisierung[69] jenes Texte-Corpus, das um 1300 als Ergebnis eines gut hundertjährigen Prozesses der Verschriftlichung und einer »›zweiten‹ Literarisierung, der Literarisierung im engeren Sinn«[70] vorlag. Die »Historisierung« der Buch gewordenen Heldenepik ist ein Modus für die Rezipienten des 14. und 15. Jahrhunderts, die Verbindlichkeit der Texte »zeitgemäß« neu zu begründen.[71] Daß man sie sich unter anderem auf diese Weise neu aneignet, ist Ausdruck der fortdauernden Faszination des Stoffs als ganzen.[72]

---

HEINZLE. Göppingen 1981, Litterae 75/I) Bl. 216ff. In dem von HEINZLE angekündigten Kommentarband werden EVA ZIESCHE und DIERK SCHNITGER eine neue, frühe Datierung des Drucks begründen.

[67] In Frage käme nur eine Handschrift der Version α.

[68] Ecken Auszfart. Augsburg 1491. Hrsg. von KARL SCHORBACH. Leipzig 1897 (Seltene Drucke in Nachbildungen 3); Neuauflagen bis ca. 1590, vgl. HEINZLE [Anm. 65], S. 295–297. – 497 als Todesjahr Dietrichs bleibt vorläufig unerklärt.

[69] Vergleichbar ist das Phänomen der »Re-Personalisierung«, siehe HUGO KUHN: Versuch über das 15. Jahrhundert in der deutschen Literatur. In: H. K., Entwürfe zu einer Literatursystematik des Spätmittelalters. Tübingen 1980, S. 77–101, hier S. 84f.

[70] CURSCHMANN [Anm. 47], S. 383.

[71] Vgl. JAN-DIRK MÜLLER: Gedechtnus. Literatur und Hofgesellschaft um Maximilian I. München 1982 (Forschungen zur Geschichte der älteren deutschen Literatur 2), S. 190ff. und seinen Beitrag im vorliegenden Band, S. – .

[72] Vgl. HUGO KUHN: Zugang zur deutschen Heldensage (1952). In: H. K., Dichtung und Welt im Mittelalter. Stuttgart ²1969, S. 181–195, bes. S. 184f., 192, 194.

# Überlieferungstypen mittelhochdeutscher Weltchroniken

von

Kurt Gärtner (Trier)

## I

Die mittelhochdeutschen Weltchroniken[1] sind in den seltensten Fällen so überliefert, wie sie in den modernen Ausgaben geboten werden. Die Herausgeber interessierten zumeist nur die ursprüngliche Form oder die Erstfassungen des Chroniktextes, nicht aber deren Textgeschichte. Weltchroniken werden aber mehr als alle andern volkssprachigen Werke während der Überlieferung verändert. Die Chronikautoren und ebenso die späteren Chronikbearbeiter wollen aus allen ihnen erreichbaren Quellen Wissen über die Vergangenheit gewinnen oder zumindest dieses Wissen in der jeweils zeitgemäßen Form und Deutung vermitteln. Die Erstfassung einer Weltchronik wird daher bald überholt, oft noch von ihrem Autor selbst; sie wird der neuen Quellenlage angepaßt oder dem neuen Zeitgeschmack.

Die Überlieferung der Weltchroniken ist daher uneinheitlich und nicht entfernt vergleichbar mit der Überlieferung der mittelhochdeutschen Klassiker, wie zum Beispiel des ›Parzival‹ und ›Tristan‹, die – von lautlichen, morphologischen und lexikalischen Varianten abgesehen – nahezu unverändert vom 13. bis ins 15. Jahrhundert überliefert werden. Die Zahl von über 80 Textzeugen für den ›Parzival‹ ist daher in keiner Weise vergleichbar mit der Zahl von über 80 Textzeugen für die ›Weltchronik‹ des Rudolf von Ems; denn nur ganz wenige Handschriften enthalten Rudolfs eigenes Werk in toto, keine einzige enthält es ausschließlich in dem vom Autor selbst hinterlassenen Umfang. Es diente den nach ihm tätigen Weltchronisten als Basis und Quelle für neue Kompilationen und als Muster für die Organisation ihrer Darstellung. Den Höhepunkt einer langen indirekten Wirkung als Quellwerk erreicht Rudolfs Weltchronik in der Prosa der Historienbibeln[2] im 15. Jahrhundert; doch anders als der relativ unversehrt überlieferte ›Parzival‹ und sein hochberühmter Autor ist Rudolfs Name dann längst unbekannt und sein Werk kaum noch erkennbar aufgrund der vielen Veränderungen und Metamorphosen, die es durchgemacht hat.

---

[1] Lateinische und mittelhochdeutsche Weltchroniken unterscheiden sich in vieler Hinsicht nicht prinzipiell. Eine Zusammenfassung des Forschungsstandes gibt Karl Heinrich Krüger: Die Universalchroniken. Turnhout (Belgien) 1976 (Typologie des sources du moyen âge occidental, Fasc. 16). Grundlegend die Arbeit von Anna-Dorothee v. den Brincken: Studien zur lateinischen Weltchronistik bis in das Zeitalter Ottos von Freising. Düsseldorf 1957.
[2] Vgl. zu den ›Historienbibeln‹ den Artikel von Christoph Gerhardt. VL ²4, Sp. 67–75.

Die einseitige Fixierung auf die Erstfassungen der Weltchroniken, wie sie in einigen Ausgaben vorliegen, wird den durch die Handschriften gebotenen Fakten der Textgeschichte nicht gerecht. Ich möchte daher in einer sehr vorläufigen Skizze den Blick vom Ursprung auf die Überlieferungsgeschichte hinlenken und im Blick auf die erhaltenen Handschriften die vielfältige Überlieferungswirklichkeit zu beschreiben und klassifizieren versuchen. Da es sich angesichts des umfangreichen und zum größten Teil noch unaufgearbeiteten Materials nur um einen Versuch handeln kann, verzichte ich auf umfängliche bibliographische Nachweise und Handschriftenübersichten. Die einschlägigen Artikel des ›Verfasserlexikons‹ bieten in der Regel die nötigsten Informationen über die behandelten Werke und Autoren.

## II

Meine Grundlage sind die Handschriften von sechs deutschen Chroniken, die zwischen 1150 und 1350 entstanden sind und eine große Wirkung hatten. Bis auf eine gehören sie alle zum Typ der mittelalterlichen Welt- oder Universalchroniken;[3] sie umfassen die Weltgeschichte von der Schöpfung bis zur eigenen Zeit und ordnen alle Begebenheiten einem bestimmten zeitlichen Rahmen zu, der durch das Sechs-Weltalter-Schema strukturiert ist; Weltgeschichte ist dabei verstanden als Heilsgeschichte, in der es um das Wirken Gottes in der Geschichte von der Schöpfung an geht; die Bibel bildet daher das Vorbild und die direkte oder indirekte Hauptquelle für große Teile des Inhalts und für die Deutung der Geschichte. Auch ein Werk wie die ›Kaiserchronik‹, die hauptsächlich die Geschichte nach der Zeitenwende (6. Weltalter) enthält, ist durch die Deutung des Stoffes auf die Bibel bezogen und es ist daher ganz natürlich, daß ihr Text später in vielfältiger Weise mit den Bearbeitungen der historischen Bücher der Bibel verknüpft wird. Sie ist daher in den Kreis der zu betrachtenden Werke mit einzubeziehen.

Die herangezogenen Chroniken stelle ich hier zusammen mit kurzen Angaben zur Entstehungszeit, zu Inhalt und Quellen.
1. Die ›Kaiserchronik‹[4] ( = KChr); ältester Text ist die Rezension A um 1150; Geschichte der römischen und deutschen Kaiser bis Konrad III. (1137–52), mit Einschaltungen von Sagen und Legenden; keine einheitliche Quelle.
2. ›Sächsische Weltchronik‹[5] ( = SW), Prosa, die nach der früheren *opinio communis* älteste Rezension A nach 1225; ähnlich wie die KChr konzen-

---

[3] Die folgende Bestimmung in Anlehnung an die Definition KRÜGERS [Anm. 1], S. 13.

[4] S. EBERHARD NELLMANN. VL ²4, Sp. 949–964. Ausgabe der Rez. A von EDWARD SCHRÖDER: Die Kaiserchronik eines Regensburger Geistlichen. Hannover 1892 (MGH Dt. Chron. I,1).

[5] Mit völlig neuer Ansicht zur Entstehungs- und Überlieferungsgeschichte HUBERT HERKOMMER: Überlieferungsgeschichte der ›Sächsischen Weltchronik‹. München 1972 (MTU 38); vgl. dazu RUTH SCHMIDT-WIEGAND: Eike von Repgow. VL ²2, Sp. 400–409, hier Sp. 407f; zur Kritik an HERKOMMERS Hypothese vgl. zuletzt MANFRED ZIPS: *Daz ist des van Repegouwe rat.* Bemerkungen zur Verfasserfrage der ›Sächsischen Weltchronik‹. Nd. Jb. 106, 1983, 43–73, hier S. 48–51. Ausgabe von LUDWIG WEILAND: Sächsische Weltchronik. Hannover 1876 (MGH Dt. Chron. II).

triert auf römische und deutsche Kaisergeschichte, doch mit kurzem welt-
geschichtlichem Vorspann von der Schöpfung bis zur Zeitenwende; Hauptquelle die Weltchronik Frutolfs von Michelsberg in der Bearbeitung des
Ekkehard von Aura.

3. Rudolfs von Ems ›Weltchronik‹[6] (= RvE), unvollendet, um 1250; Weltgeschichte nach dem Sechs-Weltalter-Schema von der Schöpfung bis König
Salomo (5. Weltalter); mit Einschaltungen, Incidentia, der Geschichte der
gleichzeitigen heidnischen Reiche; Hauptquellen die ›Historia scholastica‹
des Petrus Comestor (†1179) und die Bibel.

4. ›Christherre-Chronik‹[7] (= Chr), unvollendet, drittes Viertel des 13. Jahrhunderts; mit RvE konkurrierende Weltgeschichte nach dem Sechs-
Weltalter-Schema von der Schöpfung an, reicht allerdings nur bis zum
Buch der Richter (4. Weltalter); mit Incidentia; Hauptquellen die ›Historia
scholastica‹ und das ›Pantheon‹ Gottfrieds von Viterbo (†1192), Anlehnung
an RvE.

5. Jans Enikels ›Weltchronik‹[8] (= E), nach 1284; etwa zwei Drittel der alttestamentlichen Zeit gewidmet, ein Drittel der römisch-deutschen Geschichte bis Friedrich II.; Hauptquellen das 3. Buch der ›Imago mundi‹ des
Honorius Augustodunensis, Bibel, ›Historia scholastica‹ und KChr (Rezension B); ferner Apokryphen, Sagen und Legenden.

6. Heinrichs von München ›Weltchronik‹[9] (= HvM), um 1225-30; vollständige Weltgeschichte nach dem Sechs-Weltalter-Schema von der Schöpfung
bis zum 13. Jahrhundert, kompiliert aus den fünf vorgenannten Chroniken
und zahlreichen andern Quellen, darunter mit größeren Anteilen die Bibel
und die ›Historia scholastica‹.

Bisher noch nicht ediert sind die Chr und HvM; schon die Feststellung der
autornahen Überlieferung bietet wegen des unterschiedlichen Inhalts und Um-
fangs der Handschriften große Schwierigkeiten. Von den übrigen Chroniken
liegen jeweils eine oder auch mehrere Ausgaben vor, in denen die Überlieferung und Textgeschichte unterschiedlich erschlossen ist. Die folgende Typisierung der Überlieferung basiert zum größten Teil auf den Beschreibungen

---

[6] Ausgabe von GUSTAV EHRISMANN: Rudolfs von Ems Weltchronik. Aus der Wernigeroder Hs.
Berlin 1915 (DTM 20), Einl. S. V-X, mit Handschriftenübersicht.

[7] Vgl. NORBERT H. OTT. VL²1, Sp. 1213-1217. Abdruck der ersten 2144 Verse bei HANS FERD.
MASSMANN: Der keiser und der kunige buoch oder die sogen. Kaiserchronik, Dritter Theil.
Quedlinburg u. Leipzig 1854 (Bibl. d. gesammten dt. National-Lit. 4,3), S. 118-155.

[8] Vgl. KARL-ERNST GEITH. VL²2, Sp. 565-569, hier Sp. 565-567. Ausgabe von PHILIPP STRAUCH:
Jansen Enikels Werke. Hannover u. Leipzig 1900 (MGH Dt. Chron. III), vgl. besonders die
Handschriftenübersicht in der Einleitung S. IIIff.

[9] Grundlegend PAUL GICHTEL: Die Weltchronik Heinrichs von München in der Runkelsteiner
Handschrift des Heinz Sentlinger. München 1937 (Schriftenreihe zur bayerischen Landesge-
schichte 28). Vgl. ferner HERMANN MENHARDT: Zur Weltchronik-Literatur. PBB 61, 1937,
S. 402-462; NORBERT H. OTT: Heinrich von München. VL²3, Sp. 827-837. Handschrif-
tenübersicht bei BETTY C. BUSHEY: Neues Gesamtverzeichnis der Handschriften der ›Arabel‹
Ulrichs von dem Türlin. Wolfram-Studien VII, 1982, S. 228-286, hier S. 273-286.

der Handschriften, den Untersuchungen zu den Handschriftenverhältnissen und der Dokumentation der Überlieferungsvarianten in den Apparaten der Ausgaben.

## III

Als ersten Typ der Weltchroniküberlieferung möchte ich die autornahe Fassung bezeichnen. Sie ist für poetische Werke – wie gesagt – eigentlich die Regel, für chronistische dagegen die Ausnahme. Nur in wenigen frühen Handschriften ist die autornahe Fassung bewahrt, aber nur selten ohne die Fortsetzungen anderer. Die Wirkung der Erstfassung einer Weltchronik als selbständiges Werk ist meistens zeitlich und geographisch begrenzt.

In der lateinischen Weltchronistik ist das zum Teil nicht anders. Die Weltchronik Frutolfs von Michelsberg, deren spärliche autornahe Überlieferung erst spät entdeckt wurde, geht auf in der Ekkehards von Aura und wirkt erst durch diese beziehungsweise deren verschiedene Rezensionen.[10] »Als selbständiges Werk ist F[rutolf]s Chronik ohne jede Wirkung geblieben.«[11]

Die ursprüngliche autornahe Fassung der KChr, das heißt der Rezension A, die durch SCHRÖDERS Ausgabe repräsentiert wird, ist fast ausschließlich durch oberdeutsche Handschriften und Fragmente des 12. und 13. Jahrhunderts bezeugt (3 Handschriften, 12 Fragmente). Gewirkt hat sie freilich länger und anderweit, jedoch eingebettet in andere Überlieferungszusammenhänge (kompiliert mit SW, siehe unten) und/oder in anderer Form (Bearbeitungen in reinen Reimen; Prosaversion).

Die SW ist in den Rezensionen A, B und C erhalten, die nach Auffassung des Herausgebers LUDWIG WEILAND durch allmähliche Aufschwellung entstanden sind, aber alle auf denselben Autor zurückgehen sollen. Die einzelnen Rezensionen unterscheiden sich in Inhalt und Umfang erheblich; A endet mit dem Jahr 1225, B mit 1235 und C, die bei weitem umfangreichste, vor allem durch Anleihen aus der KChr stark erweiterte Rezension, mit 1260. Eine C-Handschrift (Gotha Membr. I 90, 13. Jahrhundert) bietet den besten, dem Autor zeitlich und geographisch am nächsten stehenden Text und bildet deshalb auch die Basis für WEILANDS Ausgabe. Die C-Handschriften hat HUBERT HERKOMMER erneut genauer untersucht: eine Gruppe von C-Handschriften, $C^1$, enthält die KChr-Partien (KChr A) unverkürzt und nicht in Prosa aufgelöst, sie repräsentiert damit ein Prosimetron (3 niederdeutsche/mitteldeutsche Handschriften des 14. und 15. Jahrhunderts); die andere Gruppe von C-Handschriften, $C^2$, enthält weniger zahlreiche, aber in Prosa aufgelöste und stark verkürzte KChr-Partien (ebenfalls KChr A). Die $C^2$-Fassung und ebenso die Rezensionen B und A sollen nach HERKOMMER durch allmähliche Reduktion

---

[10] Vgl. die Artikel von FRANZ-JOSEF SCHMALE. VL ²2, Sp. 993–998, über Frutolf und VL ²2, Sp. 443–447, über Ekkehard.

[11] SCHMALE [Anm. 10], Sp. 997.

aus dem Prosimetron hervorgegangen sein. Die frühere Auffassung WEILANDS ist damit auf den Kopf gestellt; der C²-Text, der früher als eine spätere und ganz sekundäre Stufe der Textentwicklung galt, denn er enthält außer den KChr-Verspartien auch noch regelmäßig zahlreiche Einschübe aus der Weltchronik Martins von Troppau (früheste Fassung 1268/69 abgeschlossen),[12] soll jetzt am Anfang stehen und die dem Autor nächste und ursprünglichste Fassung darstellen. Wie soll nun eine Ausgabe aussehen, deren Herausgeber sich dergleichen Hypothesen zur Richtschnur nimmt? – Merkwürdig ist auch die geographische Verteilung der Überlieferung: die Rezensionen C und B sind überwiegend in niederdeutschen Handschriften erhalten, die Rezension A dagegen fast ausschließlich in oberdeutschen Handschriften. Unvermischt mit anderen, vom Autor nicht selbst kompilierten Werken bieten die SW aber nur die wenigen alten, mit reichem Miniaturenschmuck versehenen niederdeutschen Handschriften der Rezensionen C und B (Gotha Membr. I 90, 13. Jahrhundert; Bremen Ms. a 33, 13. Jahrhundert; Berlin Mgf 129, 13./14. Jahrhundert). Am stärksten gewirkt hat jedoch die Rezension A in oberdeutschen Handschriften des 15. Jahrhunderts, aber meist nur zusammen mit den bairischen Fortsetzungen und in andern Überlieferungszusammenhängen und Formen (Versifizierung von Teilen bei HvM).

Die unvollendete Weltchronik RsvE ist nur in etwa einem Dutzend Handschriften des 13. und 14. Jahrhunderts in ihrer ersten Fassung, die schon mit einer umfangreichen Fortsetzung eines andern versehen war, erhalten. EHRISMANNS Ausgabe bietet die autornahe Fassung nach dem Text der Wernigeroder Handschrift (jetzt Cgm 8345) des 13. Jahrhunderts.

Ein vollständiges Inventar der Handschriften zu RvE gibt es ebensowenig wie zu Chr oder HvM; welche und wieviele Handschriften die von Einschüben freie und autornahe Fassung dieser Chroniken enthalten, ist trotz der Arbeiten von MASSMANN, VILMAR und anderen[13] nur annähernd feststellbar.

Die E-Überlieferung dagegen ist von PHILIPP STRAUCH gründlich erforscht; die autornächste Rezension A ist nur in zwei Handschriften des 14. Jahrhunderts erhalten; eine weitere Rezension B weist schon zahlreiche Plusverse auf (3 Handschriften, 5 Fragmente des 14. und 15. Jahrhunderts).

Die Weltchroniken haben wohl einen festen Anfang (Schöpfungsgeschichte), ihr Schluß aber ist offen, besonders zur Gegenwart hin; an die Handschriften mit autornaher Fassung werden daher oft Fortsetzungen angefügt, die sich ohne Bruch anschließen und den Text der autornahen Fassung nicht verändern.

---

[12] Vgl. BERNHARD SCHMEIDLER. VL ¹3, Sp. 286.

[13] MASSMANN [Anm. 7], S. 167ff.; A. F. C. VILMAR: Die zwei Recensionen und die Handschriftenfamilien der Weltchronik Rudolfs von Ems. Progr. Marburg 1830; ferner die Anm. 9 genannten Arbeiten.

## IV

Ohne tiefergreifende Veränderung bleibt der Text der autornahen Fassung, wenn Chroniken mit anderen verwandten Werken in den Handschriften zusammengestellt und nach dem Plan einer Weltgeschichte in historischer Reihenfolge angeordnet werden. Die Handschriften mit planvoller Zusammenstellung von Werken (heils)geschichtlichen Inhalts nach chronologischen Prinzipien und ohne Veränderung der Werke selbst möchte ich zum zweiten Typ der Weltchroniküberlieferung rechnen. Dieser Typ, eine Vorstufe der Kompilation, begegnet schon früh. Von den großen Sammelhandschriften mit der frühmittelhochdeutschen Literatur vertritt ihn am ausgeprägtesten die Vorauer Handschrift: am Anfang steht die KChr mit der römisch-deutschen Kaisergeschichte, ihre Basis und ihren Hintergrund bildet die biblische Geschichte mit Genesis, Exodus, Judith; die heidnische Geschichte während der Zeit des Alten Testaments ist durch den ›Alexander‹ vertreten, die Werke der Frau Ava behandeln die Zeit des Neuen Testaments; den eschatologischen Abschluß vertritt das ›Himmlische Jerusalem‹ nach Apokalypse Kap. 21. Einen ähnlichen Abschluß bilden verschiedene Versionen der ›Fünfzehn Vorzeichen des Jüngsten Gerichts‹ in vielen Weltchronikhandschriften.

Planvoll zusammengestellt zu einer halbwegs vollständigen Weltgeschichte werden RvE und das ›Marienleben‹ Philipps von Seitz im 14. Jahrhundert; die beiden Werke repräsentieren die alte und die neue ›Ee‹ als Grundbestandteile eines am biblischen Vorbild orientierten geschichtlichen Programms. Es entstehen so bestimmte Überlieferungsgemeinschaften, die – wie gesagt – Vorstufen für die eigentlichen Kompilationen bilden, in denen die autornahen Fassungen dann aber auch verschieden weitgehend verändert werden dadurch, daß sie zum Beispiel interpoliert werden oder nur noch als interpolierte Exzerpte erhalten bleiben.

## V

Noch vor seiner vollständigen oder teilweisen Integration in die eigentlichen Kompilationen kann das Werk eines Chronikautors eine mehr oder weniger tiefgreifende Bearbeitung erfahren. Die Bearbeitungen der autornahen Fassungen bilden einen dritten Typ der Weltchronik, der allerdings nicht spezifisch für die Chroniküberlieferung ist. Eine fertige Kompilation kann weiter in toto überarbeitet werden; dies ist zum Beispiel um 1400 bei der Umsetzung der gereimten Weltchroniken in die Prosa der Historienbibeln der Fall. Meist ist es die Form (Reim, Vers, Prosa) oder der Inhalt (überflüssige Exkurse, Deutungen etc.), die Bearbeitungen verursachen, oder es ist auch schon die Absicht, das Werk für einen andern Überlieferungszusammenhang zu präparieren.

Aus formalen Gründen werden viele unreine Reime der KChr zu Beginn des 13. Jahrhunderts gebessert und der Text um etwa 1600 Verse gekürzt (3 Handschriften und 9 Fragmente des 13. und 14. Jahrhunderts, fast ausschließlich oberdeutsch). Diese Fassung B der KChr benutzte Enikel. Die weitere Wirkung der KChr scheint überhaupt nur durch Fassungen mit reineren Reimen ermöglicht zu sein. Um die Mitte des 13. Jahrhunderts entsteht unter dem Einfluß von RvE und unabhängig von Rezension B eine weitere Fassung mit noch reineren Reimen, einem neuen Prolog und einer Fortsetzung, die Rezension C (5 Handschriften und 5 Fragmente des 13. bis 15. Jahrhunderts). Nur MASSMANNS Ausgabe bewahrt die für die Text- und Wirkungsgeschichte der KChr interessanten Fassungen B und C im Lesartenapparat. – Aus formalen und inhaltlichen Gründen wird um 1275 in Augsburger Minoritenkreisen der Text der autornahen Fassung KChr A in Prosa umgesetzt und als ›Buch der Könige niuwer ê‹[14] für die Überlieferungsgemeinschaft mit dem ›Schwabenspiegel‹ präpariert.

## VI

Die Kompilation schließlich ist der letzte und für die Chroniken charakteristische Überlieferungstyp; ihm sind die meisten erhaltenen Weltchronikhandschriften zuzuweisen. Sobald genügend volkssprachige Weltchroniken und Einzelwerke mit historischen Stoffen zur Verfügung stehen, beginnt ihre Kompilation miteinander. Zugleich beginnt auch die teilweise Ablösung von den lateinischen Quellen; es werden im 14. Jahrhundert vorwiegend volkssprachige Quellen miteinander kompiliert, und man ist bestrebt, vornehmlich aus ihnen das Wissen über die Vergangenheit zu vervollständigen. KChr, SW, RvE, Chr und E – aus allen Werken werden Teile exzerpiert und die Exzerpte im Laufe der Überlieferung immer besser geordnet und miteinander verzahnt. Neue volkssprachige Quellen kommen hinzu, die vor allem auf Apokryphen, Bibel und Legenden zurückgehen. Die einzelnen Chroniken und die andern für die Geschichtskompilation geeigneten Werke verlieren ihre ehedem separate Stellung in ihrer eigenen Überlieferungstradition durch Einzelhandschriften oder planvoll zusammengestellte Sammelhandschriften und werden aufgenommen und integriert in den Konvoi[15] einer Weltchronik.

Viele Texte verdanken eine reichere Überlieferung überhaupt nur der Tatsache, daß sie wegen ihres geschichtlichen Inhalts in den Konvoi einer Weltchronik aufgenommen worden sind (zum Beispiel die ›Urstende‹ Konrads von Heimesfurt; Ottes ›Eraclius‹; der ›Basler Alexander‹; das ›Passional‹; Gundakkers ›Christi Hort‹; verschiedene Versionen des Troja-, Alexander- und Karls-

---

[14] Vgl. HUBERT HERKOMMER. VL ²1, Sp. 1089–1092.
[15] Terminus von DIMITRIJ LICHAČEV: Grundprinzipien textologischer Untersuchungen der altrussischen Literaturdenkmäler. In: Texte und Varianten. Hrsg. von Gunter Martens und Hans Zeller. München 1971, S. 301–315, hier S. 308.

stoffes und so weiter). Merkwürdig ist allerdings im Vergleich mit der romanischen Chroniküberlieferung, daß Artusroman und Heldenepik weit weniger Widerhall finden als der Troja-, Alexander- und Karlskomplex.

Die Integration in den Konvoi der Kompilation beginnt schon mit den Handschriften der wohl kaum auf den Autor zurückgehenden Rezension C[1] der SW, in der SW-Prosa und KChr-Verspartien vereinigt sind. Doch bleibt diese Kompilation wohl ein auf den niederdeutsch-mitteldeutschen Raum beschränkter Einzelfall. Im Oberdeutschen dominieren die Weltchroniken nach dem Vorbild und im Gefolge von RvE. Dessen Weltchronik wird bald in vielen Handschriften mit der parallelen Darstellung der Chr kompiliert; die Chr selbst geht aber auch schon früh enge Verbindungen mit E ein (Cgm 5).

Der Plan, nach dem der Stoff aus der zunehmenden Masse der volkssprachigen Quellen organisiert wird, ist das von RvE vorgegebene Sechs-Weltalter-Schema (Adam-Noah-Abraham-Moses-David-Christus).[16] Die Weltalter 1–5 gliedern die Zeit des alten Bundes, das sechste Weltalter ist die Zeit des neuen Bundes mit Einschluß von Gegenwart und Zukunft. Der von RvE vorgegebene Plan wird aber erst von HvM vollständig ausgeführt. Zwischen RvE und HvM dokumentieren zahlreiche Handschriften die verschiedenen Versuche, den Plan notdürftig auszuführen.

Erst HvM bringt das Vorhaben RsvE zum Abschluß, aber er ist nicht mehr primär Autor, sondern hauptsächlich Kompilator. Nur in den Prologen und Epilogen zu den einzelnen Weltaltern ist er auch als Autor noch zu fassen, er nennt sich da auch selbst.[17] Was und wieviel er selber kompiliert hat und was erst im Laufe des 14. Jahrhunderts von andern in seine ursprüngliche Kompilation eingebracht wurde, das ist vorläufig noch ungewiß.

Das von ihm gegenüber RvE und der Chr noch stärker herausgestellte Sechs-Weltalter-Schema liefert den in seinem Gefolge arbeitenden späteren Kompilatoren den Rahmen, dessen Füllung variabel ist. »Schwellhandschriften« nennt MASSMANN daher die HvM-Handschriften; der Rahmen kann mit 30000 oder sogar mit über 100000 Versen gefüllt werden. Auch können bestimmte Positionen im chronologischen Schema verschieden besetzt werden, indem das Quellenmaterial aus verschiedenen Werken entnommen wird. Doch sind für die Alte Ee (1.–5. Weltalter) fast regelmäßig RvE, Chr, E und eine Fassung des Troja- und Alexanderstoffes benutzt; für die Neue Ee (6. Weltalter) Philipps ›Marienleben‹, das ›Passional‹, KChr und SW (versifiziert).

Je nach Kompilationstechnik, das heißt der Art der redaktionellen Verfügung der Quellen, lassen sich die Handschriften, die zum Überlieferungstyp der Kompilation gehören, wieder unterscheiden. Die aus den exzerpierten und schon kompilierten Werken übernommenen Blöcke können ganz unterschiedlich ineinandergearbeitet sein. Sind die einzelnen Teile weniger stark verfugt

---

[16] Vgl. KRÜGER [Anm. 1], S. 26f.; GICHTEL [Anm. 9], S. 25–29.
[17] Vgl. meinen Beitrag über Philipps ›Marienleben‹ und die ›Weltchronik‹ Heinrichs von München. In: Wolfram-Studien VIII, 1984, 199–218.

und redaktionell überarbeitet, sondern überwiegend bloß aneinandergereiht
mit notdürftiger Glättung der Fugen, dann lassen sich die Exzerpte durchaus
als vollwertige Textzeugen für die Kritik des einst selbständig überlieferten
Quellentextes eines Autors verwerten. Ein einziger Autor aber steht nicht mehr
hinter dem neuen Gesamtwerk, es hat so viele Autoren wie Quellen; nur noch
der Organisator des Quellenmaterials, eben der Kompilator, ist ein Einzelner.


## VII

Mit den Überlieferungstypen wollte ich eine Vorstellung von der vielfältigen
Überlieferungswirklichkeit einer in zahlreichen Handschriften verbreiteten
Gattung zu geben versuchen. Bisher wurden die Weltchronikhandschriften
hauptsächlich unter textkritischen Gesichtspunkten beachtet mit dem Ziel, die
ursprünglichste und autornächste Fassung eines Textes durch Vergleichung
zurückzugewinnen. Die aus späteren Bearbeitungen und schließlich aus den
Kompilationen hervorgegangenen Fassungen, welche die weitere Textgeschichte bestimmen, spielten in der Forschung kaum eine Rolle, und zwar auch in
den neueren rezeptionsgeschichtlich orientierten Arbeiten nicht. Die Handschriften zeigen aber, daß die am Anfang der mittelhochdeutschen Chroniküberlieferung stehenden Einzelwerke im Laufe ihrer Überlieferungsgeschichte
immer stärker verändert werden und schließlich ihre Selbständigkeit als se-
parat überlieferte Einheiten verlieren; ihre größte und langdauernde Wirkung
erreichen die Chroniken und mit ihnen viele andere historische Werke erst im
Verbund miteinander in den Kompilationen. Die großen Kompilationen bestimmen das Bild von der Weltchroniküberlieferung im 14. Jahrhundert. Es
entstehen keine großen neuen Werke mehr aus einem Guß und von einem
Autor wie im 13. Jahrhundert; man setzt vielmehr das aus früheren Zeiten und
Quellen Erreichbare neu zusammen zu einem Ganzen, dessen heterogene
Teile unterschiedlich genau aufeinander abgestimmt werden.
   Die Weltchronik-Handschriften gewähren aufgrund ihrer großen Variabilität wertvolle Einblicke in den Literaturbetrieb ihrer Zeit, dazu gehören insbesondere auch die frühen Prosaauflösungen von Versquellen ebenso wie die
späteren Versifizierungen von Prosaquellen, die dem üblichen Bild der Entwicklung vom Vers zur Prosa ganz widersprechen. Nicht nur die frühesten
Handschriften beziehungsweise die in diesen überlieferten autornahen Text-
fassungen, sondern auch die späteren Überlieferungstypen, in denen der Ein-
zelautor zunehmend Bearbeitern und Kompilatoren das literarische Geschäft
überläßt, verdienten eine Analyse. Statt die Werke der Bearbeiter und Kompilatoren als die von Stümpern und Wirrköpfen abzuqualifizieren oder einfach zu ignorieren, sollten sie zunächst einmal etwas genauer betrachtet werden; man sollte die Weltchronik-Überlieferung in ihrer Vielfalt also zunächst
einmal analysieren statt sie zu zensieren.

# Kompilation und Zitat in Weltchronik und Kathedralikonographie

## Zum Wahrheitsanspruch (pseudo-)historischer Gattungen

von

NORBERT H. OTT (MÜNCHEN)

I

Die in der ersten Hälfte des 14. Jahrhunderts entstandene, monumentale
Weltchronik-Kompilation, die unter dem Autornamen Heinrich von München[1] überliefert wird, ist einerseits zwar ein Sonderfall mittelalterlicher Chronistik, indem sie sich von allen anderen Reimchroniken – Rudolf von Ems,
Jans Enikel, der ›Christherre‹-Chronik – dadurch unterscheidet, daß sie dem
historiographischen Basistext umfängliche Passagen aus anderen epischen Texten meist nahezu unverändert inseriert; andererseits signalisiert jedoch gerade
dieses kompilatorische Verfahren ein Gattungsspezifikum der Chronistik. Sowohl die Verbindung historiographischer Texte mit (pseudo-)historischen Romanen und neutestamentlichen Geschichtsdichtungen als auch die Offenheit
der Überlieferung, die kaum eine Heinrich-von-München-Handschrift der
anderen gleichen läßt, markieren präzise die Gebrauchssituation von Historiographie und Geschichtsdichtung. Heinrichs von München Weltchronik ist
somit nicht etwa kuriose Ausnahme der volkssprachlichen Chronistik, sondern
Paradigma für einen Bereich von Texten, die Bewußtsein von Geschichte im
weitesten Sinne vermitteln.

Das, was Heinrichs Kompilation aus anderen Weltchroniken heraushebt, ist
die Einfügung unbearbeiteter oder nur wenig veränderter Exzerpte aus Werken historischer Erzählgattungen in das historiographische »Handlungs«-Ge-
rüst. Das Aneinanderfügen, Zusammenschieben oder auch nur quellenmäßige
Benutzen verschiedener Chroniktexte selbst ist, vor allem für die volksspräch-
liche Historiographie, nichts Ungewöhnliches, sondern im Gegenteil ein Charakteristikum ihrer Überlieferung.[2] So tradiert die Mehrzahl der in EHRIS-
MANNS Ausgabe[3] genannten Handschriften der Weltchronik des Rudolf von

---

[1] Siehe dazu NORBERT H. OTT: Heinrich von München. In: ²VL 3 (1981), Sp. 827–837, mit Lit.
Immer noch unentbehrlich für Quellenuntersuchungen: PAUL GICHTEL: Die Weltchronik Hein-
richs von München in der Runkelsteiner Handschrift des Heinz Sentlinger. München 1937
(Schriftenreihe zur bayer. Landesgesch. 28).

[2] Dazu NORBERT H. OTT: Chronistik, Geschichtsepik, historische Dichtung. In: Die epischen
Stoffe des Mittelalters. Hrsg. von VOLKER MERTENS und ULRICH MÜLLER. Stuttgart 1984 (Krö-
ner Taschenausgabe 483), S. 182–204.

[3] Rudolfs von Ems Weltchronik. Aus der Wernigeroder Handschrift hrsg. von GUSTAV EHRIS-
MANN. Berlin ¹1915. Nachdruck: Dublin/Zürich 1967 (DTM 20), S. VI-X.

Ems nie Rudolfs Text allein, sondern verschränkt ihn mit der ›Christherre‹-
Chronik und/oder mit der Weltchronik des Jans Enikel. Von der ›Christherre‹-Chronik selbst gibt es ebenfalls kaum einen rein überlieferten Text; nicht
viel anders ist die Situation bei Jans Enikels Chronik.[4] Typisch für die Überlieferung dieser drei Chroniken – und das heißt auch: für ihren Gebrauch und
die auf sie gerichtete Publikumserwartung – sind, wiederum stark untereinan-
der variierende, Mischhandschriften aller drei Texte.[5] Die Verbindlichkeit für
das Publikum lag wohl weniger in der je spezifischen Autorkonzeption, sondern in der Summe aller historischen Wahrheiten, so widersprüchlich diese
auch sein mochten. Das Publikum der volkssprachlichen Chronistik vor allem
des 14. und 15. Jahrhunderts – der Zeit, aus der die Mehrzahl der Handschriften stammt – rezipierte mit Rudolfs Weltchronik nicht deren dezidiert
staufisches Geschichtsbild; mit der Appellfunktion des Texts für Konrad IV.
schien es sich nicht zu identifizieren. So konnte sich Rudolfs Konzeption auch
ohne Widersprüche mit den merkantil-städtischen Tendenzen der Chronik
Jans Enikels verbinden.[6] Die Nivellierung der jeweiligen Autorintention zugunsten einer Faszination an der »Summe« der Geschichte[7] bestimmt die
Überlieferung – zumindest im 14. und 15. Jahrhundert.

Diese Gebrauchssituation der »Gattung« Weltchronik ermöglichte schließlich ein Unternehmen wie das des Heinrich von München, und es ist nicht von
ungefähr, daß seiner Kompilation eine jener Mischredaktionen aus Rudolf,
›Christherre‹-Chronik und Jans Enikel zugrunde liegt, die in verschiedenen
Variationen die Überlieferung bestimmten. Bemerkenswert jedoch ist die Einfügung von Textpassagen aus anderen literarischen Gattungen in diese – für
die Chronistik traditionelle – Kompilation historiographischer Texte. Als geschichtlicher Text wurde dabei sicher das ›Marienleben‹ des Karthäusers Philipp[8] verstanden, das der wohl schon im 13. Jahrhundert entstandenen Chro-

---

[4] Jansen Enikels Weltchronik. Hrsg. von PHILIPP STRAUCH. Hannover/Leipzig ¹1891. Nachdruck: Dublin/Zürich 1972 (MGH DtChron. III), S. XXII-XL.

[5] Fünf wiederum unterzugliedernde Großgruppen lassen sich unterscheiden: Rudolfs Text
wurde die ›Christherre‹-Einleitung vorangestellt (1); die ›Christherre‹-Chronik wurde mit dem
Schluß aus Rudolf bis ins Buch der Könige fortgesetzt (2); die ›Christherre‹-Chronik wird
vorwiegend mit Jans Enikels ›Weltchronik‹ verschränkt (3); Passagen aus Rudolfs und Jans
Enikels Chroniken sowie der ›Christherre‹-Chronik werden zu etwa gleichen Teilen miteinander verbunden (4); eine Mischredaktion der Gruppe 4 wird zu Heinrichs von München Kompilation erweitert (5).

[6] Zum staufischen Anspruch der ›Weltchronik‹ Rudolfs und zu dem eher an der merkantil-
städtischen Wiener Kommunikationsgemeinschaft ausgerichteten Deutungsangebot der ›Weltchronik‹ Jans Enikels vgl. HORST WENZEL: Höfische Geschichte. Literarische Tradition und
Gegenwartsdeutung in den volkssprachigen Chroniken des hohen und späten Mittelalters.
Bern/Frankfurt a.M./Las Vegas 1980 (Beitr. zur Älteren Dt. Lit.gesch. 5), S. 65-116.

[7] Vergleichbares begegnet bei der Überlieferung des ›Willehalm‹: das Werk Wolframs, der sich
mit seiner Bearbeitung des Stoffs bewußt gegen die Zyklenkonzeption der französischen
Chanson-Überlieferung entschied, wird fast ausnahmslos von Ulrichs von dem Türlin ›Willehalm‹ und Ulrichs von Türheim ›Rennewart‹ umrahmt – gegen die Autorintention Wolframs
bestimmt also der Zwang zur »Summe« die deutsche Überlieferung und schließt damit wieder
enger an die französische Zyklentradition an.

[8] Siehe dazu KURT GÄRTNER: Die Überlieferungsgeschichte von Bruder Philipps ›Marienleben‹.

nik-Kompilation als Grundbestand für die ›Neue Ee‹ angefügt und mit einer
Fülle weiteren Erzählguts – aus dem ›Passional‹, aus Gundackers von Juden-
burg ›Christi Hort‹, aus Heinrichs von Hesler ›Evangelium Nicodemi‹, Konrads von Heimesfurt ›Urstende‹, Heinrichs von Neustadt ›Gottes Zukunft‹
und anderem – aufgefüllt wurde: sämtlich Texte, die schon intentional, erst
recht aber in ihrem Gebrauch, geschichtliche – und das heißt: heilsgeschichtliche – Wahrheit vermitteln.

Ähnliches gilt für Ottes ›Eraclius‹, und die Einfügung von verschieden langen Passagen aus diesem Text in Heinrichs Chronik bezeichnet die Offenheit
des kompilatorischen Verfahrens einerseits wie die rezeptive Verfügbarkeit der
Kompilationselemente andererseits: Die meisten Handschriften von Heinrichs
Weltchronik enthalten nur rund 20 Verse aus Ottes Werk, der Gothaer Codex
Chart. A 3 hingegen, mit 100.000 Versen die umfangreichste Handschrift
überhaupt, den gesamten ›Eraclius‹ bis auf die Einleitung. Der ›Eraclius‹ ist
stets in Textgemeinschaften von graduell verschiedener Dichte der Zusammenfügung überliefert; er wurde nie unikal, sondern immer gemeinsam mit
historiographischen oder (pseudo-)historischen Texten tradiert. Neben dem
Gothaer Heinrich-von-München-Codex bringen nur noch zwei weitere Handschriften den ›Eraclius‹ nahezu vollständig: die Wiener ›Kaiserchronik‹-Hand-
schrift Cod. 2693, die ihn an betreffender Stelle – nach Kaiser Julianus –
einfügt, und der Münchener Cgm 57, der die »antike Heiligenlegende« nahtlos
an den Antikenroman ›Eneide‹ anschließt.

Charakteristisch für Heinrichs Kompilation sind die Inserate aus den (pseu-
do-)historischen Gattungen Antikenroman und Chanson de geste. Außer einigen über den Text verstreuten kürzeren Passagen steht am Beginn des 1. Makka-
bäer-Buches – dort, wo auch die Bibel Alexander erwähnt – ein großer (in den
Handschriften variierender) Erzählblock aus Ulrichs von Etzenbach ›Alexandreis‹: fast ein Drittel von Ulrichs Text. Im Austausch mit Ulrichs knapperer
Darstellung wurden in diesen inserierten Textabschnitt wiederum 460 Verse
aus dem Märe von ›Alexander und Anteloye‹ eingebaut.[9] Aus Konrads von
Würzburg ›Trojanerkrieg‹ stammen, ebenfalls in den einzelnen Handschriften
von unterschiedlicher Länge, größere Erzählblöcke, die, zum Teil mit Jans-
Enikel-Passagen verschränkt, in den historiographischen Basistext inseriert
wurden, der Rudolfs Version des Richterbuchs folgt: ca. 14.000 Verse beispielsweise in den Handschriften München Cgm 7377, Berlin mgf 1416 und
Wolfenbüttel Cod. 1.5.2.Aug. fol., nur etwa 200 Verse in München Cgm 7330.

---

Erscheint vorauss. Tübingen 1986; ders.: Die Reimvorlage der ›Neuen Ee‹. Zur Vorgeschichte
der neutestamentlichen deutschen Historienbibel. Vestigia Bibliae 4, 1982, S. 12–22.

[9] Eine kürzere Fassung wurde schon vor der Einbeziehung der ›Alexandreis‹ Ulrichs von Etzenbach in Heinrichs Kompilation in Ulrichs Text eingebaut. Der Text des Märe in der ›Alexandreis‹-Passage der Chronik ist umfangreicher. Vgl. dazu DAVID J. A. ROSS: ›Alexander und
Anteloye‹. In: ²VL 1 (1978), Sp. 210–212.

Der Stoffkreis französischer Reichsgeschichte ist mit dem ›Karl‹ des Strikkers und der ›Willehalm‹-Trilogie vertreten. Weitgehend unverändert hat der
Kompilator größere Abschnitte aus diesen Texten seiner Konzeption eingefügt. Auch hier wird die Verbindlichkeit der einzelnen, durch die Handschriften repräsentierten Fassungen offensichtlich durch den je aktuellen Gebrauch der Textzeugen bestimmt; der Umfang der inserierten Passagen kann
in den verschiedenen Manuskripten stark variieren. Aus Strickers ›Karl‹ wurden meist Erzählblöcke vom Anfang des Werks – zu Karls Ahnen und Taten –
eingebaut, so in Wolfenbüttel Cod. 1.5.2.Aug. fol., in Berlin mgf 1416 und in
München Cgm 7377; in die Gothaer Handschrift wurde der gesamte ›Karl‹
von Vers 447 bis zum Schluß aufgenommen.[10] Die gleichen Handschriften
enthalten auch Abschnitte aus dem ›Willehalm‹-Zyklus, sowohl aus Wolframs
Text als auch aus den Vor- und Nachgeschichten der beiden Ulriche.[11]

Bemerkenswert ist in diesem Zusammenhang, daß die Texte jener (pseudo-)historischen Gattungen, die in Heinrichs Weltchronik-Kompilation Eingang finden, auch sonst Überlieferungsgemeinschaften mit Chroniken bilden.
Das gilt für Philipps ›Marienleben‹,[12] aber auch für Antikenroman und
Chanson de geste; die Überlieferungssituation des ›Eraclius‹ wurde schon erwähnt. In manchen Mischhandschriften der ›Christherre‹-Chronik, die nicht
der Heinrich-von-München-Kompilation zuzurechnen sind, folgen – gegenüber der Kompilation in einer Art geringerer Verbindungsdichte – umfangreiche Abschnitte aus Konrads ›Trojanerkrieg‹ auf die Chronik, so etwa in
Wien Cod. 3060;[13] ähnliches geschieht in der Rudolf-Handschrift Wien Cod.
2690. Der St. Galler Cod. Vad. 302 und das Berliner Fragment mgf 623 stellen
zu Rudolfs Weltchronik den ›Karl‹ des Stricker. Die innige Verschmelzung
genuin historiographischer Werke mit (pseudo-)historischen Texten – Bi-

---

[10] Abdruck der ›Karl‹-Passagen nach Gotha Chart. A 3 und München Cgm 7377 bei FRIEDRICH
WILHELM: Die Geschichte der handschriftlichen Überlieferung von Strickers Karl dem Grossen. Amberg 1904, S. 236–261. Zum ›Karl‹ in Heinrichs Kompilation grundsätzlich s. FRANK
SHAW: Die Darstellung Karls des Großen in der ›Weltchronik‹ Heinrichs von München. In:
Zur deutschen Literatur und Sprache des 14. Jahrhunderts. Dubliner Colloquium 1981. Hrsg.
von WALTER HAUG/TIMOTHY JACKSON/JOHANNES JANOTA. Heidelberg 1983 (Reihe Siegen 45),
S. 173–207.

[11] Abdruck der Inserate aus Wolframs ›Willehalm‹ bei WERNER SCHRÖDER (Hrsg.): Die Exzerpte
aus Wolframs ›Willehalm‹ in der ›Weltchronik‹ Heinrichs von München. Berlin/New York
1981 (Texte u. Untersuchungen zur ›Willehalm‹-Rezeption 2). Vgl. auch WERNER SCHRÖDER:
Die Exzerpte aus Wolframs ›Willehalm‹ in sekundärer Überlieferung. Wiesbaden 1980 (Akad.
d. Wiss. u. Lit. Mainz, Abh. d. geistes- u. sozialwiss. Kl. Jg. 1980, Nr. 1). Zu Ulrichs ›Willehalm‹
in der Chronik s. BETTY C. BUSHEY: Neues Gesamtverzeichnis der Handschriften der ›Arabel‹
Ulrichs von dem Türlin. In: Wolfram-Studien VII. Hrsg. von WERNER SCHRÖDER. Berlin 1982,
S. 228–286.

[12] An Weltchronik-Mischredaktionen wird das ›Marienleben‹ zum Beispiel angefügt in München
Cgm 250, Cgm 279; Stuttgart HB XII 6; Augsburg, Oettingen-Wallerstein I. 3. fol. II.

[13] An die ›Christherre‹-Chronik werden die Konrad-Verse 325–1374 mit starken Beimischungen
aus Jans Enikels ›Weltchronik‹ angehängt. Im Wiener Cod. s. n. 2642 (316 Bll.) ist ein der
Fassung im Cod. 3060 ziemlich ähnlicher ›Trojanerkrieg‹-Passus auf den Bll. 171–232 in den
›Christherre‹-Text eingebaut.

belerzählung, Antikenroman, französische Reichshistorie – ist so bereits strukturell in der kontextualen Überlieferung dieser Gattungen angelegt. Man könnte behaupten, daß die auf Faszination an der Stoffsumme und einem spezifischen Wahrheitsanspruch der Gattungen beruhende Tendenz zur intensiveren Zusammenfügung in der Kompilation in den sammelhandschriftlichen Überlieferungsgemeinschaften dieser Stoffkreise schon vorgebildet ist, wenn auch kaum im Sinne einer historisch-genetischen Vorstufe, sondern als parallele Möglichkeit.

Etwas anders liegen die Dinge bei der dritten epischen Gattung, die ihren Stoff aus »Geschichte« im weitesten Sinne bezieht, der germanisch-deutschen Heldensage. Zwar berichtet die Chronik Heinrichs auch über Dietrich von Bern,[14] doch ist der entscheidende Unterschied zu Antikenroman und Chanson de geste der, daß hier in geringerem Maße Passagen aus Werken der betreffenden Gattung – ein Exzerpt aus ›Dietrichs Flucht‹ sowie ein ›Nibelungenlied‹-Resümee – in den Chroniktext eingebaut werden, sondern daß die Dietrichfigur über Einschübe aus historiographischen Werken, vor allem der ›Kaiserchronik‹ und der Sächsischen Weltchronik, in die Kompilation gerät.

Was überhaupt nicht in die Weltchronik des Heinrich von München aufgenommen wird, sind Passagen und Textblöcke aus der Gattung des höfischen Romans. An der einzigen Stelle, an der Artus erwähnt wird – im Zusammenhang mit den Kaisern Marc Aurel und Lucius –, ist es die *hochvart* des britischen Königs, die Lucius zum Kriegszug verführt, in dem er schließlich fällt. Die Passage enthält ziemlich verworrene Anklänge an Geoffrey of Monmouth – und es ist jedenfalls nicht der Artus des höfischen Romans, der hier in Heinrichs von München Chronik eine – doch eher beiläufige – Rolle spielt.[15] An zwei Stellen – nach der Schilderung des Kainsmords und bei Adams Töchtern – wurde der ›Parzival‹ Wolframs von Eschenbach als Kompilationsquelle benutzt: seinem Text wurden die Verse 463,23–465,10 über die Jungfräulichkeit der Erde und 518,1–26 mit einer Kräuterkunde entnommen. Doch sind dies nun keineswegs gattungstypische Stellen des höfischen Romans; eher bot wohl die Laiengelehrsamkeit des Autors Anlaß zur Aufnahme. Der höfische Roman aber – speziell der Artusroman – fand grundsätzlich keinen Eingang in die mit zahlreichen Fremdtexten operierende Großkompilation Heinrichs. Aus dem Umkreis epischer Großformen sind es vielmehr ausschließlich – ne-

---

[14] Siehe dazu den Beitrag von GISELA KORNRUMPF im vorliegenden Band, S. 88–109.

[15] Es ist jedoch anzunehmen, daß Heinrich bzw. der Kompilator sein Wissen über Artus aus höfischen Romanen hatte, am ehesten wohl aus dem »historiographischsten« der Gattung, Albrechts ›Jüngerem Titurel‹, wie auch die Genealogie des Gralsgeschlechts in der Wolfenbütteler Heinrich-von-München-Handschrift Cod. 1.16. Aug. fol. nahelegt. Produktiv für das kompilatorische Herbeiziehen von Textpassagen aus genuinen Artusromanen hat jedoch der Artus-Abschnitt in Heinrichs Chronik bezeichnenderweise nicht gewirkt – umfänglichere Inserate aus höfischen und Artusromanen bleiben ausgeschlossen. Vgl. zu diesem Zusammenhang GISELA KORNRUMPF: König Artus und das Gralsgeschlecht in der Weltchronik Heinrichs von München. In: Wolfram-Studien VIII. Hrsg. von WERNER SCHRÖDER. Berlin 1984, S. 178–198.

ben neutestamentlichen Bibeldichtungen, dem ›Schachzabelbuch‹ Heinrichs von Beringen, das vor allem gelehrte Anekdoten zur römischen Geschichte lieferte, und genuinen Chroniktexten wie ›Kaiserchronik‹ und Sächsische Weltchronik – die Gattungen Antikenroman und Chanson de geste (der mittelalterliche »Staatsroman« mit einem Terminus Hugo Kuhns[16]), die der Kompilator für seine Konzeption benutzte. Dem heilsgeschichtlichen Modell der Weltchronik – denn Weltgeschichte ist immer auch Heilsgeschichte, ohne Einbindung in das heilsgeschichtliche Konzept ist Geschichte undenkbar – wurden ausnahmslos historische Stoffe integriert: Textpassagen aus literarischen Gattungen, denen ein spezifisch geschichtlicher Wahrheitsanspruch immanent ist.

Bevor jedoch aus dieser Tatsache Schlüsse gezogen werden sollen, ist auf ein anderes, nichtliterarisches Darstellungsmedium einzugehen, in dem ähnliche Tendenzen der Zusammenfügung verschiedener Stoffbereiche zu beobachten sind.

## II

In zahlreichen Skulpturenprogrammen von Kirchen und Kathedralen finden sich – hauptsächlich an jenen Gebäudezonen, die der Öffentlichkeit zugänglich und mehr als andere den Blicken der Gläubigen und Pilger ausgesetzt waren (an Langhauswänden, auf Kapitellen, an Portalzonen) – Bilddarstellungen, die den gleichen literarischen Gattungen Antikenroman, Chanson de geste und – dezidierter als in der Chronik – germanisch-deutsches Heldenepos entnommen sind.

Neben dem Tristanstoff, der meist auf Teppichen und Fresken höfischer Innenräume oder auf Luxus-Gebrauchsgegenständen bildlich dargestellt wird,[17] ist der in der Bildkunst am weitesten verbreitete literarische Stoff der um Karl und Roland.[18] In Italien und besonders am Pilgerweg durch Frank-

---

[16] Hugo Kuhn: Tristan, Nibelungenlied, Artusstruktur. In: H. Kuhn: Liebe und Gesellschaft. Kleine Schriften Bd. 3. Hrsg. von Wolfgang Walliczek. Stuttgart 1980, S. 12–35, hier S. 30f. Vgl. zu diesem Deutungsansatz auch Marianne Ott-Meimberg: Kreuzzugsepos oder Staatsroman? Strukturen adeliger Heilsversicherung im deutschen ›Rolandslied‹. München 1980 (MTU 70), und dies.: Karl, Roland, Guillaume. In: Die epischen Stoffe des Mittelalters [Anm. 2], S. 81–110.

[17] Vgl. dazu Hella Frühmorgen-Voss: Tristan und Isolde in mittelalterlichen Bildzeugnissen. In: H. Frühmorgen-Voss: Text und Illustration im Mittelalter. Aufsätze zu den Wechselbeziehungen zwischen Literatur und bildender Kunst. Hrsg. und eingeleitet von Norbert H. Ott. München 1975 (MTU 50), S. 119–139; Norbert H. Ott: Katalog der Tristan-Bildzeugnisse. In: ebd. S. 140–171, mit Lit.; ders.: ›Tristan‹ auf Runkelstein und die übrigen zyklischen Darstellungen des Tristanstoffes. Textrezeption oder medieninterne Eigengesetzlichkeit der Bildprogramme? In: Walter Haug/Joachim Heinzle/Dietrich Huschenbett/ Norbert H. Ott: Runkelstein. Die Wandmalereien des Sommerhauses. Wiesbaden 1982, S. 194–239. – Allgemein zu mittelalterlichen Bildzeugnissen literarischer Stoffe s. Norbert H. Ott: Epische Stoffe in mittelalterlichen Bildzeugnissen. In: Die epischen Stoffe des Mittelalters [Anm. 2], S. 449–474.

[18] Siehe dazu Rita Lejeune/Jacques Stiennon: Die Rolandssage in der mittelalterlichen Kunst. 2 Bde. Brüssel 1966; Ott, Epische Stoffe [Anm. 17], S. 450–455.

reich nach Santiago de Compostela schmücken Szenen nach dem ›Pseudo-Turpin‹, der ›Chanson de Roland‹ und anderen Texten dieses Stoffs Fassaden und Kapitelle kirchlicher und öffentlicher Gebäude. Die früheste profanliterarische Bilddarstellung überhaupt – um 1100 entstandene Kapitelle in der Abteikirche von Sainte-Foy in Conques – zeigt kämpfende Ritter (Abb. 1) und

Abb. 1: Conques, Sainte-Foy, Kapitell (um 1100): Heidenkampf.

Hornbläser, die, noch als allgemeine Heidenkampf-Darstellungen konzipiert, im Zusammenhang mit dem umlaufenden literarischen Stoff durch ihren Gebrauch am Ort der Darstellung – Conques gehörte zur Priorei von Roncesvalles – mit Episoden aus Erzählungen um Karl und Roland identifiziert wurden. Etwa zwanzig Jahre später, kurz nach der Eroberung von Saragossa 1118, entstand an der Kathedrale Saint-Pierre in Angoulême ein Architrav, der ein Apostel-Tympanon stützt: Dargestellt sind drei ›Rolandslied‹-Szenen: der Kampf zwischen Turpin und dem Heiden Abîme; Roland, der Marsilies den Arm abschlägt (Abb. 2); die Ohnmacht des heidnischen Herrschers vor Saragossa. Der Verkündigung des Evangeliums im Tympanon wird programmatisch ein Appell zur Ausbreitung des Christenglaubens durch den Heiligen Krieg zugeordnet. Heidenkampfdarstellungen, Roland selbst als Heidenbezwinger und Hornbläser, der kriegerische Bischof Turpin gehören zu den gängigen Motiven der Karl-Roland-Ikonographie an Kirchen und Kathedralen. An der Fassade von San Giovanni in Borgo in Pavia wurden sie Mitte des

Abb. 2: Angoulême, Sainte-Pierre, Architrav (um 1120): Roland schlägt Marsilies den Arm ab.

12. Jahrhunderts dargestellt, desgleichen auf einem Portalkapitell an San Salvador in Fruniz in Spanien. Während das Paar Roland und Olivier, *fortitudo* und *sapientia* verkörpernd, das Portal des Doms von Verona (1139) bewacht, wird dem Fassadenprogramm von San Zeno in Verona Rolands Kampf mit Ferragut von Nájera in zwei Szenen – dem Kampf zu Pferd und zu Fuß – integriert. Der Kirchenfassade ist noch ein weiteres Zitat aus einem profanliterarischen Stoff eingefügt: rechts neben dem Eingang befindet sich unter drei Relieffriesen mit Szenen aus der Schöpfung und dem Alten Testament die Höllenjagd Dietrichs von Bern (Abb. 3); der Roland-Ferragut-Kampf ist links des Eingangs, unter einem Erlösungszyklus in ebenfalls drei Friesen, angebracht. Diese Kampfbegegnung zwischen Roland und dem Heiden ist als Konkretisierung allgemeiner Tugend- und Lasterkämpfe das populärste Motiv aus

Abb. 3: Verona, San Zeno, Basrelief der Fassade (um 1138): Dietrich jagt den Höllenhirsch (Ausschnitt).

der Rolandsikonographie: neben anderen Darstellungen sind beispielsweise die Kapitellskulpturen an der Chorwand der Catedral Vieja in Salamanca, um 1160–70, zu erwähnen, oder die etwa gleichzeitigen im Kreuzgang von Tarragona. Ein kurz nach der Mitte des 12. Jahrhunderts entstandenes Kapitell an der Fassade des Herzogspalasts in Estella – am Pilgerweg nach Santiago – zeigt die Szene, ebenso ein Kapitell in Saint-Julien in Brioude, um 1140, das sich in der Nachbarschaft einer Kapitellplastik des *Guillaume á cort nez* befindet. Szenen aus der Roncesvallesschlacht – der Hinterhalt in Roncesvalles; Roland, sein Schwert zerschlagend und das Horn blasend – wurden um 1148 dem Fassadenprogramm von Santa Maria della Strada in Matrice, Apulien, integriert. Ein einst umfangreicher Zyklus der Roncesvallesschlacht in vielen Einzelszenen lief in Randstreifen um das alttestamentliche Bildprogramm des 1179 datierten, beim Erdbeben 1858 nahezu zerstörten Fußbodenmosaiks der Kathedrale von Brindisi.

Dieser Katalog von Szenen aus dem Karl-Roland-Stoff in Kathedralen und Kirchen ließe sich noch um eine Fülle von Zeugnissen erweitern. Signifikant ist dabei, daß die Szenen aus dem Chanson-de-geste-Stoff mitunter mit solchen aus anderen (pseudo-)historischen Stoffen – Antikenroman und Dietrichsage – korrespondieren: die programmatische Kombination Rolands als des gerechten Bezwingers des Heiden Ferragut mit der Höllenjagd des die *superbia* sym-

bolisierenden Dietrich an der Portalfassade von San Zeno in Verona wurde
schon genannt. In der Hauptsache ist es Dietrichs Höllenritt, in die der germanisch-deutsche Heldensagenstoff in den Bildzeugnissen »gerinnt«. Dietrich
wird damit – ähnlich wie in den Passagen bei Heinrich von München, wo er
als *uebel man* und *chetzer* erscheint – im Zusammenhang kirchlicher Ikonographie stets negativ akzentuiert. Der Arianer Theoderich ist das Ziel kirchlicher Gegenpropaganda, sein Höllenritt wird zum Sinnbild gerechter Strafe
für seine *superbia*. Das älteste Bildzeugnis jedoch, das man mit diesem Stoff in
Verbindung gebracht hat, erweitert den Szenenkatalog: Auf dem Relieffries
der Westfassade der Klosterkirche St. Peter und Paul in Andlau im Elsaß (um
1130) wird die Höllenjagd eingereiht in Darstellungen der Befreiung Sintrams
aus dem Drachenmaul und des bei den Pferden wartenden Hildebrand, der
Rabenschlacht und der Kämpfe gegen Ecke.[19] Auch das Typanon-Relief am
Westportal von St. Peter in Straubing, Ende 12. Jahrhundert, scheint die Sin-
tram-Befreiung darzustellen,[20] desgleichen ein Chorpfeiler-Kapitell im Basler
Münster (Abb. 4) aus der Mitte des 12. Jahrhunderts, das mit einer Darstellung von Alexanders Himmelfahrt (Abb. 5) korrespondiert.

Von San Giovanni in Borgo stammen Fassadenreliefs aus dem 2. Viertel des
12. Jahrhunderts, die sich heute im Museo Civico in Pavia befinden und einen
hornblasenden Reiter, hinter dem ein Dämon fliegt – offensichtlich Fragment
einer Höllenjagd –, sowie einen Heidenkampf, möglicherweise den zwischen
Roland und Ferragut, zeigen. Trotz in letzter Zeit geäußerter Bedenken[21] ist
wohl auch das Fresko an der Außenwand der Schloßkapelle von Hocheppan
in Südtirol (um 1150–80) als Dietrichs Jagd nach dem Höllenhirsch zu deu-
ten.

Bildzeugnisse des Dietrichstoffs kommen, was hier erwähnt werden soll,
obgleich es um die Ikonographie in kirchlichem Gebrauchszusammenhang
geht, auch in höfischen Räumen vor. Dort fungiert der Recke wohl als positive
Figur, zumal die Dietrichszenen in andere, vorbildhafte Kämpfe-Kataloge
eingebaut werden: so auf den Ende des 14. Jahrhunderts entstandenen Wand-

---

[19] Dazu WOLFGANG STAMMLER: Theoderich der Große (Dietrich von Bern) und die Kunst. In: W.
STAMMLER: Wort und Bild. Studien zu den Wechselbeziehungen zwischen Schrifttum und
Bildkunst im Mittelalter. Berlin 1962, S. 45–70. – Gegenüber einem allzu vorschnellen Bezug
sehr allgemein gehaltener Kampfszenen und Drachenmotive auf den Dietrichstoff ist jedoch
Kritik angebracht. Erst der bildliche Kontext, die Reihung mehrerer auf Dietrich beziehbarer
Szenen und der Vergleich mit gesicherten Zeugnissen läßt eine Deutung als Bilddarstellung
eines bestimmten literarischen Stoffs wahrscheinlicher werden. Schon RUDOLF KAUTZSCH (in
Fs. O. Schmitt, 1950, S. 24ff.) lehnte die Deutung der Andlauer Skulpturen auf Dietrich ab. Zu
erwägen ist aber auch, daß – wie bei den Rolandsdarstellungen in Conques – zunächst noch
»abstrakte« Kampfszenen im Gebrauch durch ihr Publikum auf den umlaufenden literarischen
Stoff bezogen und »sekundär« – hier als Dietriche – gedeutet werden.
[20] So jedenfalls RAINER BUDDE: Deutsche romanische Skulptur 1050–1250. München 1979, S. 79,
Nr. 159.
[21] Siehe HANS SZKLENAR: Die Jagdszene in Hocheppan – ein Zeugnis der Dietrichsage? In:
Deutsche Heldenepik in Tirol. Beiträge der Neustifter Tagung 1977. Hrsg. von EGON KÜHE-
BACHER. Bozen 1979 (Schriftenreihe des Südtiroler Kulturinstitutes 7), S. 407–465.

Abb. 4: Basel, Münster, Kapitell (Mitte 12. Jh.): Dietrich befreit Sintram aus dem Drachenmaul.

gemälden von Schloß Lichtenberg[22] in Südtirol, die sich heute im Museum Ferdinandeum in Innsbruck befinden – hier wird Dietrichs Kampf mit Laurin dargestellt –, und am Anfang des Jahrhunderts auf dem Freskenzyklus im Wehrturm von Schloß Brandis in Marienfeld, Graubünden,[23] der Dietrichs Kämpfe mit Ecke bringt.

---

[22] Zu Lichtenberg s. JULIUS VON SCHLOSSER: Die Wandgemälde aus Schloß Lichtenberg in Tirol. Wien 1916; JOSEF WEINGARTNER: Die profane Wandmalerei Tirols im Mittelalter. Münchner Jb. der bildenden Kunst N. F. 5, 1928, S. 1-63; STAMMLERS [Anm. 19] Deutung S. 60 ist in manchem sicher zu gewagt.

[23] J. RUD. RAHN: Zwei weltliche Bilderfolgen aus dem 14. und 15. Jahrhundert. Mitt. der Schweiz. Ges. für Erhaltung der hist. Kunstdenkmäler N. F. 2, 1902, S. 1ff.

Abb. 5: Basel, Münster, Kapitell (Mitte 12. Jh.): Alexanders Himmelfahrt.

Doch können diese Bildzeugnisse in unserem Argumentationszusammen-hang beiseite bleiben. Im Kontext kirchlicher Bildprogramme ist Dietrich stets negativ akzentuiert; sein Höllenritt kennzeichnet ihn als Exempel der *super-bia*. Und – was für den Gebrauch dieses Stoffkreises noch signifikanter ist: die Bildzitate aus dem (pseudo-)historischen Heldensagenstoff werden in meh-reren Fällen zusammengefügt mit solchen aus dem als geschichtliche Wahrheit verstandenen Karl-Roland-Stoff und/oder einer Szene aus der dritten (pseu-do-)historischen Gattung, dem Antikenroman. Die – sicher gestört wieder zu-sammengesetzten – Plastiken am Pfarrhoftor der Remagener Pfarrkirche,[24]

---

[24] Zu Remagen s. ADOLPH GOLDSCHMIDT: Der Albanipsalter in Hildesheim und seine Beziehung

um 1200 entstanden, bringen im Rahmen anderer allegorischer Szenen einen
berittenen Hornbläser – wohl ein Fragment von Dietrichs Höllenjagd – und
Alexanders des Großen Himmelfahrt im Greifenwagen (Abb. 6). Bilddarstel-

Abb. 6: Remagen, Pfarrhoftor (um 1200): hornblasender Dietrich (Fragment einer Höllenjagd?),
      Alexanders Himmelfahrt.

lungen des *Alexander elevatus* sind schon aus byzantinischer Kunst – auf
Elfenbeinen, Textilien und Steinskulpturen – zahlreich überliefert.[25] Es ist sicher kaum möglich, für dieses Motiv, das aus dem gesamten Alexanderstoff
herausgelöst wird, bestimmte literarische Fassungen als Quellen auszumachen.
Die Szene, die vor allem in kirchlichen Bildprogrammen sicher als Sinnbild
der *superbia* verstanden wurde, und die auch in der in Heinrichs von Mün-

---

zu symbolischen Kirchenskulpturen des XII. Jahrhunderts. Berlin 1895, S. 81-87; G. SANO-
NER: Analyse des sculptures de Remagen. Revue de l'art chrétien 14, 1903, S. 445-458; RI-
CHARD HAMANN: Motivwanderung von West nach Osten. Wallraf-Richartz-Jb. 3/4, 1927/28,
S. 49-72, hier S. 49-59.

[25] Zu den Alexanderdarstellungen s. ROGER SHERMAN LOOMIS: Alexander the Great's Celestial
Journey. Burlington Magazine 32, 1918, S. 136-140. 177-185; WOLFGANG STAMMLER: Alexander d. Gr. In: Reallexikon zur Dt. Kunstgesch. (RDK) 1 (1937), Sp. 332-344; CHIARA SET-
TIS-FRUGONI: Historia Alexandri elevati per griphos ad aerem. Origine, iconografia e fortuna
di un tema. Roma 1973 (Studi Storici 80-82).

chen Chronik inserierten Passage aus Ulrichs ›Alexandreis‹ vorkommt, taucht
bald auch in der mittel- und westeuropäischen Kunst auf: Auf das Jahr 1100
ist ein Alexanderkapitell im Kreuzgang von Saint-Pierre in Moissac zu datieren; nach einem chronistischen Zeugnis enthielt auch der Fußboden der Kirche die Szene. Beliebt war das Motiv in den Mosaikfußböden Apuliens in der
Mitte des 12. Jahrhunderts: in die ziemlich verwirrenden und vielschichtigen
Bildprogramme der Kirchenböden von Otranto,[26] Trani und Tarent wurde
Alexanders Himmelfahrt eingefügt. Auf einem Kapitell in Sainte-Foy in Conques, um 1100, stellt sie sich zu den erwähnten Karl-Roland-Szenen, ebenso in
Santa Maria della Strada in Matrice - dort auf einem Tympanon - und an der
Hauptfassade von Borgo San Donnino in Fidenza. In Deutschland läßt sie
sich seit der Mitte des 12. Jahrhunderts nachweisen: Basel und Remagen - wo
sie mit Dietrich zusammensteht - wurden schon erwähnt. Eine Portalplastik,
heute zerstört, an der Klosterkirche von Petershausen bei Konstanz, um 1180,
enthielt den himmelfahrenden Alexander; auf einem Kämpfer am Eingang der
Nikolauskapelle des Freiburger Münsters, um 1200, ist die Szene dargestellt.

## III

So, wie in das heilsgeschichtliche Modell der Weltchronik umfangreiche Inserate aus den geschichtsepischen Gattungen Antikenroman und Chanson de
geste integriert werden und selbst der (pseudo-)historische Heldensagenstoff -
wenn auch mit geringerem Stellenwert - über die Figur Dietrichs Eingang
findet, so werden - strukturell durchaus vergleichbar - ikonographische Zitate
aus den gleichen Stoffbereichen oder literarischen Gattungen in den heilsgeschichtlichen Vollzugsraum von Kirche und Kathedrale und in deren bibel-
und heilsgeschichtliche Bildprogramme eingefügt. Was aber sowohl in der
Chronistik - bis auf die eher beiläufige Erwähnung der Artusfigur - als auch
in der kirchlichen Ikonographie fehlt, ist die Gattung des höfischen Romans.
Wenn die Artusfigur im Kontext kirchlicher Ikonographie vorkommt, so nicht
als Artus der höfischen Epik, sondern eher als eine mythische Figur der
Vorzeit. Am Dom zu Modena[27] - auf der Archivolte der Porta della Pescheria,
um 1120/30 - streitet ein durch eine Inschrift als *Artus de Bretania* gekenn-
zeichneter Held mit *Burmaldus* und *Carrado*, um die gefangene *Winlogee* -
wohl Ginover - zu befreien. Die Artusszene im Mosaikfußboden von Otranto,
der auch Alexanders Himmelfahrt enthält, zeigt Artus, der, auf einem gehörn-
ten Tier reitend, gegen das Katzenungeheuer Capalu kämpft - wohl die
Übertragung einer kymrisch-bretonischen Sage vom Katzenkampf auf Artus.

---

[26] Zur Vielschichtigkeit dieses Programms s. WALTER HAUG: Das Mosaik von Otranto. Darstellung, Deutung und Bilddokumentation. Wiesbaden 1977.
[27] ROGER SHERMAN LOOMIS: The Modena Sculpture and the Arthurian Romance. Studi Medievali
N. S. 9, 1936, S. 1-17; JACQUES STIENNON/RITA LEJEUNE: La légende arthurienne dans la sculpture de la cathédrale de Modène. CCM 6, 1963, S. 281-296.

Und auch die beiden einzigen dem höfischen Roman entnommenen Szenen innerhalb der Kathedralikonographie – mit Ausnahme der Misericordien englischer Kirchen, auf die hier nicht näher eingegangen werden soll –: Gawan auf dem Wunderbett und Lancelot auf der Schwertbrücke auf zwei Kapitellen in Chartres,[28] 2. Hälfte des 14. Jahrhunderts, sind wohl eher die Ausnahme, die die Regel bestätigt. Sie fungieren zudem im Gesamtprogramm der übrigen Kapitelle als *exempla* der Weiberlist und Warnung vor dem *amor carnalis* – in ähnlicher Kombination wie auf englischen Misericordien und – hier jedoch durch den anderen Gebrauchszusammenhang nicht negativ akzentuiert – auf Minnekästchen.

Die kirchliche Ikonographie jedoch läßt den höfischen Artusstoff beiseite. Eingefügt in die biblisch-heilsgeschichtlichen Bildprogramme der Kirchen werden hingegen Zitate aus den drei (pseudo-)historischen Stoffbereichen: französische Reichshistorie, Antikenroman und germanisch-deutsche Heldensage – in der gleichen Weise, in der Textpassagen aus eben diesen Gattungen (mit einer Einschränkung bei der Heldensage) in den chronikalischen Basistext Heinrichs von München inseriert werden. Dieses strukturell vergleichbare Vorgehen – Kompilation aus Chronikberichten und Romanen pseudohistorischer Gattungen in der Historiographie, Einfügung von Zitaten aus den gleichen literarischen Gattungen in der Kathedralikonographie, jeweils unter Weglassung des höfischen Romans – legt den Schluß auf ein Bewußtsein des Publikums vom Wahrheitsanspruch der drei genannten Stoffbereiche und von der Fiktionalität des höfischen Romans nahe. Antikenroman und Chanson de geste tradieren geschichtliche Wahrheit – letztere Gattung wird schließlich deutlich genug politisch-ideologisch genutzt. Auch die germanische Heldensage ist wohl, wenn auch mit Einschränkungen, eher als historischer Stoff verstanden worden. Dies alles macht die Verschmelzung vor allem des antiken und des französischen Geschichtsstoffs mit der authentischen (Heils-)Geschichte der Chronistik möglich, ja es weist diesen epischen Gattungen den gleichen Anspruch auf historische Wahrheit zu. Und es prädestiniert zugleich diese Stoffe, exemplarisch in biblische und heilsgeschichtliche Bildprogramme kirchlicher Architektur eingebaut, ja überhaupt in den heilsgeschichtlichen Vollzugsraum der Kirche integriert zu werden. Der höfische Roman hingegen wurde doch wohl eher als fiktionaler Stoff begriffen: es ist bezeichnend genug, daß sein Auftreten in der deutschen Literatur chronologisch umklammert wird von zwei Epochen, in denen das Publikum sein Interesse und seine mit Literatur verbundenen Identifikationsabsichten hauptsächlich an historischen Stoffen befriedigte, und in denen auch die Chronistik eine wichtige Rolle spielte: Auf ›Annolied‹ und ›Kaiserchronik‹, auf den ›Alexander‹ des Pfaffen Lamprecht und das ›Rolandslied‹ des Pfaffen Konrad folgt die geschichtslose Ge-

---

[28] ROGER SHERMAN LOOMIS/LAURA HIBBARD LOOMIS: Arthurian Legends in Medieval Art. London/New York 1938 (The Modern Language Association of America. Monograph Series 9), S. 71 u. 72. – Zu den Artus-Darstellungen s. auch OTT, Epische Stoffe [Anm. 17], S. 464f.

sellschaftsutopie des höfischen Romans, die dann wieder von einer Tendenz zur Historisierung der Literatur überschichtet wird: die Stoffe um Troja und Alexander, um Karl und Roland werden wieder neu bearbeitet, Chroniken werden in allen Formen und Gebrauchsumkreisen weiter tradiert und neu geschaffen.

## IV

Anders ist die Situation in England und Frankreich. Während die Chronistik in Deutschland lediglich mit neutestamentlicher Bibeldichtung – Philipps ›Marienleben‹ vor allem –, mit Antikenroman – dem ›Trojanerkrieg‹ Konrads etwa – und mit dem »Staatsroman« – Strickers ›Karl‹ – gemeinsam überliefert wird und bei Heinrichs von München Kompilation – als Gipfelpunkt dieser Tendenz – Exzerpte aus diesen und anderen (pseudo-)historischen Texten in den Chroniktext inseriert werden, der Artusstoff aber als offensichtlich zu fiktional beiseite bleibt, scheint der Artusroman in Frankreich eher zwischen »historischer« Wahrheit und Fiktionalität zu oszillieren. Seine Überlieferungssituation jedenfalls legt diesen Schluß nahe: der ›Brut‹ des Wace wird gemeinsam mit Chroniken tradiert, so im ms.fr. 794 der Bibliothèque Nationale; andererseits werden zuweilen Chrétiens Romane in den ›Brut‹ inseriert, so im ms.fr. 1450. Die Pariser Handschrift ms.fr. 12603 vom Anfang des 14. Jahrhunderts enthält den Antikenroman ›Eneas‹, Höfisches wie den ›Yvain‹, Chansons de geste wie die ›Enfances Ogier‹ und den ›Fierabras‹ – und den ›Brut‹ als Geschichtswerk.[29] Dahinter mag der gleiche Zwang zur Summe historischer Wahrheiten stehen – hier aber auch unter Einschluß des Artusromans –, der die deutschen Chronik-Sammelhandschriften und schließlich Heinrichs von München Kompilation initiierte – dort aber ohne die Gattung des höfischen Romans.

Dennoch besitzt Artus für das französische Geschichtsbewußtsein nicht den gleichen Stellenwert, den er in England hat. Der Angelpunkt der nationalen französischen Geschichte, wie die Chronistik sie tradiert, ist Karl der Große – vergleichbar der Situation in Deutschland. In England hingegen wird Artus als historische Figur begriffen: die ›Historia regum Britanniae‹ des Geoffrey of Monmouth macht den sagenhaften König zur zentralen Identifikationsfigur und markiert damit den entscheidenden Unterschied zwischen dem Geschichtsbewußtsein in England einerseits und in Deutschland und Frankreich andererseits. Sie verweist damit auch auf die unterschiedliche Verwendbarkeit epischer Stoffe und Figuren für die Herausbildung eines nationalen Geschichts-

---

[29] Gegen Ende des 12. Jahrhunderts schied Jean Bodel die Gattungen noch streng voneinander:
*Li conte de Bretaigne s'il sont vain et plaisant,*
*Et cil de Romme sage et de sens aprendant.*
*Cil de France sont voir chascun jour aparant.*
›Chanson de Saisnes‹ Vv. 9–11.

bildes. Nicht von ungefähr griff das Haus Plantagenet nach diesem Angebot zur Anbindung der eigenen Geschichte an die britische Vorzeit, und unterstrich dies deutlich mit der Veranlassung der volkssprachlichen Fassung durch Wace. Artus spielt für das Publikum des Wace oder von Layamons ›Brut‹ eine ähnliche Rolle wie Karl in Deutschland und auf dem französischen Festland; er wird in der historiographischen Literatur der Briten und Anglo-Normannen zur zentralen Identifikationsfigur für ihr Geschichtsbewußtsein.

In Deutschland dagegen bleiben Artusstoff und Geschichte voneinander getrennt. Nur die (pseudo)historischen Gattungen Antikenroman und Staatsroman werden zusammen mit genuinen Geschichtswerken tradiert; nur Textpassagen dieser epischen Gattungen sind historiographischen Texten direkt integriert; nur Zitate dieser Stoffbereiche – und des Dietrichstoffs – fügen sich in die (heils-)geschichtlichen Programme kirchlicher Ikonographie ein. Der Artusroman aber wird offensichtlich als fiktionaler Stoff begriffen, dem historische Wahrheit nicht eignet – im Unterschied zu Antikenroman, Chanson de geste und – mit Einschränkungen – germanisch-deutschem Heldenepos.

# Geschichte, Geschichtsbewußtsein und Textgestalt

Das Beispiel ›Herzog Ernst‹

von

JOHN L. FLOOD (LONDON)

> Die deutsche Geschichte ist die mannigfaltigste unter den Nationalgeschichten der Völker dieser Erde, eine unerhört komplexe Erscheinung, die dem Nichtdeutschen das Verständnis überaus schwer macht.

Dieses Wort von ROBERT HOLTZMANN[1] mag vielleicht schon seine Berechtigung haben, aber die Komplexität dieser Erscheinung wird noch größer, wenn – wie das in der Literatur geschieht – die Geschichte mit der Fiktion verquickt wird. Paradebeispiel dafür ist der ›Herzog Ernst‹, der Text oder vielmehr der Textkomplex, der Gegenstand dieser Ausführungen sein soll.

Das Verhältnis von Sage und Reichsgeschichte im ›Herzog Ernst‹ ist schon oft erörtert worden – zuletzt von WILHELM STÖRMER,[2] der einen durchaus diskutablen Versuch gemacht hat, die Frage zu beantworten, wieso der historische Herzog Ernst, ein schwäbischer Herzog (1015–1030), nicht nur ins 10. Jahrhundert sondern auch in ein anderes Herzogtum, das bayerische, versetzt wird. Er weist nämlich darauf hin, daß sich eine Reihe von bayerischen Nordgau-Geschlechtern des 12. Jahrhunderts, unter anderen die Grafen von Hohenburg, von den babenbergischen Schwabenherzögen ableiteten. Bei den Hohenburgern wurde der Name Ernst besonders gepflegt: Ernst II., Graf von Hohenburg von etwa 1123–62, hatte gar – genau so wie der Herzog Ernst im Epos – Eltern namens Ernst und Adelheid (s. STÖRMER, S. 559). Die Kastler Reimchronik des 14. Jahrhunderts, die von dieser Familientradition abhängig sein dürfte, bringt sogar den Stammvater Herzog Ernst *in der Paier Lant* mit dem Hofe eines Kaisers Otto in Verbindung, allerdings mit dem Ottos II., immerhin aber mit einem Kaiser des 10. Jahrhunderts (s. STÖRMER, S. 559 u. Anm. 22).

Hier geht es mir aber nicht um dieses Kernproblem der ›Herzog Ernst‹-Dichtung. Unser Augenmerk richtet sich vielmehr auf einen anderen Aspekt der Darstellung der Reichsgeschichte: nämlich auf die Darstellung von Otto dem Großen und seinen Taten vor dem Beginn der eigentlichen Ernst-Handlung in einigen Fassungen des Werkes.[3] Ziel der Untersuchung ist es, festzu-

---

[1] ROBERT HOLTZMANN: Kaiser Otto der Große. Berlin 1936, S. 122.
[2] WILHELM STÖRMER: »Spielmannsdichtung« und Geschichte. Die Beispiele ›Herzog Ernst‹ und ›König Rother‹. Zeitschrift für Bayerische Landesgeschichte 43, 1980, S. 551–574.
[3] Untersucht werden folgende Fassungen: B, E, C, Erf, F und die von letzterer abhängige »Volksbuchfassung«. Die Fassungen A und Kl, beide nur fragmentarisch erhalten, sowie D und G

stellen, wie sich die jeweiligen Bearbeiter bei der Behandlung des historischen Stoffes verhalten haben.

Gegenstand der Untersuchung ist die Stelle, wo Otto eingeführt und über seine Kämpfe mit den Nachbarstämmen, über die Kirchenstiftung und Gründung des Erzbistums in Magdeburg, sowie über den Tod seiner ersten Frau und die Eheschließung mit der verwitweten Adelheid berichtet wird. Die Stelle dient dazu, den wunderliche Abenteuer erlebenden Herzog Ernst in der realen Welt zu verankern.

In Fassung B, der mhd. Versdichtung des beginnenden 13. Jahrhunderts,[4] scheint die Wiedergabe der historischen Fakten – die betreffenden Ereignisse lagen immerhin damals schon gut zweihundert Jahre zurück – recht oberflächlich zu sein. Da die Darstellung nur in groben Zügen erfolgt, ist es nicht verwunderlich, wenn sie größtenteils den geschichtlichen Gegebenheiten entspricht. Es dürfte jedoch übertrieben sein, wenn es heißt, Otto habe die Friesen *betwungen* (B 182), denn, wie SOWINSKI vermerkt,[5] hat Otto in Wirklichkeit lediglich die Reichs- und Kirchenordnung in Nordalbingien gefestigt. Der Eindruck der Oberflächlichkeit wird durch das Fehlen einer genauen Zeitangabe erhärtet: über *dô* (B 175 und öfter) und *in den stunden* (B 176) kommt der Dichter nicht hinaus. Dennoch überraschen zwei Einzelheiten, die vielleicht zeigen, daß der Dichter doch mehr weiß, als er sonst verrät. Er sagt nämlich, Otto habe die englische Prinzessin Ottegebe[6] *in sîner kintheit* (B 234) geheiratet – er war in der Tat erst 17 Jahre alt, als er sie 929 heimführte –, und obwohl die alliterierende Formel *er gap dar liute und lant* (B 212) uns zunächst verleitet, dem Vers kein großes Gewicht beizumessen, hat es sicher seine Richtigkeit, wenn SOWINSKI ihn so übersetzt: »Der Kaiser unterstellte dem Erzbistum die Bewohner und das Land« (S. 15), denn tatsächlich hatte Otto am 9. Juli 965 die Stadt Magdeburg in die Herrschaft des

---

bringen keinen entsprechenden Bericht und interessieren deshalb in diesem Zusammenhang nicht. Der Text von B und F wird nach: Herzog Ernst. Hrsg. von KARL BARTSCH. Wien 1869 (Nachdruck: Hildesheim 1969), zitiert. E findet sich bei E. MARTENE/U. DURAND: Thesaurus novus anecdotorum. Paris 1717 (Nachdruck: Farnborough 1968), Bd. 1, Sp. 307–376 (›Ernestus seu Carmen de varia Ernesti Bavariae Ducis fortuna, auctore Odone‹). C wurde herausgegeben von MORIZ HAUPT: ZfdA 7, 1849, S. 193–303. Für die Erfurter Fassung Erf habe ich benutzt: PAUL LEHMANN: Gesta Ernesti Ducis. Abhandlungen der Bayerischen Akademie der Wissenschaften, phil.-philolog. u. hist. Kl., Bd. 32, 5. Abh., München 1927; hierzu s. EDWARD SCHRÖDERS Besprechung in: AfdA 46, 1927, S. 107–112. Zu der von F abhängigen eigentlichen »Volksbuchfassung« siehe unten.

[4] Zur genaueren Datierung s. VL²III, Sp. 1180f.

[5] BERNHARD SOWINSKI (Hrsg.): Herzog Ernst. Stuttgart 1970 (Reclams UB 8352–57), S. 365.

[6] Die Namensform Otigeba begegnet schon vor 1060 bei Ekkehard IV.: Casus S. Galli, c. 10 (MGH Scriptores II, Hannover 1829, S. 121, Z. 10). Eadgitha, Edith, war eine Tochter König Edwards d. Ä. (gest. 925), Schwester König Aethelstans und Enkelin Alfreds des Großen. Ihr hatte Otto die Stadt Magdeburg 929 als Morgengabe überwiesen. Sie starb am 26. Januar 946 und wurde drei Tage später in der Magdeburger Moritzkirche beigesetzt. Daß durch sie Wunder gewirkt wurden, wird nur in der Fassung B (250ff.) erwähnt, aber auch bei Rudolf von Ems (›Der guote Gerhart‹. Hrsg. von JOHN A. ASHER. Tübingen 1962 [ATB 56], V. 131ff.) gilt sie als Heilige.

Moritzstifts gegeben, indem er diesem den Königsbann in Magdeburg über-
trug, wodurch das weltliche Regiment des künftigen Erzbischofs über Magdeburg begründet wurde.[7] Von hier aus gesehen mutet es um so wahrscheinlicher an, daß etwa die Erwähnung der Ausstattung des Moritzklosters mit
reichen Stiftungen (B 213f.) nicht auf dichterischer Spekulation beruht, sondern einen echten historischen Bezug hat: Ottos Großzügigkeit dem Moritz-
kloster gegenüber ist reichlich bezeugt.[8] Überhaupt dürfte es in Wirklichkeit
verfehlt sein, den Dichter der B-Fassung der Oberflächlichkeit zu bezichtigen:
was ihm an historischer Tradition zur Verfügung stand, scheint er geschickt
benutzt zu haben.

Wir wenden uns jetzt den drei lateinischen Fassungen des ›Herzog Ernst‹
zu. Gerade von Odos von Magdeburg ›Ernestus seu Carmen de varia Ernesti
Bavariae Ducis fortuna‹ (Fassung E) hätte man eine breite Ausmalung der
Beziehungen Ottos zur Elbestadt erwartet. In Wirklichkeit aber findet sich
hier nichts dergleichen. Wie in B, fehlt auch hier eine genaue Zeitangabe:
*Temporis illius Caesar mitissimus Otto . . .* (E 311[D]). Die Kirchengründung
(E 312[A]) und die Errichtung des Erzbistums (E 312[E]) finden Erwähnung, und
obwohl der Name des hl. Mauritius selbst nicht vorkommt, erwähnt Odo die
Thebäerlegion, die mit Mauritius bei Agaunum den Märtyrertod erlitt (E 312[E]).
Dann ist von dem Tode der Königin Egiva (E 313[A], Name E 313[B]) die Rede
sowie davon, wie Otto sich nach einem Jahre mit dem Gedanken trug, abermals zu heiraten. Nach Beratung mit den *regni majoribus principibusque viris
ex omni gente* (E 313[B]) wirbt er um die fromme Witwe Adelheid (E 311[C]).[9]

Die wohl in der zweiten Hälfte des 13. Jahrhunderts entstandene lateinische
Prosafassung C berichtet im großen und ganzen das Gleiche wie das mhd.
Gedicht B. Auch hier fehlt eine genaue Zeitangabe: vom Herzog Ernst heißt
es, er habe *antiquis in temporibus* geherrscht, und eben *illo in tempore*
(C 194,12) habe auch Kaiser Otto gelebt. Dieser wird als Slawen- und Friesen-
bezwinger vorgestellt und als frommer Liebhaber des Friedens und der menschlichen und göttlichen Gerechtigkeit gerühmt. Der Gründung einer herrlichen

---

[7] MGH Diplomata regum et imperatorum Germaniae I. Hannover 1879–84, Urkunde Nr. 300,
S. 415f. Dazu s. Robert Holtzmann: Otto der Große und Magdeburg. In: Magdeburg in der
Politik der deutschen Kaiser. Hrsg. von der Stadt Magdeburg. Heidelberg und Berlin 1936,
S. 69.

[8] Z. B. MGH Diplomata regum et imperatorum Germaniae I, S. 101–105, 123f., 127–31, 144f.,
153f., 158f., 411–22, u. ö. Auf die zentrale Bedeutung des Moritzstiftes und des Magdeburger
Reliquienkultes im politischen Denken Ottos, die auch im ›Herzog Ernst‹ durchschimmert,
kann – aus Platzgründen – hier nicht eingegangen werden; dafür einige Literaturhinweise:
Robert Holtzmann: Otto der Große und Magdeburg [Anm. 7]; Joseph Bernhart: Bischof
Udalrich von Augsburg. In: Augusta 955–1955. Forschungen und Studien zur Kultur- und
Wirtschaftsgeschichte Augsburgs. Augsburg 1955, S. 19–52; H. F. Schmid: Otto I. und der
Osten. In: Festschrift zur Jahrtausendfeier der Kaiserkrönung Ottos des Großen. Mitteilungen
des Instituts für österreichische Geschichtsforschung, Erg.-Bd. 20, 1, 1962, S. 70–106. Die
Arbeit von J. Friedländer: Die Bedeutung des Magdeburger Reliquienkultes für die Ge-
schichte Ottos I. Sachsen und Anhalt 8, 1932, war mir nicht zugänglich.

[9] In Wirklichkeit fand die Hochzeit erst 951, fünf Jahre nach dem Tode der Eadgitha, statt.

Kirche in Magdeburg zu Ehren des hl. Moritz und der Thebäer, und deren Ausstattung mit Renten, Gütern und allem Notwendigen wird gedacht (C 194,16–22), und schließlich werden auch noch Ottos Eheschließung mit der tugendhaften Ottogeba *de superbo illustrium Anglicorum regum stemmate* (C 194,26) und deren Ableben und Beisetzung in der von Otto gegründeten Kirche erwähnt.

Der Bericht der von PAUL LEHMANN entdeckten Erfurter Fassung (Erf) ist schon etwas ausführlicher. Zwar fehlt auch hier eine genaue Zeitangabe, aber wir erfahren wenigstens, daß Otto an 81. Stelle nach Augustus geherrscht habe (Erf 10,3f.).[10] Die Völker, die er überwunden hat, werden aufgezählt: *Ungaros, Sclavos, Bohemos … multis preliis edomuit, Burgundiones et Langobardos … in suam potestatem accepit, Grecos in Calabria et Apulia superavit.*[11] (Wie LEHMANN vermerkt, wurde diese Stelle bereits von Dietrich Engelhus [gest. 1434] abgeschrieben; sie wird in dessen Weltchronik zitiert.[12]) Mit dieser Stelle wären die Annales Palidenses zu vergleichen: *Ipso tempore* [952] *habitantes Calabriam, Tusciam, Apuliam, Langobardiam cornua rebellionis in regnum contumaciter erexerunt, quibus in virga ferrea subactis Langobardi, quot annis rex Otto vixit, ad ducentas libras auri purissimi descripti sunt* (MGH Scriptores XVI, S. 63). Andere Chroniken berichten weniger ausführlich.[13]

Der Erfurter Text erzählt sodann von der Gründung Magdeburgs durch Otto – das entspricht den Tatsachen nicht, es wird ihm aber auch bei Widukind von Korvey und Adam von Bremen nachgerühmt[14] –, dann vom Bau des Erzstifts St. Moritz, wozu aus Übersee Marmor herbeigeschafft werden mußte. Der Marmor wird sonst nur bei Odo von Magdeburg (E 312[A]) erwähnt. Zum Schluß wird noch der Heirat mit der Engländerin *quam Edhildam, alii Odogeven nominant* (Erf 10,12) gedacht, die nach elf Jahren starb und ebendort in Magdeburg beigesetzt wurde. Auffallend sind hier die wörtlichen und inhaltlichen Berührungen mit Widukind:

---

[10] Das deckt sich mit Frutolf von Bamberg (s. MGH Scriptores VI, S. 184); vgl. Jakob Twinger von Königshoven (s. Die Chroniken der deutschen Städte vom 14. bis ins 16. Jahrhundert, Bd. 8, Leipzig 1870, S. 422). In der ›Cronica vō allen kaysern vñ künigen‹. Augsburg: J. Bämler 12. (18., 25.) Oktober 1476 (Exemplar der British Library, London: IB 5668) dagegen gilt Otto I. als *der lxxxiiii kayser*, und das obwohl die ›Cronica‹ weitgehend auf Twinger zurückgeht.

[11] Über Ottos Italienpolitik s. E. DUPRÈ-THESEIDER: Otto I. und Italien. MIÖG [Anm. 8] Erg.-Bd. 20, 1, 1962, 53–69.

[12] LEHMANN [Anm. 3] S. 6f.; s. Scriptorum Brunsvicensis illustrantium tomus II, cur. G. G. LEIBNITIO. Hannover 1710, S. 1074f.

[13] Z. B.: *diser Otto betwang welsche lant und Lamparten* (Fritsche Closeners Chronik 1362 in: Die Chroniken der oberrhein. Städte: Straßburg, Bd. 1 [Anm. 10], S. 35); *do für er dohin und betwang Italiam und Lamparten und brohte es wider an das rych* (Twinger von Königshoven, ebda, S. 419); desgleichen in der ›Cronica vō allen kaysern vñ künigen‹, 1476 [Anm. 10], Bl. 48: … *vnd bezwang ytaliam vnd lamparten* … Zu den Annales Palidenses s. auch unten und Anm. 15.

[14] Widukind, Res gestae Saxonicae, III, c. 76 (MGH Scriptores III, S. 466f.): *in civitatem, quam ipse magnifice construxit, vocabulo Magathaburg.* Adam von Bremen, Gesta Hammaburg. eccl. pontif., II, c. 15(MGH Scriptores rer. germ. in usum schol. II, S. 71): *magnus Otto … inclytam urbem Magedburg super ripas Albiae fluminis condidit.*

*Rerum summam adeptus uxorem de gente Anglorum duxit ... Que anno XI, ex quo regni consorcia tenuit, obiit in Christo, non minus sanctitate quam regali potencia clara, sepulta in urbe eadem* etc. (Erf 10,11–14)

*Haec nata ex gente Anglorum, non minus sancta religione quam regali potentia pollentium stirpe claruit. Decem annorum regni consortia tenuit, undecimo obiit ... Sepulta est autem in civitatem Magathaburg in basilica nova latere aquilonali ad orientem.* (Widukind: Res gestae Saxonicae, II, c. 41; MGH Scriptores III, S. 449)[15]

Für unsere Fragestellung ist der Vergleich der beiden lateinischen Prosaberichte C und Erf mit der deutschen Fassung F von großem Interesse. Bei der deutschen Prosa F handelt es sich in der Hauptsache um eine ziemlich genaue Übersetzung von C, aber gerade an der uns hier interessierenden Stelle weicht F in vielen Einzelheiten von C ab. Wie HANS SZKLENAR und HANS-JOACHIM BEHR, die Verfasser des ›Herzog Ernst‹-Artikels im neuen Verfasserlexikon, sagen, »neigt der F-Bearbeiter dazu, kurze Erwähnungen historischer Personen oder Ereignisse zu chronikhaften Exkursen auszuweiten« (Sp. 1183). In dem einschlägigen Passus lassen sich, soweit ich sehe, mindestens drei, vielleicht vier Textschichten unterscheiden:

1. das, was aus der Vorlage C stammt: hauptsächlich die Angaben über die Magdeburger Kirchengründung und über die Ehe mit Ottogeba;

2. Einzelheiten, die auf eine Kenntnis der Erfurter oder einer ihr nahe verwandten Fassung hinzuweisen scheinen – nämlich die Feststellung, daß Otto *der ainundachzigst von Augusto* sei sowie die Völker- und Ländernamen *Ungern, Windisch* (= Sclavos) *Behaim, Calabri, Pullen und Burgundiam* (F 231,18–20). Auf eine mögliche Berührung mit den Annales Palidenses wurde ebenfalls schon hingewiesen.

3. vor allem die lange Stelle F 230,28 – ca. 231,17, auch F 231,29–30, die weder in C noch in der Erfurter Fassung eine Entsprechung haben. Einiges davon, nämlich der Hinweis auf die Wahl (F 230,28) und auf die 38-jährige Regierungszeit (F 231,17), dürfte aus Frutolf von Bamberg stammen. Vgl.: *Otto Magnus, Heinrici filius, 81° loco ab Augusto, eligitur in regnum ab omni populo Saxonum et Francorum, regnavitque annis 38. Electus est autem apud Aquasgrani ubi et mox unctus est in regem a summo pontifice Mogontinae sedis nomine Hiltiberto ...* (Frutolf von Bamberg, MGH Scriptores, VI, S. 184, – hier allerdings Ekkehard von Aura zugeschrieben; neue Ausgabe von FRANZ-JOSEPH SCHMALE und IRENE SCHMALE-OTT, Darmstadt 1972). Frutolf setzt die Wahl ins Jahr 937; in Wirklichkeit fand sie am 7. August 936 statt.

---

[15] Wörtliche Anklänge finden sich ebenfalls in den Annales Palidenses: *Otto rex vir erat strenuus, fidelis et humilis atque in exigenda iusticia severus: ad cuius mensam cotidie 30 libre argenti pertinebant; quibus sex ademtis ecclesiam Magdeburgensem, que et Parthenopolis dicitur, fundavit, aliasque quam plures. Iste duxit Anglice gentis regiam uxorem nomine Edith, castissimam et magni apud Deum meriti, ut in quibusdam rebus claruit.* (MGH Scriptores XVI, S. 62).

4. Möglicherweise aus anderer Quelle stammt F 231,22, wo gesagt wird, Otto habe wegen seiner Liebe zur Gerechtigkeit auch *des lands vater* geheißen. Eventuell liegt hier eine Erinnerung an Widukinds Sachsenchronik vor, nach der (III, c. 49 = MGH Scriptores III, S. 459) Otto nach der Schlacht auf dem Lechfeld vom Heer *pater patriae imperatorque appellatus est.* (Zu dieser Stelle s. PERCY ERNST SCHRAMM: Die Kaiser aus dem sächsischen Hause im Lichte der Staatssymbolik, MIÖG [Anm. 8] Erg.-Bd. 20,1, 1962, S. 31–52, hier S. 37.)

Die Stelle F 230,28–231,17 ist in zweierlei Hinsicht bemerkenswert: einmal wegen der vielen präzisen Jahresangaben, und dann auch wegen der vielen Einzelnachrichten über Ottos Herkunft, Taten und Regierungszeit. Die Jahresangaben sind samt und sonders falsch, und zwar interessanterweise bis auf eine Ausnahme in gleicher Weise falsch. Otto wurde nämlich keineswegs schon *von Crist gepürd neunhundert und in dem dreiunddrißigsten jare* (F 230,28f.) sondern erst 936 gewählt. Ebensowenig fand der denkwürdige Sieg über die Ungarn *in dem neunhundersten und zwaiundfünfzigosten jar nach Crist gepürt* (F 231,10f.), sondern am 10. August 955 statt. Die Kaiserweihe durch Papst Johannes XII. erhielt Otto nicht schon *in dem neunhundertesten und in dem neunundfünfzigostem jar* (F 231,12), sondern erst am 2. Februar 962.[16] Und während es heißt, Otto sei *nach Cristi gepürt neunhundert und in dem ainundsibenzigistem jare* (F 231,29f.) in der Magdeburger Moritzkirche beigesetzt worden, ist er in Wirklichkeit erst am 7. Mai 973 gestorben. Abgesehen von dieser letzten Jahresangabe, die um zwei Jahre vorverlegt wird, sind alle Daten in F um drei Jahre zu früh angesetzt. Das Jahr der Kaiserweihe wie auch das Todesjahr könnten auf der Grundlage der falschen Jahresangabe für die Königswahl, 933, nachgerechnet worden sein, denn es heißt, Otto sei schon sechsundzwanzig Jahre lang König gewesen, bevor er zum Kaiser geweiht wurde, und ferner, daß seine gesamte Regierungszeit achtunddreißig Jahre betragen habe. Addiert man diese Zahlen zusammen, so kommt man auf 959 bzw. 971. So lassen sich wohl diese beiden falschen Jahresangaben erklären. Das Jahr der Lechfeldschlacht wird aber nicht zum Jahr der Wahl in Beziehung gesetzt, aber auch dieses wird drei Jahre zu früh angesetzt. Möglicherweise gehen alle diese falschen Daten auf eine gemeinsame Quelle zurück. In den Chroniken findet sich Verschiebung der Daten um ein Jahr relativ häufig, Verschiebung um drei Jahre habe ich aber bisher nicht gefunden.[17]

---

[16] In Ms. Add. 22622 der British Library, der 1470 von Laurentius Setz geschriebenen ›Herzog Ernst‹-Handschrift, heißt es Bl. 82rb: *Dar nach jn dem neün hundert vnd on ains lv jar ward der kaißer geweicht.* Eine spätere Hand hat die Worte *on ains lv* (= 954) unterstrichen, das *v* in *x* abgeändert, und *undesexagesimo* (= 959) als Randbemerkung hinzugesetzt. Weiter heißt es (ebda): *er regiert acht vnd zwainzig jar* [statt 38] *vnd was zwelf jar kaißer.*

[17] So setzen die Annales Blandinienses (MGH Scriptores V, S. 25) die Kaiserkrönung ins Jahr 961 (statt 962) und den Tod Ottos ins Jahr 974 (statt 973). Die Annales Ottenburani (MGH Scriptores V, S. 4) und die Annales S. Benigni Divionensis (MGH Scriptores V, S. 40) setzen

F erzählt, wie Ottos Vater zu seinem Spitznamen »Heinrich der Vogler« kam: *denn do in die kurfürsten suochten, das si in zuo künig welten, da funden sie in bei seinen kinden mit aim garnnetze vogel vahen* (F 231,4f.). Diese Geschichte scheint über das Hochmittelalter nicht zurückzugehen.[18] Die Darstellung besitzt eine gewisse Ähnlichkeit mit dem Bericht der Annales Palidenses (Ende 12./Anfang 13. Jh.):

> *Iste est primus Henricus post Karolum, cognominatur auceps, pro eo quod venatu semel in curia sua Dinkelere* [Dinklar, östlich von Hildesheim], *brumalem declinans intemperiem, cum pueris lascivis aviculas inlaqueavit.* (MGH Scriptores XVI, S. 61)

Auf mögliche Berührungspunkte der ›Herzog Ernst‹-Texte mit den Annales Palidenses wurde oben schon mehrfach hingewiesen, aber in diesem Falle steht der Bericht der Sächsischen Weltchronik, die die Annales Palidenses als Hauptquelle benutzte, dem Wortlaut von F vielleicht noch näher:

> *Dit is Heinric de Vogelere geheten, wande he to Vinkelere*[19] *ward vunden, do he van den vorsten gekoren ward, do vogelede he mit sinen kinden.* (MGH Deutsche Chroniken, II, S. 160).

Weiter heißt es von Otto:

> *der gewan Straßburg und erstört und erbrach die mit gewalte und gab ir den namen; dann vor hieß sie, als man sie noch in latein nennet, Silbertale* (F 231,7–9).

Soweit ich bisher feststellen konnte, wissen die Chroniken nichts von einer Eroberung Straßburgs durch Otto, ja sie wissen überhaupt wenig zu berichten über Beziehungen des Kaisers zu dieser Stadt. So erwähnen selbst die Annales Argentinenses Otto ein einziges Mal, ganz beiläufig, im Zusammenhang mit Schenkungen an Kirchen durch die Kaiserin Adelheid.[20] Auch neuzeitliche Historiker (DÜMMLER, HOLTZMANN, GEBHARDT und andere) berichten nichts über die Zerstörung Straßburgs durch Otto. Möglich ist, daß hier eine Erinnerung an die Belagerung Breisachs durch Ottos Truppen im Jahre 939 vorliegt, nach welcher der Bischof von Straßburg mit Kerker bestraft wurde.[21]

---

die Königswahl ins Jahr 935 (statt 936), letztere auch den Tod Ottos ins Jahr 972. Twinger von Königshoven [Anm. 10], S. 421, berichtet, Otto sei 974 gestorben. Allgemein zum Todesjahr Ottos in den Chroniken s. ERNST DÜMMLER: Kaiser Otto der Große. Leipzig 1876, S. 510, Anm. 2. – In seiner Chronik der Stadt Augsburg bis 1536 setzt Clemens Sender (1475 – um 1536, Benediktinermönch von St. Ulrich und Afra) die Schlacht auf dem Lechfeld ins Jahr 953 (s. FRIEDRICH ROTH: Die Chroniken der schwäbischen Städte: Augsburg, Bd. 4. Leipzig 1894 [Die Chroniken der deutschen Städte vom 14. bis ins 16. Jahrhundert, Bd. 23], S. 11).

[18] Siehe ROBERT HOLTZMANN: Geschichte der sächsischen Kaiserzeit (900–1024). München [4]1961, S. 67f.; auch HANS FERDINAND MASSMANN (Hrsg.): Der keiser und der kunige buoch oder die sogenannte Kaiserchronik, Bd. 3. Quedlinburg und Leipzig 1854 (Bibl. d. gesammten dt. National-Lit. 4,3), S. 1063. Mir nicht zugänglich war HILDEGARD RAUSCHNING: Heinrich I. in der deutschen Literatur. Diss. Breslau 1920.

[19] Die Berliner Handschrift Ms. germ. 4° 284 (14. Jh.) hat die Lesart *bi den vinken*.

[20] Die Annales Argentinenses (MGH Scriptores XVII, S. 87ff.) sind überhaupt dürftig: der erwähnte Eintrag ist ja überhaupt der einzige für das ganze 10. Jahrhundert.

[21] Die Belagerung Breisachs fand im Zuge von Ottos Bemühungen statt, den westfränkischen König Ludwig und seine deutschen Anhänger aus Lothringen und dem Elsaß zu vertreiben. Siehe: ADB, Bd. 24 (Art.: »Otto der Große«), S. 576f.

Ganz gewiß sind die Angaben in F über die Namengebung Straßburgs aus der Luft gegriffen. Den deutschen Namen »Silbertal« hat sie offenbar nie getragen – die vielen Quellen in den MGH und im Urkundenbuch der Stadt Straßburg bieten jedenfalls keinen Beleg –; Sinn der Sache ist wohl nur, den lateinischen Namen dem des Lateins unkundigen Leser verständlich zu machen. Was den Namen »Straßburg« betrifft, so ist die Angabe von F reine Phantasie: In der Form *Strataburgum* ist er schon um 580 belegt (bei Gregor von Tours, Hist. eccl. Francorum IX, c. 36: *infra terminum urbis, quam Strataburgum vocant*); um 630 erscheint er auf einer merovingischen Münze (s. etwa HENRY RIE-GERT: Strasbourg. Deux mille ans d'histoire. Straßburg 1967, S. 30), und im 8. Jahrhundert häufen sich die Belege.[22]

F erzählt auch vieles, was einen speziellen Bezug auf Augsburg hat:

> *er überwand die Ungern zuo Augspurg, e das er kaiser ward, in dem neunhundersten und zwaiundfünfzigosten jar nach Crist gepürt. ... zuo der zeite lept sant Ulrich bischof zuo Augspurg, als man das in seiner legende und andern cronicken vindet.* (F 231,9–11 und 15–16)

Der zweite hier zitierte Satz darf als sicherer Hinweis auf den Augsburger Ursprung dieser Bearbeitung gewertet werden. Auf den ersten Blick scheint die Erwähnung des hl. Ulrich nur in lockerer Verbindung mit dem Vorhergehenden und dem Nachfolgenden zu stehen. Diesen Eindruck erhärtet vielleicht der hölzerne Stil. In Wirklichkeit aber handelt es sich keineswegs um zusammenhanglose Einstreusel, denn ein enges Verhältnis verband Ulrich mit seinem Kaiser. Seitdem er sich an der Leichenfeier für Heinrich I. beteiligt hatte, war er in der Umgebung des neuen Herrschers geblieben, der ihn unter seinen Ratgebern in der Gründungsurkunde für das Magdeburger Moritzstift anführen ließ. Als die Moritzkirche endlich gebaut war, war er abermals Zeuge der Feier.[23] Als Otto 951 die verwitwete Herzogin Adelheid heiratete, erfuhr Ulrich abermals eine Steigerung seines Ansehens, denn Adelheids Mutter, Königin Bertha von Burgund, war eine Verwandte Ulrichs von mütterlicher Seite.[24] So kam es, daß Ulrich, wie der Augsburger Chronist des 16. Jahrhunderts

---

[22] Siehe: Urkundenbuch der Stadt Strassburg, Bd. 1: Urkunden und Stadtrecht bis zum Jahre 1266, bearb. von WILHELM WIEGAND. (Urkunden und Akten der Stadt Strassburg, 1. Abth.). Straßburg 1879: Stratburg- 722, 728 (S. 3), 749 (S. 5), Strasburga 762 (S. 6), Strazburgensis 773 (S. 6), 775 (S. 10), Strazburg 774 (S. 9), usw.

[23] Das Datum dieses Ereignisses ist nicht überliefert, es lag aber vor dem 29. Januar 946, dem Tag, an dem Eadgitha »in der neuen Basilika« (Widukind, Res gestae Saxonicae II, c. 41; MGH Scriptores III, S. 449) beigesetzt wurde. Überhaupt interessant sind die Beziehungen Ulrichs zum Moritzkult. Im Jahre 940 besuchte er selbst Saint-Maurice an der Rhone im Wallis, das alte Agaunum, das die Gebeine der thebäischen Legion und ihres Führers barg. Dort erwarb er wertvolle Reliquien (*non modicam partem de corpore sancti Mauricii et de aliorum multorum sanctorum reliquiis*, Gerhardi Vita sancti Oudalrici, c. 15; MGH Scriptores IV, S. 404f.), welche feierlich nach Augsburg überführt wurden.

[24] ADB 39, S. 218. Auch sie machte sich um den Thebäerkult verdient; s. ROLF MAX KULLY (Hrsg.): Hanns Wagner alias ›Ioannes Carpentarius‹, Sämtliche Werke. Bern und Frankfurt/M. 1982, Bd. 1, S. 388.

Clemens Sender sich ausdrückte, *vil bei kaiser Otho und bei den fürsten er-
langt*.[25] In den Tagen vor Ottos denkwürdigem Sieg über die Ungarn in der
Schlacht auf dem Lechfeld hatte sich Ulrich durch die Übernahme einer füh-
renden Rolle bei der Verteidigung Augsburgs ganz besonders hervorgetan.[26]
Die Fassung F bietet also an dieser Stelle einen Bericht, in dem sich Geschichtsbewußtsein einer ganz ausgeprägten Lebhaftigkeit ausdrückt. Hier schlug
beim Autor – und wohl auch beim Leser – das Augsburger Bürgerherz höher,
denn Otto, Ulrich und die Lechfeldschlacht gehörten zum festen Bestand der
Augsburger Stadtgeschichte. Wie eng man sich damals dort mit dem Heiligen
verbunden fühlte, erhellt etwa daraus, daß ein Unbekannter ungefähr um die
gleiche Zeit, spätestens 1456, die Ulrichslegende ins Deutsche übersetzte. Drei
Handschriften, sämtlich aus dem Besitz des Benediktinerklosters St. Ulrich
und Afra, befinden sich in der Bayerischen Staatsbibliothek.[27] Diese Übersetzung beeinflußte dann ›Der Heiligen Leben‹, dessen »Augsburger Fassung« in
den 80er Jahren des 15. Jahrhunderts sechsmal, davon fünfmal in Augsburg
selbst, im Druck erschien.[28] Bezeichnend ist auch, daß die ›Cronica vō allen
kaysern vñ künigen‹, die der Augsburger Drucker Johann Bämler im Oktober
1476 (s. Anm. 10) verlegte und die weitgehend auf Jakob Twingers von Königshoven Chronik zurückgeht, um einen Abschnitt über die Lechfeldschlacht
und Sankt Ulrich erweitert wurde (Bl. 49). Und Mitte des 16. Jahrhunderts
bringt der Augsburger Ratsdiener Clemens Jäger in seiner Chronik der Weberzunft einen sehr umfangreichen Bericht über das gleiche Thema – fast 25
Seiten in der maßgeblichen Ausgabe.[29] Auch die Meistersinger bemächtigten
sich des Ulrich-Stoffes.[30]

---

[25] Roth: Die Chroniken der schwäbischen Städte: Augsburg, Bd. 4 [Anm. 17], S. 11.

[26] Siehe Gerhardi Vita sancti Oudalrici episcopi, c. 12; MGH Scriptores IV, S. 401f. Auch Bernhart [Anm. 8], S. 40f. Der Chronist Clemens Sender macht Ulrich selbst für den erfolgreichen
Ausgang der Schlacht verantwortlich: *Anno domini 953 haben die Unger diese stat Augspurg
belegert und das gantz Schwabenlandt verderbt, welche sant Urlich [!] hat bestritten und überwunden* (Roth [Anm. 17], S. 11).

[27] Cgm. 751 (1454 bzw. 1457 von Johannes Klesatel geschrieben), Cgm. 402 (1457 von Johannes
Knaus geschrieben), und Cgm. 568 (1468/69 von Johann Erlinger in Augsburg geschrieben).
Dazu s. Albert Hirsch: Die deutschen Prosabearbeitungen der Legende vom hl. Ulrich. Mün-
chen 1915 (Münchener Archiv für Philologie des Mittelalters und der Renaissance 4). Zur
Datierung von Cgm. 751 s. Hirsch, S. 83. Die Arbeit von Werner Wolf: Von der Ulrichsvita
zur Ulrichslegende. Untersuchungen zur Überlieferung und Wandlung der Vita Udalrici als
Beitrag zu einer Gattungsbestimmung der Legende. Diss. München 1967, habe ich bisher nicht
einsehen können.

[28] Drucke der Augsburger Fassung, nach Hirsch: J. Bämler, Augsburg 1480 (Hain *9973); C.
Feyner, Urach 1481 (Hain *9974); A. Sorg, Augsburg 1481/2 (Hain *9975); Drucker nicht
bekannt, Augsburg 1485 (Hain *9978); A. Sorg, Augsburg 1488 (Hain *9980); J. Schönsper-
ger, Augsburg 1489 (Hain *9982). Zu ›Der Heiligen Leben‹ s. jetzt Karl Firsching: Die
deutschen Bearbeitungen der Kilianslegende unter besonderer Berücksichtigung deutscher Le-
gendarhandschriften des Mittelalters. Würzburg 1973 (Quellen und Forschungen zur Geschichte des Bistums und Hochstifts Würzburg 26); und Werner Williams-Krapp: Studien
zu ›Der Heiligen Leben‹. ZfdA 105, 1976, S. 274–303.

[29] Siehe Friedrich Roth (Hrsg.): Die Chroniken der schwäbischen Städte: Augsburg, Bd. 9 (Die
Chroniken der deutschen Städte vom 14. bis ins 16. Jh., Bd. 34). 2. Aufl. Göttingen 1966.
Schilderung der Schlacht: S. 45–69. Grund für die Aufnahme des Berichts gerade in eine
Chronik der Weberzunft dürfte sein, »daß das Handwerk der Weber – freilich nur in der bei

Wie schnell sich der wahre Sinn für Geschichte verflüchtigen kann, läßt sich erkennen, wenn man die gekürzte Prosafassung des ›Herzog Ernst‹ aus der Mitte des 16. Jahrhunderts mit der Bearbeitung F vergleicht. Diese, die eigentliche »Volksbuchfassung«, die bis ins 19. Jahrhundert hinein weitertradiert wurde, entstand nicht in Augsburg, sondern wohl in Frankfurt am Main, wo man kein Verhältnis zur Augsburger Lokalgeschichte hatte. Kein Wunder also, wenn hier die geschichtlichen Einzelheiten im Text allmählich abbrökkeln. In allen Drucken[31] steht geschrieben, daß die Lechfeldschlacht im Jahre 922 stattfand – 33 Jahre früher als in Wirklichkeit. Die meisten behaupten, Otto sei im Jahre 929 zum Kaiser gekrönt worden, einer sagt 923, sieben Drucke aus dem 18. und 19. Jahrhundert schreiben gar 920, zweiundvierzig Jahre zu früh! Wie gedankenlos das ist, wird deutlich, wenn man bedenkt, daß ein paar Zeilen vorher im gleichen Text steht, daß Otto erst 933 bzw. (einer anderen Ausgabe zufolge) 930 zum König gewählt wurde! Alle Drucke dieser Volksbuchfassung machen aus der Stelle F 231,29–32 einen neuen Satz:

> *Nach Christi Geburt neunhundert und inn dem ein und siebenzigsten jar / da er dennoch was grunen in der blumen seiner jugend / warde jhm zugeeignet eine auß dermassen schöne Haußfrauwen / mit namen Ottegeba ...* (Druck von Weigand Han, Frankfurt/M., o. J. [zwischen 1556-61], Bl. A6ᵛ/A7ʳ)

In der Fassung F bezieht sich die Jahresangabe 971 auf die Beisetzung Ottos in der Moritzkirche. Was in der Volksbuchfassung steht, ist blanker Unsinn: Otto stand 971 keineswegs noch *in der blumen seiner jugend* – er war schon ein Greis von 59 Jahren – und wenn er Ottegeba erst damals geheiratet hätte, hätte er sich der Bigamie schuldig gemacht, denn seit 951 war er auch mit der Adelheid vermählt.[32] Einige Drucke der Volksbuchfassung legen auch wenig Verständnis für Ottos politische Taten an den Tag. Manchen scheint nämlich der Stamm der Friesen nicht bekannt gewesen zu sein. Einige schreiben statt »Friessen« »Fliessen« – dachten sie etwa an Vlissingen? –, andere wiederum ersetzen »Friessen« durch »Preußen« – was fast so schlimm sein dürfte wie Preußen mit Bayern zu verwechseln.

An den hier untersuchten Textstellen, so kurz sie auch sind, hat sich sehr schön zeigen lassen, wie die verschiedenen ›Herzog Ernst‹-Bearbeiter sich jeweils um ein adäquates Geschichtsbild bemüht haben. Wo sie über zusätzliche Informationen verfügten, ließen sie diese einfließen, um das schon Vorhandene zu ergänzen. In einigen Fällen haben wir Hinweise auf mögliche Quellen

---

ihnen selbst erwachsenen Tradition – im Zusammenhang mit dieser Schlacht zum ersten Male, und zwar ruhmvoll, in der Geschichte Augsburgs erwähnt wird« (S. 6f.).

[30] Ein Lied von St. Ulrich in des Regenbogens langem Ton findet sich bei Joseph Görres (Hrsg.): Altteutsche Volks- und Meisterlieder aus den Handschriften der Heidelberger Bibliothek. Frankfurt/M. 1817, S. 311-317; s. auch Massmann [Anm. 18] Bd. 3, S. 1069.

[31] Hierzu s. Verf.: The survival of German »Volksbücher«. Three studies in bibliography. Diss. (masch.), London 1980, Bd. 1, S. 181-285, bes. S. 240.

[32] Interessant ist, daß diese Angaben offenbar nicht beanstandet werden, wenn O. F. H. Schönhuth im 19. Jahrhundert den alten Text für den Druck in Reutlingen überarbeitet.

geben können. Die Zusätze, die im Lauf der Zeit hinzugekommen sind, dienen einem wachsenden Interesse an der Konkretisierung der Geschichte. Daß dabei Angaben, vor allem die Daten, etwas schief geraten, ist im Grunde unwichtig – das stört vielleicht nur den modernen Leser, der seine (letztlich auf die Humanisten zurückgehende) Vorstellung von Geschichte und Geschichtsbewußtsein auf das Mittelalter übertragen möchte; den mittelalterlichen Leser und Zuhörer störte es offenbar nicht. Es unterliegt jedoch keinem Zweifel, daß Werke wie ›Herzog Ernst‹ eben deswegen beliebt waren, weil sie unter anderem auch historisches Wissen vermittelten. Uwe Meves hat von der »Polyfunktionalität« von Werken dieser Art gesprochen,[33] und als Geschichtsbuch zu dienen, war eben eine wichtige Funktion auch des ›Herzog Ernst‹. Das trifft in erster Linie für die deutschen Texte, aber auch für die lateinischen Fassungen (zumindest C und Erf) zu. Ab Mitte des 16. Jahrhunderts aber scheint – wenigstens im Falle des ›Herzog Ernst‹ – diese geschichtsvermittelnde Funktion dahinzuschwinden: jeder auch nur halbwegs aufmerksame Leser der Frankfurter Volksbuchfassung mußte merken, daß auf die geschichtlichen Angaben im Text kein Verlaß sein konnte. Es wäre zu fragen, ob diese Entwicklung nicht eine Folge davon ist, daß in der Mitte des 16. Jahrhunderts dem Leser eine noch nie da gewesene Fülle von Büchern aller Art in der Volkssprache zur Verfügung stand.

---

[33] Uwe Meves: Studien zu König Rother, Herzog Ernst und Grauer Rock (Orendel). Frankfurt/M. und Bern 1976 (Europäische Hochschulschriften, Reihe I, Bd. 181), S. 145ff.

# Der Islam und Muhammad im späten Mittelalter

Beobachtungen zu Michel Velsers Mandeville-Übersetzung und Michael Christans Version der ›Epistola ad Mahumetem‹ des Papst Pius II.

von

Eric John Morrall (Durham)

Obwohl der liebenswerte Mohammedaner oft genug in der höfischen Literatur erscheint,[1] hat die Sympathie für individuelle Heiden sich nicht auf ihre Religion übertragen, die völlig mißverstanden wurde. Der Zweck meines Vortrages ist es, aufzuzeigen, wie diese Unwissenheit bis zu einem gewissen Grade aufgehoben wurde, wie echte Kenntnisse über den Islam und Muhammad als eine historische Figur insbesondere durch John Mandeville verbreitet wurden. Ich zitiere aus der deutschen Übersetzung, die um 1393 – etwa dreißig bis vierzig Jahre nach dem französischen Original – entstanden ist.

In seinem Bericht[2] über die Religion der Sarazenen behauptet Mandeville den ›Koran‹ gesehen zu haben, und durch die Wiederholung von solchen Sätzen wie *das seyt ouch ir Alchoren* und *ir bůch spricht* vermittelt er den Eindruck, daß er wörtlich daraus zitiert. Um die Glaubwürdigkeit seiner Aussagen zu verstärken, erwähnt er weitere arabische Titel des Buches, als ob er als Reisender die Wörter an Ort und Stelle gehört hätte; im deutschen Text sind diese ziemlich entstellt, aber immer noch erkennbar: *Und ir bůch haisset Alcoren; etlich haissent es Mescolen* [arab. *mashaf* »Buch«], *etlich Armen* [arab. *harām* »heilig, geheiligt«] ... *Und daz selb bůch hon ich ouch gesenhen* (S. 86,4ff.). Er erzählt ferner, daß die Sarazenen die Jungfrau Maria verehren, an die Verkündigung durch den Engel und an die Jungfrauengeburt nach dem Text des ›Korans‹ glauben (S. 86,17ff.). Der Bericht unterscheidet sich in mancher Hinsicht von der biblischen Erzählung: die Jungfrau war zum Beispiel erschrocken, weil sie glaubte, daß der Engel ein Zauberer sei:

*Ir buch seyt, da unser frow gekúndet ward von dem engel, daz sie gar jung waz, und erschrack sere, wann sie forcht das sie der engel wôlt betriegen; wann es waz in dem*

---

[1] Hans Naumann: Der wilde und der edle Heide. (Versuch über die höfische Toleranz). In: Vom Werden des deutschen Geistes. Festgabe Gustav Ehrismann. Hrsg. von Paul Merker und Wolfgang Stammler. Berlin und Leipzig 1925, S. 80–101.

[2] Eric John Morrall: Sir John Mandevilles Reisebeschreibung in deutscher Übersetzung von Michel Velser, nach der Stuttgarter Papierhandschrift Cod. HB V 86. Berlin 1974 (DTM 66), S. 86–92. Für einen französischen und englischen Text s. George Warner: The Buke of John Maundeuill. Westminster 1889 (The Roxburghe Club), S. 66–71. Meine Ausführungen sind insbesondere den Quellenforschungen von Warner (in den Anmerkungen zu seiner Ausgabe) und Albert Bovenschen: Untersuchungen über Johann von Mandeville und die Quellen seiner Reisebeschreibung. Zs. der Gesellschaft für Erdkunde zu Berlin 23, 1888, S. 177–306, bes. 267–275, verpflichtet.

*land ain zoberer, der hieß Talenya, und da forcht sie daz sie der selb wólt bezobern.
Und sie beschwůr den engel. Do sprach er, sie solt kain sorg hon, wann er ain rehter
bott von gott wåre. Also spricht ir bůch. . . Es spricht ouch ir bůch daz Jhesus von dem
almechtigen gott kam, dar umb daz er solt sin ain zaichen aller lút* (S. 86,23–87,10).

Bei der Geburt schämte sich die Mutter, aber das Kind sprach und tröstete sie:

> . . . *ir bůch spricht, da unser frow ir kind gewan by der kripp, da der ochs und der eßel
> stůndent, do schamt sie sich und wainet und sprach, sie wólt daz sie tod were. Und
> redt daz kind als bald und trost sie und sprach:* ›Můtter, erschrick nit, wann got ist mit
> dir, der die welt behalten sol‹ (S. 87,4–7).

Nach den französischen und englischen Versionen fand die Geburt unter einer Palme statt, was der deutsche Übersetzer vielleicht übersah oder unter-
drückte, denn dies ist auch der Ort der Geburt in der Handschrift aus Modena, die seinem französischen Exemplar besonders nah stand.[3]

Ausnahmsweise scheint hier Mandeville tatsächlich die Wahrheit zu sagen,
denn die zitierten Stellen haben klare Entsprechungen in der Sure 19 des
›Korans‹, die den Titel ›Maria‹ hat und von Mariä Verkündigung und der
Geburt Christi erzählt:

> *Und gedenke auch im Buche der Maria. Da sie sich von ihren Angehörigen . . . zu-
> rückzog . . ., da sandten wir unsern Geist zu ihr, und er erschien ihr als vollkommener
> Mann. Sie sprach:* ›Siehe, ich nehme meine Zuflucht vor dir zum Erbarmer, so du ihn
> fürchtest‹ [arab. *taqīy* »Gott fürchtend«]. *Er sprach:* ›Ich bin nur ein Gesandter von
> deinem Herrn, um dir einen reinen Knaben zu bescheren . . . und wir wollen ihn zu
> einem Zeichen für die Menschen machen und einer Barmherzigkeit von uns.‹ . . . *Und
> es überkamen sie die Wehen an dem Stamm einer Palme. Sie sprach:* ›O daß ich doch
> zuvor gestorben und vergessen und verschollen wäre!‹ *Und es rief jemand unter ihr:*
> ›Bekümmere dich nicht; dein Herr hat unter dir ein Bächlein fließen lassen . . .‹.[4]

Hieraus ist zu ersehen, daß der Mandeville-Text und der ›Koran‹ folgende
Punkte gemeinsam haben: Angst der Maria, der Engel als Bote, Jesus als
Zeichen für die Menschheit, das Schamgefühl der Jungfrau-Mutter, die Ge-
burt unter der Palme, Todeswunsch Marias und das sprechende Jesuskind.
Und Mandeville vertieft den Eindruck, daß er sich in der Welt des Islam gut
auskennt dadurch, daß er in seinen Bericht über die Sarazenen ein persönli-

---

[3] Biblioteca Estense zu Modena, fonds francese No. 33 (früher XI,F. 17), Bl. xxxviii<sup>r</sup>: *quant elle
eut enfante dessoubz vng arbre de palme ou la cresche du Buef et de lasne estoit.* Der Satzteil *ou
la cresche . . . estoit* fehlt in der Hs. British Library Harley 4383 (WARNER, S. 67,26), steht
jedoch in der ältesten datierten französischen Hs. (1372), Paris, Bibl. Nat. nouv. acq.
franç. 4515, hrsg. MALCOLM LETTS: Mandeville's Travels. 2 Bde. London 1953 (The Hakluyt
Society, Second Series 102), 2, S. 303,7. Die Quelle, aus der Mandeville für diesen Teil seiner
Reisebeschreibung schöpfte, hat nichts Entsprechendes (s. unten). So ist diese Anspielung auf
die christliche Legende vom Ochsen und Esel bei der Geburt Christi wahrscheinlich der Zusatz
eines französischen Redaktors. Der Harley-Text ist hier ursprünglicher als der Pariser.

[4] Der Koran. Übertragen von MAX HENNING. Einleitung und Anmerkungen von ANNEMARIE
SCHIMMEL. Stuttgart 1960, gedruckt 1980, 19,16–24. Die Geschichte von Jesu Geburt und
Kindheit (Sure 19) beruht auf neutestamentlichen Apokryphen, s. FRANTS BUHL: Das Leben
Muhammeds. Leipzig 1930, S. 132, Anm. 18, und RUDI PARET: Der Koran. Kommentar und
Konkordanz. Stuttgart/Berlin/Köln/Mainz 1971, S. 323f.

ches, wahrscheinlich erdichtetes Erlebnis einflicht, ein privates Interview mit dem ägyptischen Sultan, in dem der Heide die christliche Gesellschaft wegen der Völlerei, Hoffart, Geldgier und allgemeiner Unsittlichkeit kritisiert. Hier ist eine Stelle, an der Mandeville, wie mancher Dichter des Mittelalters,[5] als Sittenrichter der christlichen Gesellschaft wirkt. Die Sarazenen sind im Gegensatz zu den Christen *sålig und hailig ... wann sie tůnd was ir hailig bůch Alkorem seyt ...* (S. 90,26f.).

Aber der Schein trügt. Mandeville hat keine unmittelbaren Kenntnisse des ›Korans‹. Wie immer hat er seine Quelle unterdrückt. Sie ist in Wirklichkeit zum größten Teil ein ›Tractatus de statu Saracenorum et de Mahomete pseudo-propheta et eorum lege et fide‹,[6] geschrieben um das Jahr 1273 von einem Missionar, Wilhelm von Tripoli. Das Werk ist ein Bericht über den islamischen Glauben, das Leben Muhammads, die Entstehung des ›Korans‹ und die Geschichte der islamischen Eroberungen.

Die schon zitierten Stellen des Mandeville-Textes haben genaue Entsprechungen in dem ›Tractatus‹. Die verschiedenen Namen des ›Korans‹ stammen aus dem Kapitel 25: *Alcoranum, Meshaf seu Harine.* Der Bericht von der Verkündigung und der Geburt Christi stammt aus den Kapiteln 32–33, die Teile der 19. Sure des ›Korans‹ verhältnismäßig genau übersetzen. Der Hinweis auf den Zauberer Talenya beweist, daß Mandeville aus Wilhelm schöpfte, denn der Missionar hat hier das arabische Wort *taqīy* ›Gott fürchtend‹, das in dem ›Koran‹ steht (V. 18), mißverstanden und es als den Namen eines fiktiven Zauberers *Taquia* übersetzt. Mandeville hat den Fehler in seinen Text übernommen.

Die wichtigsten Stellen, auf denen der Mandeville-Text beruht, und aus denen zu ersehen ist, wie sehr Wilhelm sich an den Text des ›Korans‹ hält, sind folgende:

*Item in alio loco demonstratur ⟨annunciacio sibi facta⟩ de conceptione filii et dicit sic: ⟨Sis⟩ memor Maria, que se segregavit a suis ... et nos misimus ad eam nostrum*

---

[5] PAUL HAMELIUS: Mandeville's Travels. 2 Bde. London 1919, 1923 (Early English Text Society 153, 154), 2, S. 84, verzeichnet verschiedene Beispiele. Bei Caesarius von Heisterbach: Dialogus Miraculorum, IV.15 (ed. JOSEPHUS STRANGE. Coloniae/Bonnae/Bruxellis 1851, S. 187–188), beklagt sich ein Emir einem Wilhelm von Utrecht gegenüber über die Sündhaftigkeit der Christen; die Ähnlichkeit mit dem Mandeville-Text behandelt VICTOR CHAUVIN: Le prétendu séjour de Mandeville en Egypte. Wallonia 10, 1902, S. 237–242.

[6] HANS PRUTZ: Kulturgeschichte der Kreuzzüge. Berlin 1883, S. 573–598. Das Datum 1273 gibt der Verfasser selbst im Kapitel 25 an, und zwar nach dem Fest der Maria Magdalena, d. h. 22. Juli. Das Werk wurde jedoch vielleicht früher begonnen, denn es wurde dem Prolog nach einem *archdiaconus* aus Lüttich, Tebaldo [Visconti], gewidmet. Dieser wurde am 1. September 1271 zum Papst Gregor X. gewählt, noch während seines Aufenthalts in Akkon als Pilger; er wurde erst am 27. März 1272 in Rom gekrönt; vgl. WARNER [Anm. 2], S. xvii, Anm. 2. – Zu den Beständen der Lütticher Universitätsbibliothek gehört eine Handschrift des ›Tractatus‹ (heutige Signatur Nr. 354C, Bll. 92ʳ–102ʳ), geschrieben im Jahre 1458, die einen in mancher Hinsicht besseren Text bietet als den von PRUTZ edierten (s. CHAUVIN [Anm. 5], S. 242, Anm. 3). So habe ich in den von mir zitierten Stellen Zusätze bzw. Varianten aus der Lütticher Hs. zwischen spitzen Klammern angegeben.

*spiritum. Et apparuit ei in similitudine viri et dixit Maria territa: Invoco Deum
misericordem ⟨contra te⟩, si tu es ⟨Taquia⟩ (Glosa Sarracenorum: ⟨Taquia⟩ erat quidam incantator . . .). Et dixit: Ego sum nuncius Dei tui: donabitur tibi filius innocens
et purus . . . et faciemus eum signum hominibus et misericordiam a nobis* (cap. 32).

*Et cum advenisset tempus partus, peperit sub palma. Et tunc dixit: O ⟨utinam⟩ mortua
fuissem, antequam hoc evenisset mihi et oblivioni fuissem tradita! Et mox natus de ea
dixit: Ne tristeris ⟨mater⟩, posuit sub te Deus secretum* (cap. 33).

Kurz zusammengefaßt seien noch weitere Informationen über den Glauben
der Mohammedaner angeführt, die Mandeville aus Wilhelm von Tripoli schöpfte und die aus dem ›Koran‹ stammen, wenn auch nicht in jeder Einzelheit;
Wilhelm selbst nennt verschiedene Quellen für seine Berichte, *Sarracenorum
magistri* (cap. 25), *sapientes astrologi et mathematici* (23) und *cronica Orientalium* (4):

1. Das Paradies ist eine Stätte der kulinarischen Genüsse und der sexuellen
   Freuden, *da man vindet allerlay frücht zŭ aller zitt, und da louffent wasser
   inn, die sigent milch und hong . . . Und habent alle wiber, die sind junck-
   frowen* (S. 86,9–13) – – das letztere ein Hinweis auf des ›Korans‹ *groß-
   äugige Hŭris . . . wir erschufen sie . . . zu Jungfrauen, zu liebevollen Alters-
   genossinnen für die Gefährten der Rechten* (Wilhelm, cap. 50, ›Koran‹,
   47,16–17 und 56,22–37).

2. Die Mohammedaner verleugnen die Kreuzigung Christi, denn Gott hätte
   die Hinrichtung eines Unschuldigen nicht gestattet, *wann die gerechtigkait
   gottes mŏcht daz groß unrecht nit verhenckt haben* (S. 87,23–88,1; Wilhelm,
   cap. 43, vgl. ›Koran‹, 4,156).

3. Sie verleugnen auch die Trinität. Gott ist eine absolute Einheit, keine Drei-
   heit; Jesus ist das Wort und der Geist Gottes, aber selbst nicht göttlich: *es
   sient try personen und nŭntz ain gott . . . Jhesus sy das wort von gott*
   (S. 88,16–89,1, Modena, Bl. 39ʳ: *Jhesucrist fut la parole et le Saint esperit de
   dieu*; Wilhelm, cap. 51 und 52, vgl. ›Koran‹, 4,169). Und als Schluß und
   Höhepunkt seines Berichtes greift Mandeville aus Wilhelms ›Tractatus‹
   (cap. 8) die zwei wichtigsten und am häufigsten wiederholten Sätze des
   islamischen Glaubensbekenntnisses heraus und zitiert auf arabisch die wohl-
   klingende Doppelformel des Muezzins: *La Ilāha illa-l-Lāh, Muḥammadun
   rasūlu-l-Lāh,*[7] was der deutsche Übersetzer mit einem Reimpaar glossiert:
   *Es ist nit wann ain got, und Machmett sin warer bott* (S. 92,25f.).

4. Trotz der vielen Unterschiede glauben Mohammedaner, wie Christen, an
   Gott, den Schöpfer und Richter: *Und wer sie frägt war an sie gloubend, so*

---

[7] »Es gibt keinen Gott außer Allah; Muhammad ist der Gesandte Gottes«, s. PHILIP HITTI: Islam
and the West. Princeton/New Jersey 1962, S. 18–20, und HANS L. GOTTSCHALK: Die Kultur
der Araber. In: HANS L. GOTTSCHALK, BERTOLD SPULER, HANS KÄHLER, Die Kultur des Islams.
Frankfurt am Main 1971 (Handbuch der Kulturgeschichte 2. Abt.), S. 80. Wahrscheinlich hat
Michel Velser das Adjektiv *warer* hinzugefügt, um den rhythmischen Wohlklang in seiner
Übersetzung beizubehalten, vgl. Modena Bl. 40ᵛ: *jl nest dieu fors vn seul et mahomet fut son
messaige = Non est deus nisi Deus et Macometus est nuncius eius.*

*sprechent sie:* ›*An gott, der himel und ertterich und allú ding geschaffen hatt,*
*und an dem júngsten tag das ain jeglichs sin lon nieme, als er verdienet hatt*‹
(S. 88,8–10, Wilhelm, cap. 48, vgl. ›Koran‹, 10,3ff. und 26ff.). Wilhelm von
Tripoli bekannte sich deshalb zu der Meinung, daß die Sarazenen leicht zu
konvertieren seien; sie seien *vicini fidei christiane et ad viam salutis pro-*
*pinqui* (cap. 47). Und Mandeville übernimmt denselben Optimismus: *Et*
*pource quil vont si pres de nostre foy seroient jl plus legiers aconuertir ala foy*
*crestienne / Et quant on leur deuise a preschier et distincter la loy de Jhesucrist*
(Modena, Bl. 38ᵛ). Der deutsche Übersetzer kürzt den langen Satz seiner
Quelle: *Und da von sind sie licht ze bekeren, wann sie globent vil daz wir*
*gelobent* (S. 88,4f.).

Wilhelm von Tripoli führt auch einen Bericht über das Leben Muhammads
an, der freilich nicht der genauen historischen Wahrheit entspricht, der jedoch
auch nicht völlig irrtümlich ist. Der Bericht beruht, wie er sagt, auf mündlichen Quellen.

Sein ›Tractatus‹ beginnt mit einem Datum, 601. In diesem Jahr wohnte ein
einfacher christlicher Einsiedler (*reclusus*) in einem Kloster, das an einer
Handelsstraße gelegen war, die von Arabern befahren wurde, nicht weit von
dem Berg Sinai. Der Mönch hieß Bahayra, und ihm wurde geoffenbart, daß
sich unter den arabischen Handelsleuten einer befinden werde, dessen Schicksal es war, einem mächtigen Stamm anzugehören, der der christlichen Kirche
großen Schaden zufügen werde. Eines Tages kamen Kaufleute zu diesem Kloster, und unter ihnen Muhammad, ein Waisenkind, arm und kränklich, das die
Kamele hütete. Durch ein Wunder erkannte Bahayra die göttlichen Kräfte
Muhammads: eine kleine Tür im Hof des Klosters vergrößerte sich, als er
hindurch ging. Daraufhin sorgte der Einsiedler für Muhammad wie für sein
eigenes Kind und unterrichtete ihn in der christlichen Religion. Muhammad
verließ später das Kloster und trat in den Dienst eines Kaufmanns, der durch
den Fleiß seines jungen Dieners reich wurde. Nach dem Tod des Kaufmanns
heiratete Muhammad dessen Witwe und wurde selbst reich und mächtig.
Öfters besuchte er seinen alten Lehrer Bahayra. Seine Gefährten ärgerten sich
jedoch über den Einfluß des Mönches und brachten ihn mit Muhammads
eigenem Dolch um, als der Prophet betrunken schlief, und redeten ihm am
nächsten Morgen ein, daß er selber der Mörder gewesen sei. Reumütig ver-
fluchte Muhammad den Wein und verbot das Weintrinken und den Weinhan-
del. Muhammad starb nach Wilhelms Bericht, der sich auf *cronica Orienta-*
*lium* stützt, im elften Jahre der Regierung des byzantinischen Kaisers Heraklios in Mekka; das wäre 621. Vorher habe er elf Jahre des Reichtums und der
Ehre genossen, eine Periode, die mit der Thronbesteigung des genannten Kaisers begann.[8] In Wirklichkeit starb Muhammad 632 in Medina.

---

[8] *. . . constat, sicut legitur in cronicis Orientalium, quod obiit XI anno imperatoris Eraclii in Syria*
*existentis, . . . Undecim annos vixit in prosperitate et gloria, que incepit primo anno dicti im-*
*peratoris* (cap. 4). Heraklios bestieg 610 den oström. Kaiserthron.

Mandeville hat vieles aus diesem Bericht übernommen, unterdrückt jedoch die falschen Angaben seiner Quelle über die Datierung von Muhammads Dienst als Hirtenknabe – er wurde um 570 geboren – und erwähnt gar nicht die ebenso falschen Angaben über seinen Tod. Statt dessen führt er ein genaues Datum für Muhammads Herrschaft in Arabien an, und zwar 610,[9] eine Information, die er aus einer anderen Quelle, wahrscheinlich der ›Legenda Aurea‹ des Jacobus de Voragine, schöpfte.[10] Das war tatsächlich das Jahr, in das höchst wahrscheinlich Muhammads Berufung als Prophet und Prediger fiel. Im Gegensatz zu Wilhelm führt Mandeville auch den Namen von Muhammads Gattin Khadijā an (WARNER [Anm. 2], S. 70,21: *Cadrige*; Modena, Bl. 40ʳ: *gadriage*); im deutschen Text wird der Name leider unterdrückt.

Mandeville übernimmt auch die Geschichte von dem *reclusus* Bahayra aus Wilhelms ›Tractatus‹. Verschiedene Varianten dieser Geschichte erschienen schon früh in byzantinischen und muslimischen Traditionen. Alle weisen dieselbe Tendenz auf: »durch einen angeblichen Vorfall zu zeigen, daß die Buchbesitzer [d. h. die Juden und die Christen] von Muhammads Prophetentum zuvor unterrichtet seien«.[11] Ob der Mönch eine geschichtliche Figur ist, bleibt ungewiß.[12] Auffallend ist die Tatsache, daß Mandeville den Namen des Mönches unterdrückt, vielleicht aus dem sehr verständlichen Grunde, daß die Quellen, die er kannte, ihn mit verschiedenen Namen bezeichnen: Wilhelm nennt ihn Bahayra; bei Jacobus de Voragine heißt er Sergius (F 3ʳᵇ).

Wilhelm nennt sich *Tripolitanus*, obwohl er dem Konvent der Predigermönche in Akkon angehörte. So kann man vielleicht daraus schließen, daß er in Tripoli gebürtig und wahrscheinlich fränkischer Abstammung war, denn Tripoli war der Sitz einer fränkischen Grafschaft, gelegen an der Küste des Libanon nördlich von Beirut. Er hatte sein Leben unter Arabern verbracht, durch dauernden Umgang mit ihnen beherrschte er ihre Sprache und hatte, wie er selbst sagt, über tausend Mohammedaner getauft (cap. 53). Er war, als Missionar und Eingeborener zugleich, außerordentlich gut qualifiziert, dem Glauben seiner nichtchristlichen Landsleute gerecht zu werden, und sein ›Trac-

---

[9] So die französische Hs. Harley 4383, s. WARNER [Anm. 2], S. 70,45. Velsers deutscher Text (S. 92,1) hat 509 = Modena, Bl. xxxxʳ und Paris 4515 (LETTS [Anm. 3], S. 307). Der Harley-Text ist hier wiederum ursprünglicher als der Pariser [s. Anm. 3]. Muhammads Berufung zum Propheten fiel nach PETER BROWN: The World of Late Antiquity. London 1971, S. 189, in das Jahr 610. Das Datum ist jedoch nicht mit völliger Sicherheit festzustellen; es liegt etwa zwischen 609 und 612, s. BUHL [Anm. 4], S. 111.

[10] S. WARNER [Anm. 2], S. 173; Ausgabe der ›Legenda Aurea‹. Hagenau 1510: Henricus Gran, cap. 176 ›de sancto Pelagio‹, fol. F 2ᵛᵇ (Durham University Library, Routh Collection: S. R. 8. B. 12).

[11] A. J. WENSINCK und J. H. KRAMERS: Handwörterbuch des Islam. Leiden 1941, S. 73, ›Bahīrā‹.

[12] A[LOYS] SPRENGER: Das Leben und die Lehre des Mohammad. 3 Bde. Berlin 1861–65,1, hielt Bahīrā für »eine historische Person« (S. 189), einen Rāhib, d. h. »Cölibatär, Ascet, ob Mönch oder Eremit und ob Christ oder nicht« (S. 178, Anm. 2), dem Muhammad in Mekka begegnete (S. 304). Siehe auch MARTIN LINGS: Muhammad: his life based on the earliest sources. London 1983 (Islamic Text Society), S. 29–30, und YVAN G. LEPAGE: Le Roman de Mahomet de Alexandre du Pont (1258). Paris 1977 (Bibliothèque Française et Romane, Série B, 16), S. 19–22.

tatus‹ erweist sich tatsächlich als einer der sehr wenigen verhältnismäßig unbefangenen Berichte über den Islam, der überhaupt von einem mittelalterlichen
Christen geschrieben wurde.[13]

Indem Mandeville Wilhelms ›Tractatus‹ als seine Hauptquelle für seinen
Bericht über den Islam benutzte, zeigte er das kritische Urteilsvermögen des
echten Historikers. Vielleicht erkannte er hier einen Zeugen, der durch häu-
fige Quellenangaben und Hinweise auf seine eigene Erfahrung zuverlässig
erschien, im Gegensatz zu anderen Zeugen, die er sicherlich kannte, die jedoch
Muhammad absurde oder gehässige Geschichten andichteten. Jacobus de Voragine stellt zum Beispiel in seiner ›Legenda Aurea‹ [Anm. 10] Muhammad als
Anbeter der Göttin Venus, als einen falschen Propheten und Zauberer, *pseudo
propheta et etiam magus* (F 2[vb]) dar, gewalttätig und skrupellos in seinem Streben nach Macht:

> *Uniuersa enim gens arabum cum mahumeto venerem pro dea colebat . . . Mahumetus
> igitur predicte cadigan locupletatus diuitijs: in tantam prorupit mentis audaciam vt
> regnum arabum sibi vsurpare cogitaret. Sed cum videret se per violentiam haec assequi
> non valere . . . prophetam se fingere voluit. vt quos non poterat subiugare per po-
> tentiam saltem per sanctitatem attraheret simulatam . . . Et sic mahumetus totius gentis
> illius prophetam se simulando obtinuit principatum. omnes sibi sponte vel timore
> gladij crediderunt*　(F 3[rab]).

Vincenz von Beauvais, aus dessen enzyklopädischen Werken Mandeville
häufig schöpfte,[14] läßt sich über Muhammad als Dieb, Räuber und grausamen
Mörder breit aus.[15]

Mandeville beachtet diese Fabeln nicht. Er übernimmt aus anderen Quellen
als aus Wilhelms ›Tractatus‹ nur einige harmlose Nachrichten, die nicht völlig
ohne Grundlage in muslimischen Traditionen waren. Nach seinem Bericht
begann Muhammad seine Karriere als armer Knecht, er herrschte jedoch im
späteren Leben über das Land *Korroden* (S. 91,15; *corodonne* Modena,
Bl. xxxx[r]).[16] Der Name fehlt bei Wilhelm, weist jedoch vielleicht auf Muhammads eigenen Stamm, die Quraiš, hin, die tatsächlich ihre Heimat in Mekka
hatten.

Ein anderes Beispiel ist der Bericht von Muhammads epileptischen Anfällen.
Der Anlaß zu diesen Anfällen sei, wie Muhammad seiner Frau erklärte, die
Erscheinung des Erzengels Gabriel, der öfters mit ihm spreche und dessen

---

[13] S. Prutz [Anm. 6], S. 83-85, S. 573-574.

[14] S. Josephine Waters Bennett: The Rediscovery of Sir John Mandeville. New York 1954,
S. 20.

[15] ›Speculum Historiale‹, ed. Dvaci 1624, liber 23, cap. xlii-xliii. Für Literatur zu den zahlreichen
mittelalterlichen Fabeln über Muhammad, s. Aziz Suryal Atiya: The Crusade in the Later
Middle Ages. London 1938, S. 188, Anm. 1; Gustav Pfannmüller: Handbuch der Islam-Li-
teratur. Berlin/Leipzig 1923, S. 150-156, und Lepage [Anm. 12], S. 248-255.

[16] Vgl. ›Speculum Historiale‹, [Anm. 15], cap. xxxix: *Corozaniam*; cap. xli: *Chorais*; ›Legenda
Aurea‹ [Anm. 10]: *coroconia* (F 3[ra]). Muhammad als armes Waisenkind, s. ›Koran‹, Sure
93,6-8.

*schónin und ... schin* (S. 91,19) er nicht ertragen könne und deswegen zusammenbreche.[17] Die Geschichte von diesen Anfällen hat vielleicht eine historische Grundlage. Auf jeden Fall fiel Muhammad, nach muslimischer Tradition, um wie ein Betrunkener, oder wie einer, der vom Schlaf überwältigt wurde, wenn die göttliche Eingebung ihn traf.[18]

So war Mandevilles Reisebeschreibung sicherlich eines der ersten in einer Volkssprache geschriebenen Bücher, das einen verhältnismäßig unbefangenen Bericht über den Islam und seinen Gründer brachte. Sie übermittelte relativ genau einen Teil des ›Korans‹ und ein Bild von Muhammad, das nicht durch die übliche Verleumdung getrübt wurde.

Eine lateinische Übersetzung des ›Korans‹ existierte schon lange. Sie kam durch die Initiative des Abts von Cluny, Peters des Ehrwürdigen, zustande, und wurde im Jahre 1143 von verschiedenen Mitarbeitern, darunter einem Engländer, Robert of Ketton, vollendet.[19] Peter hielt den Islam für den Irrtum aller Irrtümer, für eine Häresie, die die Überreste aller diabolischen Sekten in sich aufgenommen hatte. Seine Übersetzung hatte den Zweck, die Unwissenden im lateinischen Westen aufzuklären, wie verdammenswürdig diese Irrlehre sei, damit sie bekämpft werden könnte.[20] Mit weiteren Büchern ›Adversus Nefandam Sectam Saracenorum‹, die er an die Araber selbst adressierte, wollte Peter ihnen die Irrtümer des Islam aufzeigen, um sie zum Christentum zu konvertieren.[21]

Die Aufklärungsversuche Peters haben es nicht verhindern können, daß der Pfaffe Konrad Muhammad als einen Gott und Gesellen Apollos darstellte, oder daß Feirefiz in Wolframs ›Parzival‹ Jupiter und alle anderen Götter ab-

---

[17] Vgl. ›Speculum Historiale‹ [Anm. 15], cap. xxxix: *Post haec vero Machomet caepit cadere frequenter epileptica passione. Quod Eadiga cernens valde tristabatur, quod nupsisset impurissimo homini, & epileptico. Quam ille placare desiderans, talibus sermonibus demulcebat eam dicens; quia Gabrielem Archangelum loquentem mecum contemplor, & non ferens splendorem vultus eius, vtpote carnalis homo deficio & cado.* Mit einigen Varianten hat die ›Legenda Aurea‹ [Anm. 10], F 3ra einen ähnlichen Wortlaut.

[18] S. WILLIAM MUIR: The Life of Mahomet. 3. Auflage London 1894, S. 6 und 51, BUHL [Anm. 4], S. 138f. Für die Offenbarung durch den Engel Gabriel, s. ›Koran‹, Sure 2,91 und passim.

[19] Das Explicit wird von Mlle M. TH. D'ALVERNY: Deux Traductions Latines du Coran au Moyen Age. Archives d'Histoire Doctrinale et Littéraire du Moyen Age 16, 1947–1948, 69–131 (S. 87), zitiert. Eine zweite, viel weniger verbreitete Übersetzung wurde ca. 1198–1212 von einem *canonicus* Marcus von Toledo auf Anregung des Erzbischofs Rodrigo Jimenez und eines *archdiaconus* Mauritius von Toledo gemacht, s. ebd. S. 113ff.

[20] In einem Brief an Bernhard von Clairvaux, dem er seine Übersetzung zuschickte, erklärte Peter, wie er, dem Beispiel der Kirchenväter folgend, nachweisen wollte, wie Irrlehren zu verwünschen und zu verwerfen wären: *Hoc ego de hoc præcipuo errore errorum, de hac fæce universarum hæresum, in quam omnium diabolicarum sectarum, quæ ab ipso Salvatoris adventu ortæ sunt, reliquiæ confluxerunt, facere volui, ut ... quam sit exsecrandus et conculcandus, detecta ejus stultitia et turpitudine, a nescientibus agnoscatur ... Sed proderit (translatio) fortassis aliquibus Latinis, quos et de ignotis instruet, et quam damnabilis sit hæresis, quæ ad aures eorum pervenerat, impugnando et expugnando ostendet* (PL 189,339–340).

[21] *vos diligo, diligens vobis scribo, scribens ad salutem invito* (PL 189,659–720, hier 674); vgl. RICHARD WILLIAM SOUTHERN: Western Views of Islam in the Middle Ages. Cambridge/Massachusetts 1962, S. 39.

schwören mußte, bevor er Repanse de Schoye heiraten durfte. Dem streng monotheistischen Glauben des Islam wurde die Vielgötterei angedichtet.[22] Und Peters Wunsch, an die Araber nicht mit Waffen, sondern mit Worten, nicht mit Gewalt, sondern mit Vernunft, nicht mit Haß, sondern mit Liebe[23] heranzutreten, blieb den Heiden unbekannt und von den Christen unbeachtet. Statt dessen wurden erneut Kreuzzüge geführt, mit dem Ergebnis, daß 1291 mit dem Fall Akkons die letzten christlichen Verteidiger aus Palästina vertrieben wurden.

Im 14. und 15. Jahrhundert setzte sich die Expansion des Islam fort. Die osmanischen Türken etablierten sich 1354 zum erstenmal auf europäischem Boden; Konstantinopel fiel 1453, und Serbien wurde 1459 unterworfen. Der Islam als physische Gefahr stand schon auf der Schwelle des lateinischen Westens. Wie konnte sich der Westen gegen diese Gefahr schützen? Für einige Theologen war der einzig mögliche, der einzig moralisch richtige Weg ein friedvoller, die Konversion. Eine der wichtigsten Figuren war der Spanier Johannes von Segovia (ca. 1400–58), ein von Papst Felix V. erhobener Kardinal, der dem Basler Konzil beiwohnte und dessen Geschichte schrieb. Johannes von Segovia wollte die Muslime nicht durch missionarische Tätigkeiten konvertieren, sondern durch Überredungskünste und Diskussionen mit Vertretern des islamischen Glaubens.[24] Zu diesem Zweck ließ er eine neue, vom philologischen Standpunkt, genauere und zuverlässigere Übersetzung des ›Korans‹ machen, und schrieb an verschiedene einflußreiche Kleriker, um sie für seine Pläne zu gewinnen.

Diese Pläne blieben im allgemeinen erfolglos, und seine Übersetzung des ›Korans‹ ist verloren gegangen. Aber einer seiner Korrespondenten[25] war Papst Pius II., Aeneas Silvius Piccolomini. Pius reagierte auf Johannes' Brief – allerdings erst drei Jahre nach dessen Tod –, indem er 1461[26] einen Brief an den türkischen Sultan, Mehmed II., den Eroberer von Konstantinopel, richtete.[27] Der Zweck des Briefes war, wie der der erwähnten Bücher Peters des

---

[22] Dieter Kartschoke: Das Rolandslied des Pfaffen Konrad. Frankfurt am Main 1970, V. 308–309; Karl Lachmann: Parzival. 5. Auflage Hamburg 1947, 815,6-7; s. Siegfried Stein: Die Ungläubigen in der mittelhochdeutschen Literatur von 1050 bis 1250. Nachdruck: Darmstadt 1963 (Libelli 108), S. 43f.,63.

[23] *Aggredior.. vos, non, ut nostri sæpe faciunt, armis, sed verbis, non vi, sed ratione, non odio, sed amore* (PL 189,673).

[24] S. besonders Southern [Anm. 21], S. 85ff.

[25] Der Text des Briefes an Pius II. wird von D. Cabanelas Rodríguez: Juan de Segovia y ed problema islamica. Madrid 1952, S. 343–349, zitiert, s. Southern [Anm. 21], S. 98.

[26] Die ›Epistola‹ entstand nicht vor Oktoberende dieses Jahres, s. Franz Babinger: Mehmed der Eroberer und seine Zeit. München 1953, S. 212.

[27] Für den Text des Briefes s. Guiseppe Toffanin: Pio II (Enea Silvio Piccolomini): Lettera a Maometto II (Epistola ad Mahumetem). Napoli 1953 (Collezione umanistica 8); auch Opera omnia. Basileæ 1571, S. 872–904; Auszüge bei Franco Gaeta: Sulla ›Lettura a Maometto‹ di Pio II. Bulletino dell'Istituto storico italiano per il medio evo 77, 1965, S. 127–227, Appendice, S. 195-227. Die 1474 angefertigte deutsche Übersetzung von Michael Christan wird nach dem Wiener Cod. 12596, Bll.1ʳ–80ᵛ (1482) zitiert.

Ehrwürdigen, den Sultan zu überreden, sich mit seinem Volk taufen zu lassen.[28] Um den Sultan von der Überlegenheit des Christentums zu überzeugen, stellt Pius verschiedene historische, philologische und theologische Argumente auf. Chlodwig, König der Franken, Stephan von Ungarn und andere heidnische Könige wurden konvertiert. Wie sind sie gediehen! Als getaufter Christ hat der Kaiser Konstantin

> *geendet krieg der stetten / gesiget den vynden / kestiget Barbaros / gemeret das Rych / fryd geben sinen vndertanen ... darumb er großmächtig vnd hoch ôber all kayser geschåtzt ist / Sin lob mit kriegschen vnd latinschen bûchstaben beschriben* (Bll. 15ʳ–15ᵛ = ed. TOFFANIN [Anm. 27], S. 119).

Dagegen

> *Was nûtzt Ninum* [das heißt Ninos, legendärer König des assyrischen Reiches] *das er geherschet håt in Asia ... Was nûtzt Hanibalem das er Ytaliam geûbt ... was frucht bringt Athile dem kúng Hunnorum das er Hungern vnd tútschland geletzt ... Was nutzt es dinen vatter Amyrati / das er wider Kriechen vnd Húngern dick vnd offt gesiget håt /*

Sie sind alle gestorben *ôn erkantnuß dess waren gots ... dero selen yetz gepinget werden in den hellen Sy werden hie gebreyst vnd dort geröscht* (Bll. 19ᵛ–20ʳ = TOFFANIN [Anm. 27], S. 124).

Wie Mandeville erwähnt Pius das dem Christentum und dem Islam Gemeinsame: den Glauben an den Einen Gott, den Schöpfer und Richter, an das Leben nach dem Tod, an Himmel und Hölle. Das Trennende wird jedoch betont, nämlich daß *wir nit ains sind in erkantnús der gothait* (Bl. 29ᵛ = *circa divinitatem non eadem sapimus*, S. 132); der Islam verleugnet den trinitären Gott. Dieser Unglaube Muhammads, wie der des Häretikers Arius, ist *stråffwirdig vnd verdampnet* (Bl. 33ʳ, *damnabile ac detestabile*, S. 135); seine Vorstellungen von dem Paradies passen eher zu den Tieren als zu dem Menschen, denn sie beruhen auf der Auffassung, daß die Wollust das *summum bonum* sei:

---

[28] Nikolaus' von Kues ›Cribratio Alchoran‹, geschrieben wahrscheinlich kurz vor der ›Epistola‹, enthält ähnliche Bekehrungsversuche in der Form von Briefen an den Sultan von Babylon und den Kalifen von Bagdad, s. PAUL WILPERT: Nikolaus von Kues, Werke: Neuausgabe des Straßburger Drucks von 1485. 2 Bde. Berlin 1967, 2 (lib. iii, cap. 17 und 18), S. 512–515. Nikolaus war mit Pius befreundet und widmete ihm seine Schrift, damit, wie er sagt, *cito quedam rudimenta scitu necessaria* [zur Widerlegung des Islam] *ad manum habeas* (S. 430). So stellte die ›Cribratio‹ vermutlich die unmittelbare Anregung zu der ›Epistola‹ dar, aber ein direkter Einfluß von Nikolaus' Schrift auf den Brief ist nicht erwiesen, s. ERICH MEUTHEN: Die letzten Jahre des Nikolaus von Kues. Köln und Opladen 1958 (Wissenschaftliche Abhandlungen der Arbeitsgemeinschaft für Forschung des Landes Nordrhein-Westfalen 3), S. 107; PAUL NAUMANN: Schriften des Nikolaus von Cues. Im Auftrag der Heidelberger Akademie der Wissenschaften. Heft 6: ›Sichtung des Alkorans‹. ›Cribratio Alkoran‹, 1. Buch. Erschienen 1943, 2. Auflage Hamburg 1948 (Die Philosophische Bibliothek 221), S. 13: »Wörtlich aus der ›Cribratio‹ übernommene Stellen ... finden sich in dem Briefe des Papstes, soweit ich sehe, nirgends ... Pius hat also seine Kenntnis islamischer Dinge im wesentlichen anderen Quellen als der Schrift des Nikolaus entnommen« – u. a. wahrscheinlich der Schrift des Missionars Ricoldus de Monte Crucis, s. meine Anm. 29 unten.

*diss paradises wonung ist gepúrlicher ainem ochsen oder esel dann aim menschen / ...
Allain Aristippus Vnd Epycureus haben mit jren schúlern gesecht das oberst gůt jn
wollust den selben ist din gsatzt mitformig / die zů yeden andern naturlichen maistern
gezelt / geacht sind als ain stinckender myst* (Bl. 47ʳ-47ᵛ).

*Bovis haec paradisus, et asini potius quam hominis est! ... Soli Aristippus et Epicurus
et eorum schola summum bonum in voluptate locaverunt, atque his tua lex conformis
est, qui faex omnium philosophorum et foetidum coenum fuere* (S. 147f.).

Muhammad behauptete, die Juden und Christen hätten das Alte und Neue
Testament verfälscht:

*der sagt die alt ee vnd die propheten sigen von den juden vnd das ewangelium von
den cristan vermyscht vnd gemert Vnd sige allain der alten vnd nůwen ee so vil war
als vil in Alcorano begryffen ist ... Got wolt das din gsatzfeller so frumm wår als
lystig So warhafft als betrugenlich So gerecht als boßhafftig. Sin gsatz ist gantz arg-
kúnstig vnnd vntrúw* (Bl. 57ᵛ-58ʳ).

*(tuus legislator) asserit legem et prophetas a Judaeis, Evangelium a Christianis esse
corruptum, tantumque de veritate vel novi Testamenti vel veteris remansisse quantum
in Alcorano continetur ... Utinam tam bonus fuisset tuus legifer quam callidus, tam
verax quam versutus, tam iustus quam iniquus! Tota est artificiosa et fraudulenta lex
eius* (S. 156).

Sein Beweggrund war Ruhmbegierde:

*Er begert ain satzung zemachen durch die er wyterte sinen namen vnd durch sunde
erhůbe sinen lůmden* (Bl. 58ʳ).

*Cupiebat legem edere, quae sibi nomen daret famamque etiam per flagitia exoptabat*
(S. 156).

Er lockte neue Anhänger an dadurch, daß er Wollust jeder Art sanktionierte,
zum Beispiel Vielweiberei und Scheidung der Eheleute, und schuf ein Gesetz,
das keiner durch Vernunftsargumente in Frage stellen durfte:

*also ist erwachsen die seckt der sarracen ain liecht*[!] *vnd fúrerin aller sůnde ... mit
sôlichen irrwec vnd graben håt der lystig boßhafftig wycht sin gsatz bewaret*
(Bl. 58ʳ-59ʳ).

*Crevit igitur secta Saracenorum licentia vitiorum ... Atque huiusmodi vallo suam
legem callidus veterator communivit* (S. 157).

Und dann widerlegt Pius die Ansprüche des ›Korans‹ auf Echtheit, indem er
als Textkritiker auf die Existenz des Alten und Neuen Testaments und die
Verbreitung der biblischen Bücher durch die Bibliotheken der Welt längst vor
d e r Zeit hinweist, zu der Muhammad und der Islam auf dem Plan erschienen:

*Hierumb wirt machumetis gedycht nårrisch vnd sin erfyndung schnôd geacht / vnd håt
nútzit der warhait gelych / Sy ist nit allain wider ze reden sonnder gantz ze uerlachen*
(Bl. 61ʳ).

*Stulta est igitur Mahumetis fictio et turpis inventio, nec quicquam habet verisimile, nec tam confutatione quam irrisione digna est* (S. 159).

Um die Lächerlichkeit noch mehr zu betonen, gibt Pius zwei Fabeln an – angeblich von Muhammad erzählt.[29] Die erste handelt von einer nächtlichen Reise Muhammads auf einem wunderbaren Tier, *von grösse zwyschen aim esel vnd aim mul genannt Elberahil* (Bl. 71[r]), nach Jerusalem und von da aus zum Siebten Himmel vor Gottes Thron:

> *vnd hat mich got getastet vnd gryffen mit siner hand / zwyschen min achseln / vnd die kelte siner hand ist getrungen biß zů dem ynwendigen marck mines rugken* (Bl. 72[v]).

Die zweite Fabel (Bll. 72[v]-73[r]) berichtet von zwei gefallenen Engeln, Arathes und Marathes (*Hārūt* und *Mārūt*), die von einer schönen Frau versucht wurden und die ihr den Weg in den Himmel verraten, ohne daß sie ihren Begierden nachgibt. Sobald sie das Geheimnis erfahren hat, eilt sie in den Himmel hinauf und wird von Gott zum Lohn in einen Stern verwandelt und Lucifer genannt; die Engel jedoch werden bestraft und in einem Brunnen in Ketten gelegt. Zu diesen Erzählungen sagt Pius:

> *Diss ist sin theology vnd götlich kunste / ... Wie gar vil lechterlich tröm sind in disen merlin* (Bl. 73[r]) ...

> *Er vermyscht jn haymlichait siner gsatzt gedychtfabel der poeten / die gelesen werden den kynden / Vnnsere kind konnen sy on lachen nit verhören* (Bl. 76[r]).

So hat Pius ohne Zweifel den geschichtlichen Horizont eines sehr breiten Publikums erweitert, denn sein lateinischer Brief wurde »unsäglich oft abgeschrieben und gedruckt«.[30] Aber indem er das tut, stellt er Muhammad als einen ehrgeizigen und betrügerischen Politiker dar, und den ›Koran‹ als eine dumme und gemeine Fiktion, nur der Verhöhnung würdig, und außerdem eine Erfindung des Teufels: *Diss ist ain fünde dess tüfels* (Bl. 68[r], *Diaboli hoc fuit inventum*, S. 165).

Hier waren also zwei Berichte von Islam und Muhammad, der eine verhältnismäßig tolerant formuliert und bis zu einem gewissen Grade auf den Text

---

[29] TOFFANIN [Anm. 27], S. 168-170. Es sind Legenden, die sich in muslimischen Traditionen aus Versen des ›Korans‹ entwickelt haben (Sure 17,1 und 2,96), s. JOSEF HOROVITZ: Muhammeds Himmelfahrt. Der Islam 9,1919, S. 159-183 (zu dem Wundertier, arab. *al-burāq*, bes. S. 179-183) und RICHARD BELL: Muhammad's Visions. The Moslem World 24, 1934, S. 145-154, bes. 151-152. Zu *Hārūt* und *Mārūt*, s. Encyclopaedia of Islam. New Edition. Edited by B. LEWIS and others, 3, Leiden/London 1971, S. 236f. – Die beiden Legenden werden von dem Missionar und Dominikaner Ricoldus de Monte Crucis in seiner ›Confutatio Alcorani‹ (kurz vor 1300) wiedergegeben, s. den lat. Text und Luthers Übersetzung, ›Verlegung des Alcoran Bruder Richardi‹. In: D. Martin Luthers Werke. Bd. 53. Weimar 1920, S. 359-364 und S. 297-298. Die Fabel von der Himmelfahrt und dem Wundertier erscheint in der frühesten Biographie des Propheten von Ibn Ishāq (8. Jh.), s. LINGS [Anm. 12], S. 101-104. Für den Einfluß dieser Fabel auf Dante und den Aufbau der ›Divina Commedia‹ und weitere Literatur dazu, s. SOUTHERN [Anm. 21], S. 55.

[30] GEORG VOIGT: Die Briefe des Aeneas Sylvius vor seiner Erhebung auf den päpstlichen Stuhl. Archiv für Kunde österreichischer Geschichtsquellen 16, 1856, S. 321-424 (S. 330).

des ›Korans‹ gegründet und historisch relativ echt, der andere mit der Über-
zeugungskraft eines Theologen verfaßt, der mit jedem Wort die Überlegenheit
seines eigenen Glaubens behauptet. Hier lagen zwei Richtungen miteinander
im Widerstreit. Die eine verkennt nicht, daß der Islam ein verschiedenes Wert-
system besitzt, hofft jedoch den Gegner zu bekehren. Die andere sieht in dem
Gegner aus dem Osten die Verkörperung des Bösen an sich. Vom Standpunkt
ihres Adressaten aus gesehen müßte die ›Epistola ad Mahumetem‹ als ver-
leumderisch und verletzend erschienen sein.

Bei beiden war der Kreuzzug ein berechtigtes Unternehmen zur Wieder-
eroberung des himmlischen Erbes. (*Wir*) *sŏltend* (sagt Mandeville) *billichen
kriegen und fechten umb unser land und unser erbe das uns unser vatter gelaßen
hat*[31] ... *Wann es sicher gott wol gefiele das wir cristen ... uns berattend ze
gewynnen unser land* (S. 2,20-3,5). Pius starb am 14. August 1464 in Ancona,
selbst einen Kreuzzug führend, nachdem er während seiner letzten Jahre, seit
seiner Erhebung auf den päpstlichen Stuhl, vergeblich versucht hatte, die west-
lichen Mächte auf die türkische Gefahr aufmerksam zu machen und sich dagegen zu rüsten. Hundert Jahre früher war diese Gefahr für Mandeville kaum
erkennbar, auf jeden Fall nicht erkannt. Der Kreuzzugsgedanke wird in seinem Prolog deutlich ausgesprochen, sonst aber nur nebenbei als Wunsch erwähnt (S. 51,2-4;54,1f.). Überwiegend erscheint in seinem Werk, besonders in
der zweiten Hälfte, wo sein Augenmerk sich auf die asiatischen Völker richtet,
nicht die fromme Absicht, Pilger und Kreuzfahrer zu ermutigen, sondern die
sekulären Interessen des Geographen und Anthropologen an *wunderlichen*
Völkern, Glauben und Sitten: *... von landen vnd ynselen wil ich úch sagen
... wie sie gestalt sind, und als ich das alles selb gesenhen hon* (S. 3,23f.).[32] Und
ganz zum Schluß kann er sogar die Anbeter der Abgötter in Schutz nehmen,
weil sie von Gott nichts wissen und niemand haben, der sie unterweisen kann,
*wann nun als vil als sie von natur verstŏnd* (S. 177,12f.). Diese Unbefangen-
heit Mandevilles dem Fremden und besonders dem Islam gegenüber, im Gegensatz zu Pius' Verunglimpfung des Propheten und seines Glaubens, ist wahrscheinlich durch die sehr verschiedenen historischen Umstände bedingt, die bei
der Entstehung der beiden Werke herrschten.

Mandeville zeigt auch eine Spur von jenem Relativismus, der seinen klassischen Ausdruck in Boccaccios Erzählung von Saladin, dem Juden Melchi-
sedech und den Drei Ringen (›Decameron‹ I,3), die etwa zu derselben Zeit
entstanden ist (ca. 1350), gefunden hat; das heißt die Fähigkeit, verschiedene

---

[31] Vgl. FRIEDRICH–WILHELM WENTZLAFF-EGGEBERT: Kreuzzugsdichtung des Mittelalters. Berlin
1960, S. 285: »das haereditas-Motiv ... die Verpflichtung zur Verteidigung des himmlischen
Erbes«.

[32] Vgl. eine ähnliche Redewendung bei Oswald von Wolkenstein: *ich wolt besehen, wie die werlt
wer gestalt* (KARL KURT KLEIN: Die Lieder Oswalds von Wolkenstein. Tübingen 1962 [ATB
55], Nr. 18,2), auch den Aufsatz des Verfassers: Oswald von Wolkenstein und Mandeville's
›Travels‹. In: Medieval German Studies presented to Frederick Norman. London 1965, S. 262–
272.

Völker und Kulturen und ihre Sitten objektiv und unbefangen zu betrachten, anstatt von dem exklusiven Standpunkt eines Christen auszugehen, der sich für die Werte und den Glauben seiner eigenen sozialen Umgebung so einsetzt, daß er keine anderen verstehen oder schätzen kann.[33]

Beide Berichte waren in den Siebziger Jahren des 15. Jahrhunderts am Hof Eberhards im Bart bekannt. Meine oben angeführten Zitate aus Mandeville sind einer Handschrift entnommen, die eine enge Verbindung mit dem württembergischen Hof hatte, wie aus einer Chronik und ihrer Fortsetzung für die Jahre 1471 bis 1475, die in die Handschrift eingebunden worden sind, zu ersehen ist. Hier werden Ereignisse in Tübingen und Umgebung angeführt, wie der Tod des Abts von Bebenhausen im Jahre 1473 und die Hochzeit von Eberhard und Barbara von Mantua, die 1474 in Urach stattfand.[34] Dieser prachtvolle Codex könnte vielleicht für Eberhard selbst geschrieben worden sein.[35]

Die deutsche Übersetzung der ›Epistola ad Mahumetem‹ war 1474 von Michael Christan von Konstanz gemacht, dem Wunsch eines Doktor Johann Zeller, Domdekan in Konstanz, entsprechend. Die erste Anregung kam jedoch von Eberhard selbst, wie Christan in seinem Prolog sagt, (*dann sin gnåd von erst mich zů diser arbait bewegt hatt* - Bl. 2ᵛ), und er hat seine Übersetzung Eberhard gewidmet: *Vnd hab die selben min translatz vffgeopffert vnd zůgeschriben dem hochgepornen herren hern Graff Eberharten von Wirttemberg ze Vrach minem gnedigen herren* (1ᵛ-2ʳ). Ob Eberhard die Übersetzung gesehen hat, bleibt jedoch ungewiß. Denn die erste Handschrift ging bei einem Augsburger Drucker verloren, und Michael mußte seine Arbeit 1482 zum zweiten Mal verrichten.

## Nachtrag

Wichtige Information zur Rezeption der Mandeville-Übertragung in Italien erhielten wir in der Diskussion von Frau Professor Erika Kartschoke. Sie machte auf folgendes Buch aufmerksam: CARLO GINZBURG: Il formaggio e i vermi. Il Cosmo di un mugnaio de '500. Torino 1976 [dt. Übers. KARL F. HAUBER: Der Käse und die Würmer. Die Welt eines Müllers um 1600. Frankfurt am Main 1983; engl. Übers. JOHN and ANNE TEDESCHI: The Cheese and the Worms. The Cosmos of a Sixteenth-Century Miller. London and Henley 1980]. Mandevilles Reisebeschreibung, vor al-

---

[33] S. ROBERT HASTINGS: Nature and Reason in the ›Decameron‹. Manchester 1975, S. 19.
[34] S. [C. F.] VON STÄLIN: ›[Flores temporum] Martini minoritæ continuatio Suevica posterior‹. Württembergische Jahrbücher für vaterländische Geschichte 1852, Heft 1, S. 158–166 (S. 164).
[35] NIGEL F. PALMER: ›Visio Tnugdali‹. The German and Dutch Translations and their Circulation in the Later Middle Ages. München 1982 (MTU 76), S. 271 (MS. C12); s. auch meine Mandeville-Ausgabe [Anm. 2], S. XXXVIII.

lem sein Bericht über den Islam, spielte eine große Rolle in der Gestaltung der häretischen Weltanschauung, um deretwillen der mutige Müller Menocchio aus Montereale, einem kleinen Bergdorf in Friaul, nördlich von Pordenone, auf dem Scheiterhaufen der Inquisition starb.

Der Universität Durham bin ich für finanzielle Hilfe, die eine Studienreise ermöglichte, zu Dank verpflichtet.

# Exemplarisches Rittertum und Individualgeschichte

## Zur Doppelstruktur der ›Geschichten und Taten Wilwolts von Schaumburg‹ (1446–1510)

von

Horst Wenzel (Essen)

> Jedwede Untersuchung einer epischen Form hat es mit dem Verhältnis zu tun, in dem diese Form zur Geschichtsschreibung steht. Ja, man darf weitergehen und sich die Frage vorlegen, ob die Geschichtsschreibung nicht den Punkt schöpferischer Indifferenz zwischen allen Formen der Epik darstellt. Dann würde die geschriebene Geschichte sich zu den epischen Formen verhalten wie das weiße Licht zu den Spektralfarben.
>
> Walter Benjamin[1]

Die Interpretation des individuellen Lebens basiert im späten Mittelalter grundsätzlich noch immer auf der Geltung überindividueller Ordnungen, auf dem Prinzip der Teilhabe des Einzelmenschen am Vollzug der Heilsgeschichte und an ihren aktuellen Manifestationen in der Welt- und Reichsgeschichte. Mit zunehmender Ausdifferenzierung von Literatur und Geschichte, poetischer (moralischer) und historischer Wahrheit, wird die Korrespondenz von exemplarischer Vita und historischem Detailwissen jedoch problematisch, wird die Darstellung von Geschichte als Präsentation und Wiederholung vorbildlicher Lebensformen und Karrieremuster ebenso fragwürdig wie der historiographische Gestus der Literatur.[2] Der Anspruch auf Harmonisierbarkeit von historischer Wahrheit (Chronik) und moralischer Vorbildlichkeit (Roman) bleibt dennoch bestehen und wird im Einzelfall konstitutiv für die charakteristische Ausprägung von Lebenslaufentwürfen im späten 15. und frühen 16. Jahrhundert.

---

[1] Walter Benjamin: Der Erzähler. Betrachtungen zum Werk Nikolai Lesskows, S. 46. In: Walter Benjamin: Über Literatur. Frankfurt a.M. 1969, S. 33–61.

[2] Angesichts der umfangreichen Forschungsliteratur beschränke ich mich hier auf einige ausgewählte Titel: Helmut Brackert: Rudolf von Ems. Dichtung und Geschichte. Heidelberg 1968. Klaus Heitmann: Das Verhältnis von Dichtung und Geschichtsschreibung in älterer Theorie. AKG 52, 1970, S. 244–279. Fritz Peter Knapp: Historische Wahrheit und poetische Lüge. Die Gattungen weltlicher Epik und ihre theoretische Rechtfertigung im Hochmittelalter. DVjs. 54, 1980, S. 581–635. Klaus Schreiner: Discrimen veri ac falsi. Ansätze und Formen der Kritik in der Heiligen- und Reliquienverehrung des Mittelalters. AKG 48, 1966, S. 1–53. Hilfreich sind zahlreiche Beiträge in dem Band von R. Koselleck / W. D. Stempel (Hrsg.): Geschichte - Ereignis und Erzählung. München 1973 (Poetik und Hermeneutik V).

# I

In den ›Geschichten und Taten Wilwolts von Schaumburg‹,[3] die sein Biograph, Ludwig von Eyb d. J. (1450–1521),[4] nach eigenen Angaben im Jahre 1507 abgeschlossen hat,[5] beschäftigt der *historiensetzer* sich in einem Sendschreiben, das dem Werk vorangestellt ist, mit der Frage nach der richtigen Lektüre für den jungen Adel. Er nennt vorrangig die römische Historie, *die geschichten der alten und sonderlich der romischen*,[6] und meint damit nicht etwa die ›Gesta Romanorum‹. Er bezieht sich vielmehr auf den Fall von Troja, die Flucht des Äneas, die Gründung Roms durch Romulus und Remus, skizziert die Herrschaft der Könige bis zu Tarquinius Superbus und erwähnt danach die Organisation der Republik als städtisches Gemeinwesen. Schließlich hebt er hervor, daß die Römer ihre großartigen Taten nicht aus Eigennutz, sondern *umb gemaines nutz willen* begingen und daß das Reich der Römer sich nur deshalb *die ganz welt underwurfig und zinspar* habe machen können.[7] Implizit wird damit angespielt auf den Zustand des Deutschen Reiches, wird die Erziehung des Adels als restaurative Kraft gefordert und die römische Historie usurpiert als Medium der Lehre.

Der *historiensetzer*, wie sich der Autor selber nennt, versteht Geschichte derart als *magistra vitae* (Cicero), und sein Abriß der Geschichte Roms scheint ihn auszuweisen als Chronisten und Historiker.

Den Büchern römischer Geschichte stellt er jedoch die deutsche Heldenepik und den höfischen Roman, die er zusammenfaßt in dem Begriff der *teutschen ritterpuecher*, sofort an die Seite als die *andern ritterpuecher*. Mit der gleichen Selbstverständlichkeit, mit der er so die Werke römischer Geschichte als Ritterbücher einstuft, konzediert er auch den *teutschen ritterpuechern* die Qualität belehrender Geschichtsschreibung. Beide Traditionen subsumiert er unter dem Begriff *historien*, und in diesem Sinne ist der Autor als *historiensetzer* auch nicht als *historicus* oder *poeta*, sondern als *poeta et historicus* aufzufassen: Dichtung und Geschichte (das heißt römische Geschichte und volks-

---

[3] Die Geschichten und Taten Wilwolts von Schaumburg. Hrsg. v. ADELBERT VON KELLER. Stuttgart 1859 (StLV Bd. 50).

[4] Der Autor nennt sich nicht, er ist nur über allerdings gewichtige Indizien zu erschließen. Vgl. dazu HEINRICH ULLMANN: Der unbekannte Verfasser der Geschichten und Taten Wilwolts von Schaumburg. HZ 39, 1878, S. 193–229. E. KUPHAL: Ludwig von Eyb der Jüngere (1450–1521). Archiv für Geschichte und Altertumskunde von Oberfranken 30, 1927, S. 6–58. HORST WENZEL: Höfische Geschichte. Literarische Tradition und Gegenwartsdeutung in den volkssprachigen Chroniken des hohen und späten Mittelalters. Bern/Frankfurt 1980, S. 285ff.

[5] Diese Datierung läßt einige Fragen offen; das gilt für das vermeintliche Entstehungsjahr (vgl. ULLMANN [Anm. 4]), aber auch für das präzise Abschlußdatum des Manuskriptes *am sambstag nach sant Georigen des heiligen ritters und merterers tag* (Geschichten und Taten [Anm. 3], S. 203). Diese Zeitangabe stellt die Lebensbeschreibung Wilwolts derart programmatisch in die Nachfolge des Ritterheiligen St. Georg, daß offen bleiben muß, ob sie nur im bezeichnenden Sinne oder auch im historischen Sinne wahr ist.

[6] Geschichten und Taten [Anm. 3], S. 1.

[7] Geschichten und Taten [Anm. 3], S. 1.

sprachige Epik) werden im Sendschreiben des *historiensetzers* kategorial nicht unterschieden.

Allerdings ist diese kategoriale Gemeinsamkeit programmatisch formuliert und keineswegs fraglos gesichert, vielmehr für die *teutschen ritterpuecher* ersichtlich umstritten. Der Autor selbst räumt ein: *etlich sagen,* sie seien *ein lauter gedicht,* bloße Erfindung also. Deshalb erscheint ihm die Verteidigung der deutschen *ritterpuecher* auch besonders vordringlich:

> aber wiewol etlich sagen, das die andern ritterpuecher ein lauter gedicht, so geben dannochte die lant und geschlecht etlicher könig und fürsten anzaig, das noch etwas dermaßen geschehen, woll mugen die reumen gebeßert sein, ist doch nit anderst, dan umb kurzweil der lesenden und das die jung ritterschaft sich als in ainem spiegl mänlicher tugent und manheit dar innen beschauen, zucht und ehr lernen nach ritterlichem pereis an sich zu nemen streben sollen, gescheen.[8]

Der Vorbehalt, die Ritterbücher seien *ein lauter gedicht,* wird zunächst entkräftet mit dem Argument, daß viele Länder und bedeutende Familien von Königen und Fürsten für die Wirklichkeitsnähe dieser Bücher Zeugnis ablegen könnten. Die fließenden Übergänge zwischen dem historischen Roman und den zahlreichen Landes- und Familienchroniken verleihen diesem Argument tatsächlich einige Bedeutung.[9] Wichtiger ist allerdings die These, daß die Geschichtsüberlieferung der Deutschen sich genuin im Medium der Poesie vollziehe[10] und daß auch in den Ritterbüchern, poetisch überhöht und eingekleidet, ein Kern historischer Wahrheit tradiert werde.[11] Hier bezieht der Autor sich zumindest indirekt auf die *integumentum*-Lehre, die zurückzuführen ist bis auf Lactanz und Isidor,[12] und damit erledigt er den Vorwurf der bloßen Erfindung.

---

[8] Geschichten und Taten [Anm. 3], S. 1f.

[9] Vgl. WENZEL [Anm. 4], S. 117ff.

[10] Tacitus (gedr. 1469) spricht von den alten Liedern der Germanen als den einzigen Denkmälern ihrer Überlieferung: *Celebrant carminibus antiquis, quod unum apud illos memoriae et annalium genus est, Tuistonem deum terra editum* (Publius Cornelius Tacitus: Germania. Hrsg. v. EUGEN FEHRLE. München/Berlin 1944, S. 2. Vgl. Die Germania des Tacitus. Erl. v. RUDOLF MUCH und HERBERT JANKUHN. Hrsg. v. WOLFGANG LANGE. Heidelberg [3]1967, S. 50f.).

[11] Vordergründig scheint es, steht diese Auffassung in Übereinstimmung mit der relativen Geltung, die Thomasin von Zerclaere im ›Wälschen Gast‹ der Aventiurendichtung zubilligt: *sint die âventiur nicht wâr, / si bezeichent doch vil gar / waz ein ieglîch man tuon sol / der nâch vrümkeit wil leben wol.* vv. 1131ff. Die Erzählinhalte mögen fingiert sein, die handelnden Personen sind dennoch wahr, – wahr jedoch allein im moralischen Sinn, als Verbildlichung typischer Einstellungen, während im 15. Jahrhundert den Abenteuererzählungen (*ritterpuechern*) tatsächlich ein historischer Kern zugesprochen wird, der allerdings poetice dargeboten und deshalb nicht unmittelbar einsichtig wird (vgl. JAN-DIRK MÜLLER: Gedechtnus. Literatur und Hofgesellschaft um Maximilian I. München 1982, S. 180ff., bes. S. 185. KNAPP [Anm. 2], S. 623).

[12] Für den ›Teuerdank‹ Maximilians hat MÜLLER diese Auffassung, wonach die Werke der Poeten historisches Wissen in verhüllter Form überliefern, eingehend analysiert und auf die *integumentum*-Lehre der lateinischen Poetik (Lactanz, Isidor) zurückgeführt. Er kann die Gültigkeit dieser Auffassung auch für Sebastian Francks ›Chronica‹ und für Füetrers ›Buch der Abenteuer‹ belegen, so daß wir hier von einer verbreiteten Auffassung des späten 15. und frühen 16. Jahrhunderts ausgehen können, die jedoch vor allem von den humanistischen Gelehrten verwendet wird, um die Poesie gegen den Vorwurf der Lüge zu verteidigen: »poetice, poetico more

Zwar sei zu konzedieren, heißt es weiter, daß diese Bücher poetisch überformt seien (*woll mugen die reumen gebeßert sein*), doch das sei eine Konzession an die lehrhafte Absicht: Ziel dieser Überformung sei die notwendige
Verdeutlichung ritterlicher *tugent und manheit*, die Anleitung zu *zucht und
ehr*. Moraliter also, und damit verschiebt sich die Argumentation auf jene
Ebene, die für den Historiensetzer Vorrang hat, gehören römische Geschichtsschreibung und deutsche Ritterbücher begründet zusammen; von entscheiden-
der Bedeutung sei, daß man hier wie dort darüber lesen könne, *wie durch die
aller edlsten, tewersten und lobwirdigisten haubtleut in kriegen so mänlich,
ritterlich und gar tapfer gehandlt wart.*[13] Die Frage nach der historischen Wahrheit tritt neben dem Gesichtspunkt der *utilitas* zurück.

Für besonders vorbildlich hält Ludwig von Eyb dennoch die Römer, weil sie
Schulbildung und Waffentüchtigkeit zu vereinen wußten. Die Franken sollten
ihnen darin nacheifern:

> *Du vindest, das die Römer ir sen jung zu schuel gesetzt, (. . .) inen dabei die ge-
> schichten der alten angezaigt, sie auch mit laufen, ringen, springen, fechten (. . .)
> geübet, allen vortl gegen den veinden, wie sy den suechen, nemen und gebrauchen
> solten, nit verporgen, derhalb sich die edln Römer und ander der hauptmanschaft frue
> und jung underwunden, albeg die kunst der pücher mitgebraucht (. . .) dieselbigen
> haubtleut, so sie aus den kriegsleufen haimb komen, haben sie nit weniger in purger-
> lichen sachen dem rechten, und die guetn sitten, als in dem velt zu regieren gewist, das
> dem ungelerten man alles unmüglich, und darumb, wer die kunst veracht, wierdt
> billich fur ain tor oder unvernunftigs tier geacht.*[14]

Die Intellektualisierung der aristokratischen Erziehung, die sich in dieser
Absicht manifestiert, signalisiert zugleich, daß die familiale Tradierung der
kollektiven Selbstdeutungsmuster dem Historiensetzer nicht mehr zu garantieren scheint, daß der Adel seine alten Tugenden und Privilegien auch
weiterhin behauptet. Sein Plädoyer für eine bessere Schulbildung der adligen
Jugend, für die Gleichzeitigkeit von Schulbildung und Waffenübung, wie sie
für die Römer selbstverständlich gewesen sei, begründet Ludwig von Eyb mit
einem selbstverschuldeten Funktionsverlust des Adels. Die aristokratische Aver-
sion gegen Universität und Schule, gegen Buchgelehrsamkeit und historisches
Wissen, sei der Grund dafür, daß an den Schulen *der pauern kinder* reüs-
sierten, die den alten Adel schließlich ganz um seine angestammten Pfründen
brächten:

> *so aber nu ein zeit lang der adl alle historien veracht, weder universitäten oder ander
> suptil künsten, die doch dem pauern nit aufgericht, wenig gesuecht, aber weliche das
> getan, von den andern jungen und unverstandigen verspot, schreiber genent, derhalb*

---

sprechen, bedeutet Aussage in verhüllter Gestalt (. . .). Dabei entsteht das Paradox, daß fabulae, die doch per definitionem der res factae der historia entgegengesetzt sind, sub velamine,
involucro etc. ebenfalls historische Geschehnisse enthalten können, freilich nicht aperte, sondern in verborgener Gestalt« (MÜLLER [Anm. 11], S. 180ff., bes. S. 185).
[13] Geschichten und Taten [Anm. 3], S. 1.
[14] Geschichten und Taten [Anm. 3], S. 2.

*der armb adl in vergeßenhait irer frommen, loblichen eltern guethait komen, der*
*pauern kinder sich zu lernen understanden, zu großen bistomben, hohen ambtern bei*
*kaisern, konigen, kur und andern fürsten in rechtn furgebrochen, zu mächtigen herrn*
*und regierern der lant und adls worden, damit die stüel, als das gemain sprüchwort*
*sagt, uf die penk gesprungen sind.*[15]

Es gelte, die verkehrte Ordnung zu berichtigen, die Stühle von den Bänken
zu räumen, dem Adel das Recht des alten Adels wiederzugewinnen und den
*pauern* auf dem Land und in den Städten bäuerliche Pflichten zuzuordnen.
Mit dieser Zielsetzung stehen die ›Geschichten und Taten‹ im Gesamtzusammenhang der Reichsreformbestrebungen, die sich in den Ritterbiographien
und den Regeln des Turnieradels ebenso abbilden wie in den Schriften Ulrichs
von Hutten oder in den Thesen des Oberrheinischen Revolutionärs.[16]

## II

Seine Einschätzung der römischen *historien* und der *teutschen ritterpuecher*
will der Autor in seinem eigenen Werk zur Geltung bringen. Dabei ist zunächst zu konstatieren, daß er schon in der Vorrede, im Anschluß an das
einleitende Sendschreiben, von eben jener Tradition sich distanziert, auf die er
sich dennoch stets bezieht, daß er also weder eine Chronik noch einen Roman
vorlegt, sondern die Erlebnisse und Taten eines vorbildlichen Zeitgenossen:

*geschichten und tatn so iezund in unsern tagen von ainem teutschen tewrin und*
*manlichen ritter, wolcher von seiner geburt von vater und mueter auch ein Frank*
*was, sich in seinem beiwesen verlaufen, das er gesehen, gehört, meist tails selbs mit-*
*getan.*[17]

Mit dieser noch sehr vagen Formulierung wird Wilwolt von Schaumburg
(1446–1510) eingeführt, der einem der bekanntesten Adelsgeschlechter Frankens angehört und durch seine militärische Karriere als Feldhauptmann und
Landsknechtsführer über Franken hinaus bekannt geworden ist. Sein Leben
will der Autor als *historie* den *cronicen* und *ritterpuechern* an die Seite stellen,
sie fortsetzen und überbieten.

Richtungsweisend dafür erscheint ihm die römische Geschichtsschreibung,
weil sie sich vorteilhaft absetze von der historischen Überlieferung der Deutschen und Franzosen: *Man sagt, als es auch war ist, das die Teuschen ir guete*
*tat singen,*[18] *die Franzosen spilen (das alles bald vergessen), aber die Lateini-*
*schen beschreiben, das beleibt in ewiger gedechtnus.*[19] Allein die römische Ge-

---

[15] Geschichten und Taten [Anm. 3], S. 2. Vgl. WENZEL [Anm. 4], S. 290ff. MÜLLER [Anm. 11],
S. 43ff. Dazu WILHELM KUHLMANN: Gelehrtenrepublik und Fürstenstaat. Entwicklung und
Kritik des deutschen Späthumanismus in der Literatur des Barockzeitalters. Tübingen 1982,
S. 85ff.
[16] WENZEL [Anm. 4], S. 270ff.
[17] Geschichten und Taten [Anm. 3], S. 5.
[18] Geschichten und Taten [Anm. 3], S. 3, vgl. Anm. 10.
[19] Geschichten und Taten [Anm. 3], S. 3.

schichtsprosa habe sich als dauerhaft erwiesen und sei deshalb auch vorbildlich für die Deutschen: *Zu glauben, wo die Teutschen ir getaten solchem fleis,
als die Itali und Lateinischen, aufzuschreiben gehabt, ir tuen war zu loben.*[20] Er
will Geschichte schreiben wie die Römer, – nicht poetisch zwar, aber auf lange
Dauer und mit moralischer Zielsetzung: *aller jungen ritterschaft zu ainer
leer.*[21] Als besonders wichtig für sein Buch stellt er deshalb heraus, *dise war-
haftige geschichtn* seien *umb reimes oder hohes rumbs willen mit kainer lügen
vermischt.*[22]

Die Vermischung von Wahrheit und Lüge aus poetischen und panegyri-
schen Rücksichten war der Hauptvorwurf den Ritterbüchern gegenüber. Ludwig von Eyb kann diese Kritik zwar zurückweisen, dennoch setzt er sich mit
seinem Werk dergleichen Angriffen erst gar nicht aus. Man muß daraus den
Schluß ziehen, daß der Vorwurf lügenhafter Erfindung den *sensus moralis*
deutscher Ritterhistorien grundsätzlich entwertet hat und daß der ihnen kon-
zedierte Kern historischer Wahrheit den Zeitgenossen zu undeutlich bleibt.
Die moralisch-bildhafte Erzählung ritterlicher Taten braucht im späten 15.
Jahrhundert nicht nur die Form der Prosa, sondern auch das Medium der
Geschichte – und besser noch der Zeitgeschichte –, um fraglos akzeptiert zu

---

[20] Geschichten und Taten [Anm. 3], S. 4.

[21] Geschichten und Taten [Anm. 3], S. 5.

[22] Geschichten und Taten [Anm. 3], S. 5. Dem Wahrheitsanspruch der Historiographie stellt sich
ähnlich bereits Ulrich Füetrer in seiner ›Bayerischen Chronik‹ von 1473: *wann ich doch in diser
gesta niemand geliebkost hab mit der kunderfait der betrognen smaicherey, noch nicht hab
underwegen gelassen, ob sich kainer beflecket hat mit ainicherlay masen der laster: ich hab auch
dasselb zu liecht pracht* (Ulrich Füetrer: Bayerische Chronik. Hrsg. v. Reinhold Spiller.
München 1909. Repr. Aalen 1969 [Quellen und Erörterungen zur bayerischen und deutschen
Geschichte. N.F. Bd. 2] S. 214). Die Modelle repräsentativer Statusinterpretation werden de-
nunziert als *smaicherey* und *lüge*. Die historische Kritik des späten Mittelalters zeigt insgesamt
den Trend zu einer immer stärkeren Abgrenzung von Literatur und Geschichte. Lebensbe-
deutsamkeit wird primär der Geschichte konzediert; Geschichten, die nicht chronologisch fest-
zulegen sind, hält man für *eine fabule und für eine sagemaere und nit für eine ware rede* (Jacob
Twinger von Königshofen: Chronik. In: Die Chroniken der deutschen Städte. Bd. 8. Straßburg. Leipzig 1870/71. Repr. Göttingen 1961, S. 230f.). Twinger (1400/1415) beruft sich dabei
zwar auf die ›Historia Ecclesiastica‹ des Hugo von Fleury (gest. um 1200), aber bezeichnenderweise wird Hugo zum Kronzeugen der Chronisten erst im späten Mittelalter. Auch in
der ›Koelhoffschen Chronik‹ (1499) heißt es: *want it spricht Hugo Floriacensis, dat die dinge
die geschiet sint, van den men niet han gesagen, in welchem jair of bi welches koninks of keisers
ziden it scheit si, dat sal man halden vur ein fabel und fur ein wiverdeidinge* (Koelhoffsche
Chronik. In: Die Chroniken der deutschen Städte. Bd. 13. Cöln. Leipzig 1876. Repr. Göttingen
1968, S. 256). Mit der verstärkten historischen Kritik verliert die höfische Literatur an Orientie-
rungswert für das aristokratische Selbstverständnis, – es sei denn, sie versteht sich selber als
Historie. Die Zuordnung der epischen Helden zur Geschichte kann deshalb recht weit gehen.
So heißt es in der ›Melusine‹ des Thüring von Ringoltingen: *ich habe auch gesehen und gelesen /
viel schöner Historien und Bücher / er sey von deß König Artus Hof / und von viel seiner
Ritterschafft / von der Tafelrunde / von Herr Hiban / und Herr Gawan / Herr Lantzelot / Herr
Tristant / Herr Partzefal / der gantz ein besondere History und Geschicht hat / auch darzu von
Sant Wilhelm / unnd von Pontus / von Hertzog Wilhelm von Otlichs / und von Meelin / Die
nun alle in Gott verschieden sind* (Thüring von Ringoltingen: Melusine. In der Fassung des
Buchs der Liebe [1587]. Hrsg. v. Hans Gert Roloff. Stuttgart 1969 [Reclam UB 1484/85],
S. 140).

werden. Die Gegenwart bekommt als Handlungsraum, in dem Vergangenheit für das Jetzt und für die Zukunft wirksam gemacht werden muß, ein verstärktes Gewicht: *geschichten und tatn so iezund in unsern tagen* sich ereignet haben.[23]

Historiographie jedoch verlangt nicht unbedingt den biographischen Entwurf. Wenn Ludwig von Eyb der Biographie Wilwolts von Schaumburg den Vorrang gibt vor einer fränkischen Landeschronik, die dem Verlangen nach historischer Wahrheit leicht hätte genügen können, so offenbar deshalb, weil er sich zum Ziel setzt, historische Wahrheit abzubilden und dennoch am Ideal des ritterlichen Einzelhelden festzuhalten. Medium der ritterlichen Lebenslehre für den jungen Adel Frankens bleiben deshalb neben der Geschichte Roms die deutschen Ritterbücher als lehrhafte *spiegl mänlicher tugent und manheit*,[24] bleiben die Helden des höfischen Romans. Das zeitgeschichtliche Thema, die Lebensbeschreibung Wilwolts von Schaumburg, soll zugleich die Aufgabe der alten Ritterbücher fortführen, die allgemeinen Standards ritterlicher Wertordnung exemplarisch zu verdeutlichen und zu ihrem Nachvollzug anzuleiten. In diesem Sinne weiß der Autor sich in Zustimmung und Gegensatz den klassischen Autoren höfischer Epik verbunden: *wie dan her Wolfram von Eschimbach und vil ander maisterlich und kunstreich man*.[25] Die geringere poetische Befähigung, die der Autor sich selbst zubilligt, sei für seine eigene Zielsetzung kein eigentliches Manko, weil die Wahrheit einfach darzustellen sei: *Doch wirdet gesagt, das ein lauter warhait nit so vil kunst, behender sin, als geferbte lügen, bedürfen.*[26]

Als Zwischenresümee können wir festhalten, daß für den humanistisch gebildeten Ludwig von Eyb die unmittelbare Rückkehr zum höfischen Roman als Medium aristokratischer Erziehung nicht mehr gangbar erscheint. Die reine Lehrdichtung aber, – und wir haben im 15. Jahrhundert noch einmal eine verstärkte Rezeption dieser Gattung zu verzeichnen (wofür die mehrfache Verwendung Thomasins von Zerclaere durch den *historiensetzer* ein bezeichnendes Indiz ist),[27] verzichtet weitgehend auf das poetische Bild. Die Konzeption, die mit den ›Geschichten und Taten Wilwolts von Schaumburg‹ verbunden ist, scheint deshalb konsequent: Der Autor sucht, orientiert an der Geschichtsschreibung der Römer, die lehrhafte Substanz der deutschen Ritterbücher aufzunehmen, die Anschaulichkeit immer noch gültiger ritterlicher *tugent und manheit* zu ermöglichen durch die Übertragung höfisch-literarischer Ideale auf einen vorbildlichen Repräsentanten des zeitgenössischen Adels in

---

[23] Vgl. Verf.: *Alls in ain summ zu pringen*. Ulrich Füetrers ›Bayerische Chronik‹ und sein ›Buch der Abenteuer‹ am Hof Albrechts IV. Im Druck. FRANK L. BORCHARDT: Medievalism in Renaissance Germany. In: Festschrift for Herman Salinger. Ed. by L. R. PHELPS and A. TILO ALT. Chapel Hill 1978, S. 73–85.

[24] Geschichten und Taten [Anm. 3], S. 2. Vgl. auch S. 60 und S. 165.

[25] Geschichten und Taten [Anm. 3], S. 5.

[26] Geschichten und Taten [Anm. 3], S. 5.

[27] Geschichten und Taten [Anm. 3], v.a. S. 64.

Franken. Wir haben dieses Programm zweifellos im Zusammenhang zu sehen mit den restaurativen Tendenzen des späten 15. Jahrhunderts und zu verstehen aus dem Wunsch, die Machtfülle des alten Adels wiederherzustellen.

## III

Nach den programmatischen Überlegungen kommt der *historiensetzer* zu seiner eigentlichen *materi*, zur Lebensbeschreibung Wilwolts von Schaumburg, der als Ritter dargestellt wird, der aber auch als Landsknechtführer schon die Kapitalisierung des Lehnswesens demonstriert, die den Adel nicht nur militärisch, sondern zugleich wirtschaftlich gefährdet und seine traditionelle Selbstdeutung entwertet. Die kurze Inhaltsangabe, die der Historiensetzer vom Leben seines Helden gibt, steht dem Ablauf ritterlicher Viten sichtlich nahe, – besonders dann, wenn man die zeitgeschichtlichen Bezüge zunächst einmal ausklammert:

> *Han die getat und ritterlich werk dis werden mannes in vier punct oder puechl gesetzt: das erst, wer sein vatter und mueter gewesen, sein auffart in knaben und kindes weis (. . .); das ander, was er dehaimb bei seinen freunden (. . .) in kriegsgeschäftn und ritters spilen geübet; das dritt, (. . .) was er (. . .) im Niderlant gehandelt; zum viertn, wie das (. . .) land under seiner haubtmanschaft gezwungen (. . .), wie er sich darnach zu ehelichem stant gegeben.*[28]

Von den einzelnen Sequenzen her gesehen, könnte diese Skizze eines Lebenslaufes auch die Karriere eines spätmittelalterlichen Epenhelden meinen; die authentische Zusammenfassung des *historiensetzers* zeigt jedoch den Unterschied:

> *Han die getat und ritterlich werk dis werden mannes in vier punct oder puechl gesetzt: das erst, wer sein vatter und mueter gewesen, sein auffart in knaben und kindes weis bis auf herzog Kaln von Burgundi tot; das ander, was er dehaimb bei seinen freunden, auch bei marggrave Albrechtn von Brandeburg in kriegsgeschäftn und ritters spilen geübet; das dritt, was er bei herzog Albrechtn von Sachsen im Niderlant gehandelt; zum viertn, wie das mechtig Friesland under seiner haubtmanschaft gezwungen, herzog Hainrich von Sachsen geret und erlediget, wie er sich darnach zu ehelichem stant gegeben, wolches tuen alles darneben mit figurn ausgestochn.*[29]

Die Biographie Wilwolts gewinnt ihre historische Beglaubigung durch die Eindeutigkeit der zeitgeschichtlichen Bezüge – von Karl dem Kühnen bis zu Albrecht von Sachsen –, und auch im Textzusammenhang als Ganzem hat der Verlauf der Reichs- und Landesgeschichte über weite Strecken deutlich Vorrang vor dem Nachvollzug des individuellen Lebens. Das gilt vor allem für die Jugendjahre Wilwolts: Der Held selbst tritt zuweilen vollständig zurück zugunsten des historischen Geschehens, an dem er lediglich partizipiert (*daran auch der edl Wilwolt was*).[30] Aber das Organisationsprinzip historischer Dar-

---

[28] Geschichten und Taten [Anm. 3], S. 5.
[29] Geschichten und Taten [Anm. 3], S. 5.
[30] Geschichten und Taten [Anm. 3], S. 20, vgl. S. 22.

stellung ist doch nicht mehr das Weltalter- und Weltreichschema der Universalchroniken oder das genealogische (dynastische) Prinzip der Landeschronik, sondern der Ablauf eines individuellen Lebens. Zwar erinnert die Darstellung immer wieder an das traditionelle Mimesis-Prinzip feudaler Kunst (etwa in den Miniaturen der Manessischen Liederhandschrift oder in den Schlachtenschilderungen höfischer Epen), bedeutende Personen, ihrem Vorrang im gesellschaftlichen Ordo angemessen, größer oder detaillierter abzubilden als alle übrigen Handlungsträger (etwa in den Passagen über Karl den Kühnen oder Albrecht von Sachsen), aber die dargestellte Historie bleibt dennoch auf das Leben des Helden bezogen: der Lebenslauf Wilwolts von Schaumburg gibt das Selektionsprinzip ab für die Auswahl der »Fakten« und fungiert als Leitlinie für die Anordnung des historischen Materials. Im Übergang von der Universalgeschichte zur Individualgeschichte, von der symbolischen Realität der heilsgeschichtlichen Ordnung zur Relativität der Individualperspektive, sind beide Prinzipien partiell textkonstituierend, bleibt der allgemein-historische Zusammenhang zwar dominant, aber nur in lebensgeschichtlicher Strukturierung.

Gemäß dem programmatisch formulierten Anspruch des *historiensetzers* setzt Wilwolts authentisches Leben auf vorbildliche Weise zugleich römisches und höfisch-ritterliches Leben fort. Der *historiensetzer* löst sich dementsprechend mehrfach aus dem fortlaufenden Gang seiner Erzählung, um im Rückblick auf die römische Geschichte besondere Lehrabsichten zu verdeutlichen,[31] um anzuleiten zu vorbildlicher Hauptmannschaft[32] oder um spezielle militärische Kenntnisse zu vermitteln, wie sie in einem Kriegshandbuch für Offiziere zu erwarten wären,[33] – aber in der Grundstruktur des dargestellten Lebens setzt sich die Tradition der Ritterbücher sichtlich durch.

Daß die Verlaufsmuster von biographischen Entwürfen nicht naturgegeben sind, sondern historisch signifikante Selektions- und Interpretationsmuster für die Speicherung von Wissen und Erfahrung abgeben, sei hier vorausgesetzt. Im Hinblick darauf zeigt die konstatierte Übereinstimmung der *ritterpuecher* mit der Biographie Wilwolts von Schaumburg, daß die Dokumentation von Zeitgeschichte selbst sich orientieren kann am Paradigma idealer Lebensläufe der epischen Tradition.

Diese strukturellen Zusammenhänge werden ergänzt durch direkte Bezüge zwischen beiden Genera, die der Autor immer wieder herstellt im Sinne seiner Absicht, in der Biographie seines Helden die *zuht und tugent* des Adels anschaulich zu machen, wie sie schon Wolfram von Eschenbach oder Gottfried

---

[31] Geschichten und Taten [Anm. 3], S. 31f.

[32] Geschichten und Taten [Anm. 3], S. 91f. Wolfram von Eschenbach nennt Gurnemanz einen *houbetman der wâren zuht* (Parz. 162,23); ob dergleichen Assoziationen in den ›Geschichten und Taten‹ eine Rolle spielen, ist allerdings nicht zu verifizieren.

[33] Von Ludwig von Eyb d.J. ist ein Kriegsbuch überliefert (Universitätsbibliothek Erlangen-Nürnberg, Cod. B 26), das noch nicht ediert ist. Von dem Turnierbuch Ludwigs v. Eyb (Bayer. Staatsbibliothek München, Cgm 961) steht eine Edition von Heide Stamm in Aussicht.

von Straßburg beschrieben haben. Er geht immer wieder ein auf literarische
Vorbilder, nennt Parzival oder Tristan und – weniger oft – Protagonisten der
Heldenepik, um erzählte Situationen auf exemplarische literarische Konstel-
lationen und Verhaltensweisen hin durchschaubar zu machen.

In der Darstellung der Kämpfe vor Alkmaar etwa dient der literarische
Bezug zur Charakterisierung der deutschen Helden und vor allem Wilwolts:

> *Da sein vil Parcivall gewest und sonderlich die kunhait des haubtmans mag also hoch
> gehalten werden, wie Tchionachtulanders, do er als müt und hungerig mit den seinen
> den großen haufen der Morn von Betalamunt bestreit.*[34]

An anderer Stelle wird ein *niderlendischer her und ritter,* der sich während
eines Volksauflaufs in einer Kornschütte versteckt hält und dem bedrängten
Wilwolt unterdessen die Meisterung der Situation alleine überläßt, mit dem
Truchseß im ›Tristan‹ (9093) verglichen:

> *der auch seins sins die jungen künigin Isotten von Irlant erstreiten wolt. Da er aber
> den toten trachen, wölchen der teur und manlich fürst her Trisant tot geschlagen und
> ritterlich uberwunden het, ansichtig, erschrack er so hart, das er umbviele. Da er in
> aber toten versichert, herren Trisanten dabei nit, sonder sein pfert vande, versach er
> sich, das er auch tot wer, wart fro und wolt im die menlichen tat selbs auflegen; darob
> er zu meniklich zu schanden wart.*[35]

Zu einer Auseinandersetzung zwischen dem Bischof von Utrecht und Wilwolts Freund und Verwandtem, dem fränkischen Ritter Neidhart Fuchs, bemerkt der Historiensetzer: *Aber die frauen und junkfrauen hetten das zusehen
der schlacht wol sehen mügen, mocht in als kürzweilig sein gewest, als frauen
Trunhilten im rosengarten.*[36]

Ich beschränke mich im folgenden auf zwei, wie ich meine signifikante Episoden, an denen der *historiensetzer* demonstriert, daß Wilwolt sich in Minne
und Aventiure gleichermaßen auszeichnet.

Wilwolts Minnedienst ist Ergebnis und Verwirklichung einer *bulschaft,* die
ihn als jungen Reitersmann heimlich mit einer Dame von Stand verbindet. Er
verspricht, *sich nach irem gefallen und willen zu halten;*[37] sie verpflichtet sich
dafür, *ir guet nach irem vermögen*[38] zu seinem Unterhalt zu verwenden: *das er
der frauen gunst und liebe offentlich dabei merkt.*[39] Ohne Sorge um Kleidung
und Ausrüstung tummelt sich der junge Schaumburger daraufhin im Dienst
seiner Herrin auf zahlreichen Turnieren und Festen, und wenn er seine Dame
aufsucht, tut er das in allen möglichen Verkleidungen: *zu zeiten wie ein kauf-
man, dan wie ein teutscher her, lief iezund als ein parfüeßer münch, zu zeiten*

---

[34] Geschichten und Taten [Anm. 3], S. 115.
[35] Geschichten und Taten [Anm. 3], S. 151.
[36] Geschichten und Taten [Anm. 3], S. 166. Vgl. Die Gedichte vom Rosengarten zu Worms.
Hrsg. v. GEORG HOLZ. Halle 1893. Repr. Hildesheim 1982.
[37] Geschichten und Taten [Anm. 3], S. 61.
[38] Geschichten und Taten [Anm. 3], S. 61.
[39] Geschichten und Taten [Anm. 3], S. 64.

*einem aussetzl gleich, wie dan die lieb zu den liebgehabten menschen alzeit neu fund und aufsetz zu kumen lernet.*[40] Auch ohne ausdrückliche Nennung Ulrichs von Türheim (›Tristan‹) oder Ulrichs von Lichtenstein (›Frauendienst‹) vollzieht sich die biographische Darstellung ersichtlich auf der Folie des höfischen Minnedienstes. Ausdrücklich bezieht sich der Historiensetzer auf Thomasin von Zerclaere; er zitiert den ›Wälschen Gast‹ (*als her Thomasin von Cerclar schreibt: Der lieb natur ist so getan, / Sie machet weiser den weisen man / Und gibt dem torn mer tumbheit; / Das ist der lieb gewonheit*),[41] um zu bekräftigen, daß die Liebe *alle verzaghait, alle untat und alles lait aus dem herzen treibt, alle ehr, tugent, gueter sitten einbildet* und erwartet auch von seiner eigenen Erzählung, *das die jungen, so es lesen werden, exempel daraus nemen*: *ein iedlicher junger edelman von guetem adl* könne sehen, daß die Liebe zu *einer werden frauen oder junkfrauen* von allem Müßiggang und wenig ehrenhaftem Handeln fernhalte, ihm vielmehr Anlaß gebe, *ehr und ritterlichen preis* zu suchen, statt bei seinen Bauern in Weinhäusern zu hocken und von blauen Enten zu schwadronieren.[42]

Die biographische Episode wird derart zum Exempel überhöht, die Besonderheit der Individualgeschichte aufgehoben in der allgemeinen Regel und ihrer Nutzanwendung für den pädagogisch adressierten Adel, wobei die generalisierte Aussage jedoch keineswegs eine beliebige Abstraktion darstellt, sondern angelegt ist auf die Übereinstimmung mit der Tradition höfisch-literarisch definierten Minnedienstes.[43] Die bereits im Bildhaft-Literarischen erreichte Assoziation an ›Tristan‹ oder den ›Frauendienst‹ wird auf der Ebene der Abstraktion gesichert durch den Rückbezug auf Thomasin von Zerclaere und auf die Doktrin der Minne, deren Wichtigkeit für den Autor nicht zuletzt daraus ersichtlich wird, daß sie gemessen an der biographischen Erzählung reichlich an den Haaren herbeigezogen ist. Diese Gewaltsamkeit des Autors macht seine doppelte Zielsetzung jedoch für uns besonders deutlich: der biographische Entwurf, die Gegenwartsgeschichte in ihrer Ausprägung als Individualgeschichte, gewährleistet die Glaubwürdigkeit der Erzählung und ermöglicht eine unmittelbare Identifikation; die allgemeine Lehre, die immer wieder eingebunden wird in Episoden der Biographie, demonstriert nicht nur die Kontinuität ritterlicher Wert- und Normenvorstellungen nach Maßgabe der höfischen Literatur, sondern verpflichtet auch die Leser erneut auf den Anspruch der traditionellen aristokratischen Selbstdeutungsmuster.

Ähnlich verfährt der Autor mit dem Modell der Aventiure. Er erzählt von einem Überfall, der Wilwolt dazu zwingt, mit Armbrust und Schwert, Mann gegen Mann sich zu behaupten. Abends kommt es beim gemeinsamen Essen

---

[40] Geschichten und Taten [Anm. 3], S. 61f.
[41] Geschichten und Taten [Anm. 3], S. 64. Vgl. ›Wälscher Gast‹ vv. 1179ff.
[42] Geschichten und Taten [Anm. 3], S. 64. Vgl. Thomas Murner: *Von blauen Enten predigen*. In: Narrenbeschwörung (1512). Hrsg. v. MORITZ SPANIER. Halle a.S. 1894, Kap. 32, S. 107ff.
[43] Vgl. Geschichten und Taten [Anm. 3], S. 47 oder S. 134f.

*mit andern grafen, herrn und edln* zu einem friedlichen Vergleich zwischen
den beiden Kontrahenten. Der Historiensetzer *wil dise sach (. . .) vergleichen,
wie die alten taflrunder vor zeiten allein abenteür zu suchen geriten sein.*[44]
Ähnlich wie schon bei der Minneepisode bleiben auch hier die Gemeinsam-
keiten mit der klassischen Aventiurenkonzeption oberflächlich: ein typischer
Konflikt ist nicht erkennbar, die Lösung nicht von allgemeiner Relevanz, es
geht allein um Sieg und Niederlage. Das Alleinausreiten, der Überfall, der
Zweikampf, die Namensfrage, die Versöhnung im Kreis der Gleichgesinnten
und Gleichgestellten, sind zwar verbindende Momente, aber die Etikettierung
dieser Episode als *taflrunder geschichte* demonstriert auch primär den Willen
des Autors, zwischen dem biographischen Geschehen und dem Aventiuren-
muster höfischer Erzähltradition Kontinuität und Übereinstimmung zu zeigen.

Das Interesse des Historiensetzers gilt einer Selbstdeutung des Adels auf der
Basis traditioneller Identifikationsmuster mit immer noch gültigem Vorbildcharakter: Rittertum hat sich noch immer auszuweisen durch Minne und
Aventiure. Sein pädagogisches Leitbild im weiteren Sinne ist der wehrhafte
Adlige, der für die Interessen seines Standes mit Kopf und Faust zu kämpfen
vermag, der seinen sozialen Vorrang gegenüber den »Bauern« auf dem Land
und in den Städten behauptet und aus der Vorbildlichkeit adliger Ahnen und
Urahnen, wie die höfische Literatur sie abbildet, immer noch die Bestätigung
seiner Rechte und die Verpflichtung auf adlige Identifikationsmuster ableitet.
In der Biographie Wilwolts von Schaumburg stellt er einen solchen Adligen
vor, und im Beschluß seines Werkes bekräftigt er noch einmal, daß zwischen
der Biographie dieses fränkischen Adligen einerseits und den Ritter- und
Heldenbüchern der Vergangenheit andererseits eine weitgehende Übereinstimmung besteht: *Ich hab vil ritterpücher, historien und cronicen uberlesen, mag
aber bei meiner warheit schreiben, das ich in den allen kein ritter funden, der so
manch schlagen für sich geübet, mit wenig leuten so vil leut geschlagen* (wie
Wilwolt von Schaumburg). Und wenig später heißt es: (ich) *glaub, wo künig
Artus noch lebet, er würde disen ritter als einen werden taflrunder die stet und
recht der tafln nit versagt haben.*[45]


IV.

Resultiert die Verbindung von traditioneller Ritterschilderung und biogra-
phischer Konstruktion vordergründig aus der didaktischen Intention des Autors, aus seinem erklärten Interesse an der Restituierung aristokratischer Identifikationsmuster im politischen Leben seiner Zeit, so erscheint zum anderen
literarhistorisch besonders bemerkenswert, daß Ludwig von Eyb zwei litera-

---

[44] Geschichten und Taten [Anm. 3], S. 66.
[45] Geschichten und Taten [Anm. 3], S. 202. Zum *reht* der Tafelrunde vgl. etwa Parz. 309,2ff.

rische Verfahrensweisen integriert, die für unterschiedliche Sinnbildungssti-
le[46] stehen. Die Aufzeichnung eines einmaligen Lebens steht für einen anderen
Wahrheitsbegriff als die Beschreibung exemplarischer Ritterviten: »Viten benutzen Wissen über institutionalisierte Lebensläufe als Grundstruktur und
sind deshalb dem Leser in der Abfolge ihrer Phasen schon vor Beginn der
Lektüre weitgehend vorhersehbar.«[47] Die Biographie dagegen konstituiert sich
für den Leser im prozessualen Nachvollzug eines Geschehensablaufs, den der
Erzähler zwar schon vorstrukturiert, der sich in seinem Zusammenhang und
in seiner Gänze jedoch erst mit der Leseerfahrung selbst aufbaut. Der Versuch, den Ludwig von Eyb unternimmt, die besondere Biographie zugleich als
allgemeine Rittervita darzustellen, die Doppelstruktur also, die seinen Text
charakterisiert, zeigt einen historisch signifikanten Umbruch: das Heraustre-
ten des Einzelnen aus der Unmittelbarkeit seiner »natürlichen« Verhältnisse in
die Verhältnisse des gesellschaftlichen Vermitteltseins. Neben die Wahrheit als
einer »Realität«, die als kosmologischer Ordnungszusammenhang dem Ord-
nungsdefizit der Lebenswelt entgegengesetzt ist, tritt die Wahrheit eines individuell geordneten Lebensvollzuges, – Ausdruck eines verstärkten Orientie-
rungszwanges in einer zunehmend komplexer wahrgenommenen gesellschaftlichen Umgebung. Das Ich, aus der Perspektive Gottes dargestellt (*sub specie
aeternitatis*) als allgemeines Ich (*persona*), wie es sich abbildet in den konsens-
gesicherten Standesformeln und Karrieremustern höfischer Literatur, wird
nun auch von der anderen Seite her erarbeitet, als Akteur in Raum und Zeit
der Gegenwart. Die Harmonisierung dieser Perspektiven wird erzwungen
durch die Einbindung von Chronik und Didaxe in den Entwurf von Wilwolts
Lebenslauf, die Biographie wird aber auch erst möglich durch die Orientie-
rung an den *cronica* und *ritterpuechern*.

So zeigen die ›Geschichten und Taten Wilwolts von Schaumburg‹ nicht nur
die Auseinandersetzung um *lüge* und *rehte maere*, sondern zugleich eine doppelte Wahrheit, die nicht explizit reflektiert ist, – die Wahrheit der *lex divina*
(= *lex naturae*), die eine Wahrheit des Heils und seiner Geschichte ist, und
den Entwurf der Individualgeschichte, die der absoluten Perspektive Gottes
die Individualperspektive des Menschen entgegensetzt.[48]

---

[46] NIKLAS LUHMANN: Sinn als Grundbegriff der Soziologie. In: JÜRGEN HABERMAS/NIKLAS LUH-
MANN: Theorie der Gesellschaft oder Sozialtechnologie. Frankfurt a.M. 1971, S. 25–100. Vgl.
HANS ULRICH GUMBRECHT: Literarische Gegenwelten, Karnevalskultur und die Epochenschwel-
le vom Spätmittelalter zur Renaissance. In: Literatur in der Gesellschaft des Spätmittelalters.
Hrsg. v. H. U. GUMBRECHT. Heidelberg 1980 (Begleitreihe zum GRLMA Bd. 1) S. 96ff.

[47] HANS ULRICH GUMBRECHT: Lebensläufe. Literatur. Alltagswelten. In: JOACHIM MATTHES u.a.:
Biographie in handlungswissenschaftlicher Perspektive. Nürnberg 1981, S. 231–250, hier
S. 232. Vgl. im selben Bd. (S. 251–268) HANS-GEORG SOEFFNER: Entwicklung von Identität
und Typisierung von Lebensläufen. Überlegungen zu Hans Ulrich Gumbrecht: Lebensläufe.
Literatur. Alltagswelten.

[48] Meinem Korreferenten, Manfred Eikelmann (Münster), danke ich für anregende Disskussio-
nen. Mit ihm bin ich der Meinung, daß der Text nicht ausgeschöpft ist, daß vor allem die
Auswahl und Darbietung lebenspraktischen Wissens für Aufbau und Leistung der Schrift von
so großer Bedeutung ist, daß es lohnen würde, diese Dimension eigens zu untersuchen.

# Nihil sub sole novum?

Zur Auslegungsgeschichte von Eccl. 1,10

von

DIETER KARTSCHOKE (BERLIN)

Die fundamentale Kategorie des Historikers ist die Zeit. Eine Binsenweisheit ebenso wie die Einsicht, daß die Formen ihrer Wahrnehmung und ihr Begriff dem historischen Wandel unterliegen und in ihrer jeweiligen Prägung höchst aufschlußreich sind für eine Gesellschaft oder einzelne Gruppen in ihr.[1] So wenig jedoch es eine einheitliche gesellschaftliche Zeiterfahrung gibt, so wenig muß der Begriff, den man sich von der Zeit macht, müssen die Sinndeutungen, die man ihrem Verlauf zuteil werden läßt, mit ihr identisch sein. Das Mittelalter ist ein Paradebeispiel dafür.[2]

Das Leben der feudalen Gesellschaft zerfällt in »ein ganzes Spektrum sozialer Rhythmen«,[3] die bestimmt werden durch den Kreislauf der natürlichen Zeit. »In einer Welt, in der fast die ganze Gesellschaft, ob im Überfluß oder in Dürftigkeit, vom Boden lebt, passen sich Zeitempfinden und Zeitmaß ganz natürlich den Vorgängen auf dem Land an«.[4] Der Lauf der Zeit wird gegliedert durch den regelmäßigen Wechsel von Tag und Nacht, Sommer und Winter, Leben und Tod. Die »natürliche Zeit« kennt keine Richtung und kein Ziel, sie hat keinen Anfang und kein Ende. Auf die Nacht folgt der Tag, auf den Winter der Sommer, selbst der Tod ist Teil des Kreislaufs der Zeit und nicht – wie in der bürgerlichen Gesellschaft – deren katastrophisches Ende.[5] Im strikten Gegensatz dazu aber steht das christliche Verständnis der Zeit, das solche Alltagserfahrung überlagert und ihr widerspricht: die Zeit ist mit der Welt von Gott erschaffen, hat einen Anfang und ein Ende; bildet gleichsam eine Linie,

---

[1] SVEN STELLING-MICHAUD: Quelques aspects du problème du temps au moyen âge. Schweizer Beiträge zur Allgemeinen Geschichte 17, 1959, S. 7–30, hier S. 7.

[2] GEORGES GURVITCH: The Spectrum of Social Time. Dordrecht 1964 (Synthese Library); JACQUES LE GOFF: Kultur des europäischen Mittelalters. München/Zürich 1970, S. 281–334; ders.: Zeit der Kirche und Zeit des Händlers im Mittelalter. In: CLAUDIA HONEGGER (Hrsg.), M. BLOCH, F. BRAUDEL, L. FEBVRE, u.a.: Schrift und Materie der Geschichte. Vorschläge zur systematischen Aneigung historischer Prozesse. Frankfurt am Main 1977 (es 814), S. 393–415; JEAN LECLERCQ: Zeiterfahrung und Zeitbegriff im Spätmittelalter. In: ALBERT ZIMMERMANN (Hrsg.): Antiqui und Moderni. Traditionsbewußtsein und Fortschrittsbewußtsein im späten Mittelalter. Berlin-New York 1974 (Miscellanea mediaevalia 9), S. 1–20; AARON J. GURJEWITSCH: Das Weltbild des mittelalterlichen Menschen, München 1980; RUDOLF WENDORFF: Zeit und Kultur. Geschichte des Zeitbewußtseins in Europa. Opladen 1980.

[3] GURJEWITSCH [Anm. 2], S. 172.

[4] LE GOFF [Anm. 2], S. 297.

[5] PHILIPPE ARIÈS: Studien zur Geschichte des Todes im Abendland. München 1976; ders.: Geschichte des Todes. München/Wien 1980.

auf der die heilsgeschichtlichen Daten, Geburt und Tod Christi, markiert sind, von denen aus gesehen es ein Vorher und ein Nachher gibt. Diese heilsgeschichtliche Zeit dreht sich nicht in sich selbst. Die sie gliedernden Ereignisse wiederholen sich nicht und sind nicht austauschbar. Sie hat nicht nur ein Ende, sondern dieses Ende ist auch ihr Ziel. Dies alles ist zu bekannt, als daß es ausführlicher erörtert und belegt werden müßte.[6]

Bekannt ist auch, daß die christliche Zeitanschauung in der Patristik hatte verteidigt und durchgesetzt werden müssen gegen die antike Philosophie und Naturwissenschaft, gegen die Lehre von der ewigen Wiederkehr des Gleichen etwa bei Heraklit, gegen die Zyklentheorie der Pythagoräer und das »große Jahr« der Stoa.[7] Das Problem war mit der Väterzeit nicht erledigt. Auch die Theologen des hohen Mittelalters kommen immer wieder darauf zu sprechen. Daß dies nicht nur erstarrten exegetischen Traditionen zu verdanken, sondern Ausdruck des Widerspruchs ist zwischen Welterfahrung und Weltdeutung, zeigt unter anderem der spektakuläre Fall des Siger von Brabant im 13. Jahrhundert, der im Zuge der scholastischen Aristotelesrezeption die antike Kreislauflehre wieder aufnimmt;[8] zeigt das zähe Nachleben der Fortunavorstellung und der mit ihr verbundenen Radmetapher;[9] zeigen vielleicht aber auch grundlegend christliche Kult- und Denkformen wie die mythische Zeitlosigkeit in der Liturgie, die Wiederholung der Zeit im Kirchenjahr und ihre »Aufhebung« in der universalen christlichen Denkform der Typologie.

Umso irritierender mußte es wirken, daß in der Schrift selbst, im Buch ›Ecclesiastes‹, vom ewigen Kreislauf der Zeit zu lesen war:[10]

---

[6] Vgl. die Literaturangaben bei STELLING-MICHAUD [Anm. 1], bes. OSCAR CULLMANN: Christus und die Zeit. Die urchristliche Zeit- und Geschichtsauffassung. Zürich 1946 u.ö.

[7] Aus der Fülle einschlägiger Darstellungen zitiere ich hier nur ANTON-HERMANN CHROUST: The Meaning of Time in the Ancient World. The New Scholasticism 21, 1957, S. 1–70; JOHN F. CALLAHAN: Four Views of Time in Ancient Philosophy. Cambridge/Mass. 1948 u.ö.; KARL LÖWITH: Weltgeschichte und Heilsgeschehen. Die theologischen Voraussetzungen der Geschichtsphilosophie. Stuttgart 1952 u.ö.

[8] PIERRE MANDONNET: Siger de Brabant et l'Averroïsme latin au XII^me siècle. I^re partie. Etude critique. Deuzième édition revue et augmentée. Louvain 1911 (Les Philosophes Belges VI), S. 171.

[9] Das Rad der Fortuna als Sinnbild der Sinnlosigkeit der Profangeschichte hat sein, häufig übersehenes, Gegenstück im Lebensrad als elementarer Metapher für die irdische Existenz schlechthin (KARL WEINHOLD: Glücksrad und Lebensrad. Berlin 1892 [Abhdlgn. d. königl. Preuss. Akad. d. Wissensch. phil.-hist. Kl.]). Beide bekommen Sinn und Ziel erst durch die - ikonographisch wie immer verwirklichte - Providentia.

[10] *(4)Generatio praeterit, et generatio advenit; Terra autem in aeternum stat. (5) Oritur sol et occidit, Et ad locum suum revertitur; Ibique renascens, (6) gyrat per meridiem, et flectitur ad aquilonem, Lustrans universa in circuitu pergit spiritus, Et in circulos suos revertitur. (7) Omnia flumina intrant in mare, Et mare non redundat; Ad locum unde exeunt flumina Revertuntur ut iterum fluant. (8) Cunctae res difficiles; Non potest eas homo explicare sermone. Non saturatur oculus visu, Nec auris auditu impletur. (9) Quid est quod fuit? Ipsum quod futurum est. Quid est quod factum est? Ipsum quod faciendum est. (10) Nihil sub sole novum, Nec valet quisquam dicere. Ecce hoc recens est; Iam enim praecessit in saeculis quae fuerunt ante nos. (11) Non est priorum memoria; Sed nec eorum quidem quae postea futura sunt Erit recordatio apud eos qui futuri sunt in novissimo.*

*Ein Geschlecht vergeht, das andre kommt; die Erde bleibet aber ewiglich. Die Sonne gehet auf und gehet unter und läuft an ihren Ort, daß sie wieder daselbst aufgehe. Der Wind gehet gen Mittag und kommt herum zur Mitternacht und wieder herum an den Ort, da er anfing. Alle Wasser laufen ins Meer, doch wird das Meer nicht voller; an den Ort, von dem sie herfließen, fließen sie wieder hin (. . .). Was ist's, das geschehen ist? Eben das hernach geschehen wird. Was ist's, das man getan hat? Eben das man hernach wieder tun wird; und geschieht nichts Neues unter der Sonne. Geschieht auch etwas, davon man sagen möchte: ›Siehe das ist neu‹? Es ist zuvor auch geschehen in den langen Zeiten, die vor uns gewesen sind. Man gedenkt nicht derer, die zuvor gewesen sind; also auch derer, so hernach kommen, wird man nicht gedenken bei denen, die darnach sein werden* (Eccl. 1,4–11).

Der modernen Bibelwissenschaft galt dies lange als »*locus classicus* für griechische Abkunft des Predigers«,[11] während man ihm heute allenfalls »eine gewisse Affinität zu hellenistischen Anschauungen«[12] zubilligt. »Denn Kohelets ›Es gibt nichts Neues unter der Sonne‹ (V 9) will ja kein kosmologisches oder anthropologisches Prinzip (. . .) aufstellen, sondern nur aussagen, daß hinsichtlich eines nicht statthabenden Endeffektes (. . .) die Welt immer die gleiche (die ›Alte‹) bleibt. Das gilt auch für V 10: Alles bleibt beim Alten! So wollen ja auch die Verse 4–8 nicht die immanente Gesetzlichkeit der Welt beschreiben, sondern Beispiele sinnlosen Arbeitens geben«.[13]

Der vorreformatorischen Theologie, die in j e d e m Wort der heiligen Schrift die g e s a m t e Wahrheit des Welt- und Heilswissens aufzufinden bemüht war, mußte das *nihil sub sole novum* ebenso anstößig sein, wie es sich der allgemeinen Welt- und Zeiterfahrung als richtig aufdrängte. Und so spielen denn diese und ähnliche Formulierungen des ›Predigers‹[14] in der christlichen Zeitspekulation seit ihrem Beginn eine gewisse, wenn häufig auch nur untergeordnete Rolle – oder sie sind im Zusammenhang der Exegese der Salomonischen Bücher Anlaß zu entsprechenden Erörterungen.

Wenn man die gedruckten Quellen[15] durchmustert, stößt man auf eine begrenzte Anzahl von Argumenten, die in wechselnder Zusammenstellung und teilweise identischen Formulierungen immer wiederkehren. Seit Origenes hat das Buch ›Kohelet‹ oder ›Ecclesiastes‹ »den zweiten Platz im Dreistufensystem der Salomonischen Weisheitsbücher« inne: »Demzufolge handelt das Buch der Sprüche von der allgemeinen Christenmoral, der Prediger Salomonis vom

---

[11] Eberhard Wölfel: Luther und die Skepsis. Eine Studie zur Kohelet-Exegese Luthers. München 1958 (Forschungen zur Geschichte und Lehre des Protestantismus, Zehnte Reihe, Band XII), S. 35.

[12] Religion in Geschichte und Gegenwart V, ³1961, 513.

[13] Wölfel [Anm. 11], S. 34f.

[14] Vgl. besonders Eccl. 3,15.

[15] Zu den noch ungedruckten Kommentaren seit dem 12. Jahrhundert vgl. die Übersicht im Dictionnaire de Spiritualité, Ascétique et Mystique IV, 1960, S. 50f. und Beryl Smalley: Some Thirteenth-Century Commentaries on the Sapiential Books. Dominican Studies 2, 1949, S. 318–355; 3, 1950, S. 41–77 und S. 236–274; dies.: Some Latin Commentaries on the Sapiential Books in the Late Thirteenth and Early Fourtheenth Centuries. Archives d'Histoire Doctrinale et Littéraire du Moyen-Âge 25/26, 1950/51, S. 103–128.

asketischen Mönchtum und das Hohelied schließlich von der Mystik als
höchster Stufe christlicher Religiosität«.[16] Origenes hat über die ›Prediger‹-
Exegese des Hieronymus auf die westliche Auslegungstradition eingewirkt;
denn der Kommentar des Hieronymus war der wichtigste der gesamten Patristik und übte den größten Einfluß aus. Er wurde – neben einigen Passagen aus
›De civitate Dei‹ des Augustinus – von den mittelalterlichen Exegeten des ›Predigers‹ seit Alcuin immer wieder zitiert oder direkt ausgeschrieben. Das gilt
insbesondere auch für die Auslegung des uns hier interessierenden *Nihil sub
sole novum*, deren Grundgedanken bei aller argumentativen Ausweitung[17]
weitgehend die gleichen bleiben.

1) Unangetastet bleibt das naheliegende und von Hieronymus autoritativ festgelegte
Verständnis, es handle sich hier um eine Aussage über den natürlichen Kreislauf in
der Schöpfung: *Videtur mihi de his quae supra enumerauit, generatione et generatione, mole terrarum, ortu solis et occasu, cursu fluminum, magnitudine oceani, om-
nibusque quae aut cogitatione aut uisu uel auribus discimus, nunc communiter loqui,
quod nihil sit in natura rerum, quod non ante iam fuerit* (CCL 72,256). Entsprechend heißt es zu Eccl. 3,15: *Sol qui nunc oritur, et antequam nos essemus in mundo,
fuit, et postquam mortui fuerimus, oriturus est. Solem autem nominauimus, ut ex hoc
intellegamus et cetera esse eadem, quae fuerunt. Quod si uideantur per conditionem
mortis perire, non pereunt, quia rursum rediuiua succrescunt et nihil in perpetuum
interit, sed renascitur* (CCL 72,279). Ebenso Augustinus ›De civitate Dei‹ XII,14:
*quod ille aut de his rebus dixit, de quibus superius loquebatur, hoc est de generatio-
nibus aliis euntibus, aliis uenientibus, de solis anfractibus, de torrentium lapsibus; aut
certe de omnium rerum generibus, quae oriuntur atque occidunt. Fuerunt enim ho-
mines ante nos, sunt et nobiscum, erunt et post nos* (CCL 48,368f.). Alcuin, der die
Formulierung des Hieronymus wörtlich übernimmt, ergänzt sie durch die prägnante
Zeitbestimmung: *totius saeculi tempus naturali cursu peragitur* (PL 100,673). Die
›Glossa ordinaria‹ reicht diese Deutung als Gemeinbesitz an das 12. und die folgenden Jahrhunderte weiter (PL 113,118). Sie findet sich ebenso bei Rupert von
Deutz (PL 168,1204) wie besonders bei Hugo von St. Victor, der in seiner umfangreichen zweiten Homilie zum ›Prediger‹ die Beispiele des Hieronymus ergänzt um
die Jahreszeiten und Lebensalter und von der Kreisbewegung solch natürlicher Ab-
läufe sagt: *Sic igitur singularum rerum cursus et progressiones, quasi circulos quosdam
et orbes in semetipsos recurrentes recte accipimus; quia omnia temporaliter orta illuc
tandem per occasum redeunt, unde per nativitatis principium exiverunt* (PL 175,137).

2) Daß es *sub sole* nichts Neues geben könne, gehe mit aller Klarheit aus dem
›Genesis‹-Bericht hervor, in dem es heißt, daß Gott am siebten Tag von allen seinen
Werken ruhte – weil die Schöpfung abgeschlossen und vollkommen war, fügen die
Exegeten hinzu,[18] oder wie Hugo von St. Victor sagt: *quia ab illo qui est supra solem
quod temporaliter transit, ab aeterno ordinatum est* (PL 175,145). Der ›Prediger‹
spreche also nicht mit dem Munde des heidnischen Philosophen von der ewigen

---

[16] WÖLFEL [Anm. 11], S. 92.

[17] Vgl. besonders den Rupert von Deutz (zu Unrecht?) zugeschriebenen ›Ecclesiastes‹-Kommentar
PL 168, Sp. 1195–1306 und die zweite Homilie *in Ecclesiasten* des Hugo von St. Victor
PL 175, Sp. 133–149.

[18] Hieronymus CCL 72, S. 257; Alcuin PL 100, Sp. 673; ›Glossa ordinaria‹ PL 113, Sp. 1118;
Rupert von Deutz PL 168, Sp. 1204 u.a.

Wiederkehr des Gleichen. So schon Hieronymus: *Nec putemus signa atque prodigia et multa quae ex arbitrio Dei noua in mundo fiunt, in prioribus saeculis esse iam facta; et locum inuenire Epicurum, qui asserit per innumerabiles periodos eadem, et hisdem in locis, et per eosdem fieri. Alioquin et Iudas crebro prodidit et Christus passus est saepe pro nobis, et cetera quae facta sunt et futura, in easdem similiter periodos reuoluentur* (CCL 72,257). Ebenso Augustinus: *Absit autem a recta fide, ut his Salomonis uerbis illos circuitus significatos esse credamus, quibus illi putant sic eadem temporum temporaliumque rerum uolumina repeti, ut uerbi gratia, sicut isto saeculo Plato philosophus in urbe Atheniensi et in ea schola, quae Academia dicta est, discipulos docuit, ita per innumerabilia retro saecula multum quidem prolixis interuallis, sed tamen certis, et idem Plato et eadem ciuitas et eadem schola idemque discipuli repetiti et per innumerabilia deinde saecula repetendi sint. Absit, inquam, ut nos ista credamus* (CCL 48,369). Das Beispiel stammt von Origenes, das Argument wird weitergereicht. Hugo von St. Victor etwa erörtert breit diese falsche Anschauung: *Existimet fortassis aliquis errorem hic illum confirmari, quo philosophi gentilium de saeculorum revolutione, et rerum omnium recursu in idipsum, mira dementia temporum aeternitatem astruere conati sunt* etc. (PL 175,144). Bei Rupert von Deutz liest man: *Pereat ergo haeresis Epicureorum, qui plures mundos esse, vel fuisse mentiuntur, dicentes animas mortuorum in alia semper relabi corpora, et iterum vivere* (PL 168,1204). Im 13. Jahrhundert kommt Bonaventura in seinem ›Commentarium in Ecclesiasten‹ auf den gleichen Punkt ·zu· sprechen und erläutert zu Eccl. 1,9: *ex hoc verbo videtur error confirmari, quod in rebus sit circulatio secundum egressum, ut eadem sint quae fuerant* (. . .); *et sic verificari videtur error ille, qui ponit, post magnum annum, qui continet quindecim millia annorum, omnia renovari* (Opera omnia VI. Quaracchi 1893, S. 17). Nicht von der ewigen Wiederkehr des Gleichen sei im ›Prediger‹ die Rede, sondern von der göttlichen Präszienz und Prädestination, der ewigen Gegenwart aller Dinge, die waren, sind und sein werden, in Gott. *Sed dicendum, quod ex praescientia et praedestinatione Dei iam facta sint, quae futura sunt. Qui enim electi sunt in Christo ante constitutionem mundi, in prioribus saeculis iam fuerunt*, sagt Hieronymus (CCL 72,258), und Augustinus folgt ihm darin: *Quamuis haec uerba quidam sic intellexerint, tamquam in praedestinatione Dei iam facta fuisse omnia sapiens ille uoluisset intellegi, et ideo nihil recens esse sub sole* (CCL 48,369). Noch ausführlicher expliziert Hugo von St. Victor die Frage des ›Predigers‹ *Nam quid est quod fuit? Ipsum enim idem, et non aliud futurum est in tempore quam quod fuit ante tempora, in aeterna Dei dispositione. Nec aliud subsequens in rerum ordine explicantur mutabile, quam quod fixum et permanens semper fuit in illa rata et invariabili divina dispositione. Et ut manifeste patescat quod subsequens rerum effectus cum providentia concordat, ideo etiam in ipsa rerum serie, futurum a praeterito non discordat. Quid est enim quod factum est? ipsum quod faciendum est. Ergo quod fuit in providentia semper, aliquando futurum est in re; et quod factum est jam in re, per similitudinem adhuc est faciendum* (PL 175,147).

3) Die antike Zyklenlehre sei falsch auch deshalb, weil alle Zeichen und Wunder, die Gott aus seiner Machtvollkommenheit *sub sole* gewirkt hat, neu sind in dem Sinne, daß sie nicht vor Zeiten schon einmal geschehen sind und auch künftig nicht noch einmal geschehen werden. »Christus ist nur einmal für uns gestorben«, lautet das gängige und so vielfältig variierte Argument nach Rom. 6,9, daß hier der Hinweis auf Augustinus ›De civitate Dei‹ XII,14 *Semel enim Christus mortuus est pro peccatis nostris* (CCL 48,369) genügen soll. Die entsprechende Beweisführung des Hieronymus, daß die Zyklenlehre nicht akzeptabel sei, weil dann Judas mehr als einmal seinen Verrat begangen und Christus mehr als einmal für uns den Opfertod erlitten haben könnte oder müßte (CCL 72,257), haben wir oben (zu 2) bereits zitiert. Daß

Gott Urheber alles Neuen sei, las man in der Bibel: *Ecce enim ego creo caelos novos, et terram novam* (Is. 65,17; cf. 2. Pt. 3,13 und Apc. 21,5). Das *Novum Testamentum* enthält die Erfüllung solcherart Verheißung, ist also »neu« im Sinne des *semper novum* der christlichen Heilstatsachen. Der Mensch erneuert sich im Glauben an Christus: *Si qua ergo in Christo nova creatura, vetera transierunt: ecce facta sunt omnia nova* (2. Cor. 5,17).

4) Die natürliche Zeit und die Zeit der Geschichte als Geschichte des Heils verlaufen in verschiedenen Bahnen. Die Profangeschichte hat teil am natürlichen Kreislauf, an der Unbeständigkeit *sub sole*, der Hinfälligkeit und Vergänglichkeit. *Quod et de carcere catenisque interdum quis egrediatur ad regnum et alius natus in regno inopia consumatur* (Eccl. 4,14). Die Anschauung dieses Bewegungsgesetzes gerinnt später unter dem Einfluß besonders des Boethius zum Bild des Rades der Fortuna.[19] Wer sich der Welt ausliefert, dreht sich im Kreis und kommt niemals ans Ziel. Dies ist das Schicksal der Gottlosen nach dem Wort des Psalmisten: *In circuitu impii ambulabunt* (Ps. 11,9). Wer die ewige Wiederkehr des Gleichen behauptet, geht selbst den zirkulären Weg des Irrtums, ohne jedoch wirklich auf seine Wiederkehr hoffen zu dürfen (so Augustinus ›De civitate Dei‹ XII,14). Zwar steht die Welt seit ihrer Schöpfung unveränderlich fest – *nihil fortuna potest in rerum natura* (PL 168,1204f.) –, aber die Erscheinungen unterliegen dem steten Wechsel. Fest ist das Gesetz ihrer Bewegung, aber diese Bewegung heißt *instabilitas, mutabilitas, transitus*. Dies ist Thema besonders bei Hugo von St. Victor: *Ecce enim quomodo in circuitu feruntur omnia transitoria et vanitati subjecta. Et scimus quia circulus finem non habet. Quae ergo in circuitu currunt, currunt quidem, sed ad finem nunquam perveniunt. Quae ergo requies sperari potest, ubi status nullus esse potest? Ubi enim perpetuus cursus est, status nullus est. Ubi autem circuitus via est, ubi cursus certe finem habere possit, non est. Quae ergo in circuitu currunt, semper currunt et nunquam ad statum perveniunt. Semper transeunt, et nunquam subsistunt. Semper finiuntur, et finem invenire non possunt. Cum praeterierint, futura sunt; cum supervenerint, pervenerint, non subsistunt. Haec est via omnium mutabilium, et via omnium mutabilia amantium, et mutabilia sequentium* (PL 175,138f.). Es folgen die einschlägigen Schriftstellen zum *circuitus* und zur *via recta* und die Mahnung, sich dieser Welt nicht anheimzugeben, sondern als *amator aeternorum* (l.c.) aus dem Kreislauf irdischer Vergänglichkeit auszubrechen in den *contemptus* dieser in ihrer göttlichen Ordnung gleichwohl zu bewundernden Welt.

*Novus* ist also »eher ein Wert- als ein Zeitbegriff«,[20] kennzeichnet die Abweichung von einer Norm im positiven wie im negativen Sinn. In der Schöpfung kann es solche Abweichungen nicht geben, weil sie abgeschlossen und vollkommen ist. So sagt Hugo von St. Victor in seinen Homilien zum ›Prediger‹: *Sic in ipsis elementis mundi, sic in iis, quae ex ipsis procreata sunt vel procreantur, omnibus natura primam dispositionem custodit, ut nihil a primo alterum, id est diversum, aut dissimile inveniri possit sub sole* (PL 175,145). Das Gleiche meint später Bonaventura: *De hac notandum, quod ipse vocat novum, cuius simile non praecessit; et sic non est aliquid novum secundum*

---

[19] FREDERICK P. PICKERING: Augustinus oder Boethius? Geschichtsschreibung und epische Dichtung im Mittelalter – und in der Neuzeit. I. Einführender Teil. Berlin 1967. II. Darstellender Teil. Berlin 1976 (Philologische Studien und Quellen 39 und 80).
[20] WALTER FREUND: ›Modernus‹ und andere Zeitbegriffe des Mittelalters. Köln/Graz 1957 (Neue Münstersche Beiträge zur Geschichtsforschung 4), S. 15.

propagationem, *quia semper ibi simile ex simili* (l.c.). Nur Gott selbst kann die natürliche Ordnung durchbrechen und durchbricht sie in der Durchsetzung seines Heilsplanes von der jungfräulichen Geburt bis zu den Wundern Christi und seiner Heiligen. Nur in Gott kann der Mensch neu werden. Aber in der Welt »ein Neuerer genannt zu werden« gilt als Schimpfwort«.[21] Das ganze Mittelalter hindurch gilt deshalb der altkirchliche Grundsatz: *Nihil innovetur, nisi quod traditum.*[22]

Solchem Traditionalismus korrespondiert ein geistliches »Fortschrittsdenken«, das seinen Grund hat in der heilsgeschichtlichen Stufenfolge vom Sündenfall zur Erlösung.[23] Die Verwirklichung des noch unabgeschlossenen göttlichen Heilsplanes in der Welt und der Ablauf der Profangeschichte laufen aber nicht synchron. Die Welt altert in dem Maße, in dem das Heil naht. Dem *profectus spiritualium* korrespondiert ein *defectus temporalium.*[24] Das Bewußtsein des allgemeinen Niedergangs beherrscht bekanntlich einen Großteil der spätmittelalterlichen Literatur.[25] Aber seit dem 12. Jahrhundert gesellt sich zum geistlichen Stolz auf einen »allmähliche[n] Fortschritt des Wissens und der Heilsgewißheit«[26] da und dort wohl auch schon ein zaghafter Kulturoptimismus,[27] »ein weit über das Topische hinausgewachsenes Gefühl für die *novitates* der eignen Zeit«.[28] So kann es denn auch nicht verwundern, daß der scholastischen ›Prediger‹-Exegese seit dem ausgehenden 11. Jahrhundert das *nihil sub sole novum* erneut problematisch wird und neuer Erklärungen bedarf.

Was *sub sole* immer schon gewesen ist und immer wieder sein wird, heißt es nun, seien nicht die Einzeldinge, sondern die Substanzen der Gattungen, denen sie zugehören. Die Einzeldinge in ihrer Einmaligkeit, Unterschiedenheit und Vergänglichkeit sind nur die Summe der jeweils in Erscheinung tretenden Akzidenzien dieser immer gleichen Substanzen. So sagt es Rupert von Deutz mit der ausdrücklichen Berufung auf Aristoteles: *Omnis enim res aut substantia est, aut accidens, ita ut neque accidens sine substantia, neque sine accidente substantia esse possit. Accidens quippe sine aliquo substantiae fundamento esse non potest: substantia vero ipsa sine superjecto accidenti videri nullo modo potest (. . .). Itaque fit ut neque substantia*

---

[21] JOHANNES SPÖRL: Das Alte und das Neue im Mittelalter. Studien zum Problem des mittelalterlichen Fortschrittsbewußtseins. Historisches Jahrbuch der Görresgesellschaft 50, 1930, S. 297-341, S. 498-524. Hier S. 299.

[22] [Anm. 21], S. 299.

[23] Dazu außer SPÖRL [Anm. 21] und FREUND [Anm. 20] besonders die Arbeit von AMOS FUNKENSTEIN: Heilsplan und natürliche Entwicklung. Gegenwartsbestimmung im Geschichtsdenken des Mittelalters. München 1965; allgemein JOACHIM RITTER: Fortschritt. In: ders. (Hrsg.), Historisches Wörterbuch der Philosophie 2, 1972, 1032-1059.

[24] Otto von Freising, hier zitiert nach SPÖRL [Anm. 21], S. 339.

[25] WALTER REHM: Kulturverfall und spätmittelhochdeutsche Didaktik. Ein Beitrag zur Frage der geschichtlichen Alterung. ZfdPh 52, 1927, S. 289-330.

[26] FUNKENSTEIN [Anm. 23], S. 53.

[27] Vgl. Giraldus Cambrensis bei FUNKENSTEIN [Anm. 23], S. 54, die mittelalterlichen Bauberichte bei SPÖRL [Anm. 21], S. 333ff. oder - schon dem 13. Jahrhundert angehörend - die anonyme Schrift ›De rebus Alsaticis‹ bei SPÖRL [Anm. 21], S. 510.

[28] FUNKENSTEIN [Anm. 23], S. 57.

*praeter accidens sit, neque accidens a substantia relinquatur. Ubi enim substantia fuit, mox accidens consecutum est. Sic Ecclesiastes in eo quod ait, fuit, est, et erit, substantiam manifeste demonstrat: in eo vero, quod dicit, »quid factum est«, et »quid faciendum«, varios eventus rerum ostendit cum accidentibus suis* (PL 168,1203f.). Ähnlich Hugo von St. Victor (PL 175,145f.). Der Einzelmensch stirbt, aber der Mensch als Gattungswesen regeneriert sich immer wieder neu. Was ein Baum war, hat seine Gegenwart in der Vorstellung eines Baumes und wird als Substanz aller Bäume immer wiederkehren. So Hildebert von Le Mans in seinem Verskommentar zum ersten Kapitel des ›Ecclesiastes‹: *Mors hominem stravit, genus et species reparavit / Diversum numero, sed eumdem nomine vero; / Nomen enim verum dat diffinitio rerum. / (...) quod si per caetera pergo, / Lege pari functa veniet substantia cuncta / Arboreae plantae species est quae fuit ante / Arbor* etc. (PL 171,1274).

Es wäre reizvoll, die Auslegung des *nihil sub sole novum* weiterzuverfolgen bis zum – durch die Litteralexegese seit dem 13. Jahrhundert vorbereiteten – reformatorischen Bruch mit der Tradition, bis etwa zu Luthers Verdikt: *Torsit hic locus maxime Sophistas, cum legerent in sacris litteris multa nova facta* (WA 20,24). Aber dies ist hier nicht meine Frage, die vielmehr auf den nicht-exegetischen Umgang mit dem Wort des ›Predigers‹ in der spätmittelalterlichen volkssprachigen Literatur abzielt. Die Hinweise auf patristische und scholastische Argumentationen sollen nur den Horizont des allgemeinen Verständnisses abstecken, vor dem die folgenden Beispiele erst angemessen interpretiert werden können.

Der mittelalterlichen Literatur insgesamt scheint das Wort des ›Predigers‹ sehr viel weniger geläufig zu sein als der neueren. Das mag damit zusammenhängen, daß der fast blasphemische Skeptizismus dieses »Buch(es) am Rande des Alten Testaments, ja am äußersten Rand des Jahweglaubens«[29] seit der Patristik zum gottwohlgefälligen *contemptus mundi* entschärft worden war und seither gelesen wurde als Aufforderung, aus dem Kreislauf irdischer Vergänglichkeit und Hinfälligkeit auszubrechen, die *via recta* zu Gott einzuschlagen und in weltabgewandter Kontemplation die Weisheit Gottes gerade auch in der Einrichtung dieser gebrechlichen Welt zu erkennen. *Dei enim sapientia (...) hoc mirabiliter providit, ut rerum omnium motus in orbem ageretur (...). Unde in una eademque re, et miserum est, quod est; et mirabile quod factum est, quia in eodem opere et fragilis invenitur materia, et ratio artificis admiranda. Et contemptum quidem mundi suadet natura corruptibilis, sed succumbit mens admiratione in contemplatione rationis* (Hugo von St. Victor PL 175,139). Der abgrundtiefe Pessimismus des alten ›Kohelet‹ kommt erst in der Neuzeit wieder zur Geltung und wird dann in vulgarisierter Form dem naiven Fortschrittsglauben entgegengesetzt, während die kosmologischen Spekulationen aus Anlaß des *nihil sub sole novum* in solchem Verwendungszusammenhang keine Rolle mehr spielen.

---

[29] Zitiert nach der Einleitung zur Faksimileausgabe der Predigerauslegung des Johannes Brenz von 1528 (Stuttgart-Bad Cannstatt 1970), S. XI.

Ich will an drei mir charakteristisch erscheinenden Beispielen des 14. und 15. Jahrhunderts den Umgang volkssprachiger Autoren mit dem Wort des ›Predigers‹, daß nichts Neues sei unter der Sonne, illustrieren: am Beispiel Heinrichs von Mügeln, des Teichners und Hans Folz'.

Heinrich von Mügeln leitet das sechste Buch seiner Meisterlieder, die *tzwey vnd sybentzig lyder zu lobe vnser frauwen*,[30] ein mit neun Prologstrophen, in denen er angesichts der Erhabenheit seines Themas mit dem bekannten Gestus der Demut beteuert, er, *wüster leie* (111,11), habe lediglich den alten Sprüchen ein neues Gewand gegeben: *Was e die meister han / den sprüchen wat gesniten an, / die zeist ich wider unde span / daruß eins nuwes tichtes kleit* (110,1ff.). Er habe das alte Gewand neu eingefärbt und – in einem andern Bild – habe seine eignen *blünden sprüche* (. . .) *uf aldes tichtes anger* (111,9ff.) gefunden. Er rechtfertigt sich im Lied 112 mit der Berufung auf den ›Prediger‹, genauer noch, auf die traditionelle Exegese von Eccl. 1,9f., in deren Kontext Hieronymus den Terenzvers *Nihil est dictum, quod non sit dictum prius*[31] zitiert hatte:

> *Her Salomon spricht,*
>     *es si nuw in der werlde nicht.*
> *ein ieglich ding, das ist beticht*
>     *und flüßt uß alder künste bach.*

Daraus folge notwendig, daß er, Heinrich von Mügeln, nichts Neues zu sagen habe:

>     *des ticht ich sunder wan*
>         *recht sam ein gouwisch zimmerman,*
>     *der nuwes nicht erfinden kan,*
>         *uf aldes ticht ein nuwes dach*
>
>     *ze lobe dem, der alle ding gebouwet*
>         *hat und ouch den kein wisheit schouwet*
>     *und sam der ar genouwet*
>         *sich hat in enges herzen want.*[32]

Dies ist nun aber nicht etwa bloß topische Wendung geistlicher Bescheidenheit, sondern zugleich programmatischer Eingang zu einer Strophenfolge, in der das *semper novum* des christlichen Erlösungsglaubens in Gestalt der jungfräulichen Gottesmutter gefeiert wird. Die jungfräuliche Geburt gehört zu den zentralen Heilstatsachen, die *sub sole* aus dem natürlichen Kreislauf heraus-

---

[30] KARL STACKMANN (Hrsg.): Die kleineren Dichtungen Heinrichs von Mügeln. Erste Abteilung: Die Spruchsammlung des Göttinger Cod. phil. 21. 2. Teilband: Text der Bücher V–XVI. Berlin 1959 (DTM 51), S. 147ff.

[31] CCL 72, S. 257. Wieder bei Rupert von Deutz PL 168, Sp. 1204.

[32] Zum Adlergleichnis vgl. ANSELM SALZER: Die Sinnbilder und Beiworte Mariens in der deutschen Literatur und lateinischen Hymnenpoesie des Mittelalters. Mit Berücksichtigung der patristischen Literatur. Eine literar-historische Studie. Progr. Seitenstetten 1886–93. Nachdruck: Linz 1983, S. 43f.

fallen, nicht vorher waren noch künftig sein werden, sondern einmalig und also immer neu sind. *Nam Christi nativitas nova est, mater virgo novum est,* wird noch Luther (WA 20,24) in seiner Auslegung des *nihil sub sole novum* sagen.

Das Gedicht, dessen Gegenstand das *semper novum* ist, hat teil an dieser Neuheit, obwohl sein Verfasser »nichts Neues« bringt. So gesehen ist es kein Widerspruch,[33] wenn der gleiche Heinrich von Mügeln in seinem allegorischen Gedicht ›Der Meide Kranz‹[34] die Forderung aufstellt, ein Dichter habe Neues zu bringen: *eins armen sinnes ist der man, / der stete ticht nach alder ban / und selber findet nüwes nicht* (Vv. 77ff.). Was man dabei gern übersieht, ist die bezeichnende Verbindung solcher Neuheitsforderung auch hier mit dem Wunder der jungfräulichen Geburt (verstärkt durch den alttestamentlichen Typus des brennenden Dornbuschs). Voran geht nämlich die höchst eigentümliche Begründung für den Titel des Werkes: *Das buch heißt der meide kranz, / die got gebar an allen schranz / und bleip doch küscher vil dann e: / das für tet nicht dem busche we, / den Moises sach brinnen vor: / got in irs reinen herzen ror / sin wort zu fleische werden liß, / das Lucifers guft verstiß* (Vv. 69ff.). Die Frage ist also nicht, »in welchem Sinne der ›Tum‹ ein altes und ›der meide kranz‹ ein neues Gedicht darstellen«,[35] sondern was das jeweils Neue an b e i d e n sei, inwiefern sie b e i d e Anteil am Neuen haben.

Wir kennen die Neuheitsforderung seit der ersten Hälfte des 13. Jahrhunderts.[36] Bei Heinrich von Mügeln scheint sie Ausdruck eines gesteigerten Autorenbewußtseins zu sein.[37] Wir begegnen ihr wieder bei seinem um so viel anspruchsloseren Zeitgenossen Heinrich dem Teichner.

Der Teichner[38] scheint sich direkt auf Heinrich von Mügeln zu beziehen, wenn er eine seiner Reimreden mit der poetologisch gewendeten Kleidermetapher[39] einleitet:

> *Wer latin in tůtsch kan laiten,*
> *daz ist miner noch mer ze raiten*
> *sam ain volck, haist månteller* (589,1ff.).

---

[33] Dies gegen KARL STACKMANN: Der Spruchdichter Heinrich von Mügeln. Vorstudien zur Erkenntnis seiner Individualität. Heidelberg 1958 (Probleme der Dichtung 3), S. 65, der apodiktisch erklärt: »auf stoffliche Elemente können sich die Attribute ›alt‹ und ›neu‹ nicht beziehen«, und vermutet, es falle die gesamte Spruchdichtung Heinrichs von Mügeln »unter die Bezeichnung *aldes ticht*« (l.c. Anm. 151).

[34] Zitiert nach WILLY JAHR (Hrsg.): Heinrich von Mügeln. Der meide kranz. Diss. Leipzig 1908.

[35] STACKMANN [Anm. 33].

[36] cf. Strickers ›Frauenehre‹ (Hrsg. MARIA MAURER) Vv. 25ff., hier freilich ausdrücklich auf den Inhalt bezogen.

[37] Dazu CHRISTOPH GERHARDT: Zu den Edelsteinstrophen in Heinrichs von Mügeln ›Tum‹. Beitr. (Tüb.) 105, 1983, S. 80–116, hier S. 105.

[38] HEINRICH NIEWÖHNER (Hrsg.): Die Gedichte Heinrichs des Teichners. Band III. Berlin 1956 (DTM 48), Nr. 589, 1–3.

[39] Dazu JOHANNES KIBELKA: *der ware meister.* Denkstile und Bauformen in der Dichtung Heinrichs von Mügeln. Berlin 1963 (Philologische Studien und Quellen 13), S. 222f.

Der Übersetzer gleicht dem Mantelmacher (*lodex, culcitra*), der das Innere nach außen kehrt. Ein Dichter aber habe Neues zu bringen, sei es *ain frŏmd mainung* (. . .) *oder ain geschicht dů nie geschach* (. . .), *ain nůwe tat* (. . .) *oder sust ain nůwer louff* (569,24ff.):

> *tichten daz muz aigen wesen*
> *alz daz nimer ist gelesen* (569,43f.).

Auch dies aber ist keine unbedingt geltende und in die Moderne weisende Originalitätsforderung,[40] sondern dient – wie die demütige Beteuerung Heinrichs von Mügeln, er bringe nichts Neues – dem emphatischen Anspruch geistlicher Dichtung. Auch der Teichner beruft sich auf den ›Prediger‹:

> *ist denn niempt ain tichtner,*
> *er sage dann nůwe mer?*
> *da spricht nu her Salamon*
> *das wir nicht nůwes hon*
> *so ist och kain tichter sitt* (569,45ff.).

Wie Heinrich von Mügeln »widerlegt« er das *nihil sub sole novum* mit dem traditionellen Hinweis auf die jungfräuliche Geburt:

> *daz ist nie geschehen vor*
> *und mag nimer mer geschehen;*
> *daz ist nu in mim verjechen:*
> *das ain magt ain kint gebar,*
> *daz ist nie geschen vor*
> *und beschicht och nimer me* (569,56ff.).

Dann folgen die bekannten scholastischen Argumente: Alles, was geschieht, ist neu, bis sich etwas Entsprechendes, Vergleichbares ereignet: *Was ze aim mal geschechen tut, / daz ist nůw untz uff den tag / das ain semlichz geschehen mag* (569,52ff.). Die Jungfrauengeburt hat sich bis heute nicht wiederholt, also ist ihre Neuheit bis heute gültig: *ez geschăch denn ain semlich tugent / das ain mutter wirt an man, / so wer unser fro der van. / aber die wil daz nit ergat, / so istz iemer ain nůwe tat / und daz best daz ye beschach* (569,66ff.). Sie ist ein Werk Gottes und nicht der Natur, denn sonst müßte sie immer wieder geschehen können: *wann ez was ain werch von got; / aber der natur gebott, / wenn mans wolt natůrlich lesen, / so mŭstz och gemainlich wesen* (569,87ff.). Sie hat auch kein Vorbild in der Natur, in der immer nur etwas aus etwas wird und Gleiches das Gleiche hervorbringt: *nu hatz niendert ain figur / in den werchen von natur. / al natur von ettwe wirt, / das ain glich sins glichen birt* (569,91ff.). Genauso hatte Bonaventura zu Eccl. 1,10 formuliert: *quia semper ibi simile ex simili* (Opera omnia VI, Quaracchi 1893, S. 17). Deshalb ist immer neu, was man davon schreibt:

---

[40] So KARL FRIEDRICH MÜLLER: Die literarische Kritik in der mittelhochdeutschen Dichtung und ihr Wesen. Frankfurt a.M. 1933 (Deutsche Forschungen 26), S. 72. Dagegen zu Recht EBERHARD LÄMMERT: Reimsprecherkunst im Spätmittelalter. Eine Untersuchung der Teichnerreden. Stuttgart 1970, S. 181f., Anm. 263.

> *wie gar offt daz wirt geschriben,*
> *ez ist stett in ainer jugent* (569,64f.).

Nun aber Hans Folz. Sein Meisterlied über den Buchdruck[41] beginnt mit
zwei Strophen, die sich der gleichen, freilich nicht poetologisch gewendeten
Argumentation zu bedienen scheinen:

> *Vor langer frist   Gesprochen ist*
> *  Von konig Salamone*
> *Wie fort auff erd   Nicht newez werd.*
> *  Nun ist seyt auß dem trone*
> *Got komen und mensch worden hie,*
> *Daz doch seit waz ein newez ye.*
> *Ye doch ez die*
> *  Geschrifft vor hin besane.*

Dies ist die altvertraute Konfrontation des *nihil sub sole novum* des ›Predigers‹
mit dem *semper novum* der Heilsgeschichte. Ungewöhnlich jedoch, daß Folz
die Verheißung des Messias im Alten Testament gleichsam als Bestätigung des
›Prediger‹-Wortes heranzieht. Offensichtlich geht es ihm um die argumenta-
tive Parallele zur zweiten Strophe:

> *Daz aber sunst   Hie diese kunst*
> *  Puch druckes sey gewesen*
> *Auff erden vor   Glaub ich nit zwor.*
> *  Wer hat dar von gelesen?*
> *Doch west es kunfftig Got der werd,*
> *Allso ist doch nicht newz auff erd.*
> *Lob mit begert*
> *  Sprecht im in seinen zesen!*

Eine kühne Verbindung zwischen der Geburt Christi und der Erfindung des
Buchdrucks im Zeichen der *novitas* beider Ereignisse, umso kühner, als das
profane Ereignis das sakrale an Neuheit insofern sogar übertrifft, als es nicht
vorherzusehen war – *Wer hat dar von gelesen?*

Die Emphase, mit der hier des Buchdrucks gedacht wird, ist jedoch nicht
gleichermaßen ungewöhnlich. Im allgemeinen Erfahrungszusammenhang der
zweiten Hälfte des 15. Jahrhunderts (und darüber hinaus) war der Buchdruck
das schlechtweg Neue, bislang Unerhörte und Unausdenkbare, das sich nicht
zurückbeziehen ließ auf Vorgänge in der Vergangenheit. Das bezeugen die
vielfältigen Äußerungen der Zeitgenossen, seien sie nun in zukunftsfrohem
Stolz auf den ungeheuren Fortschritt in Glaubens- und Bildungsdingen gesprochen oder als Warnung vor den unabsehbaren Konsequenzen. Hans Folz
selbst, dem die neue Kunst *Puch drukes* nachweislich seit 1479 den Beutel

---

[41] August L. Mayer (Hrsg.): Die Meisterlieder des Hans Folz aus der Münchener Originalhand-
schrift und der Weimarer Handschrift Q. 566 mit Ergänzung aus anderen Quellen. Berlin
1908 (DTM 12), Nr. 68; vgl. auch Ingeborg Spriewald (Hrsg.): Hans Folz. Auswahl. Berlin
1960 (Studienausgaben zur neueren deutschen Literatur 4), Nr. IV.

füllte, gibt sich voller Bedenken. Er rückt den Buchdruck gar unter apokalyptische Perspektive,[42] handelt seinen Nutzen und vor allem seine Gefahren in reichlich zehn Strophen ab und wagt erst in den letzten Versen ein zaghaftes Lob zu singen der neuen Kunst und dem *ersten in dem werk / Juncker Hansen von Guten berck* (137f.). Es mag Gründe gegeben haben für solche Vorsicht,[43] die Folz auch sonst seiner Obrigkeit, dem Nürnberger Rat, gegenüber an den Tag legte.[44] Doch das ist hier nicht das Wesentliche. Wesentlich ist das allgemeine Bewußtsein, man habe es mit einer grundstürzenden Neuerung zu tun. Die Welt ist nicht mehr die, die sie war. Eine durchgehende Argumentationsfigur ist die staunende Entgegensetzung von »Einst« und »Jetzt«. Was früher ein Schreiber in Jahren nicht bewältigt hätte, wird heute in Tagen gedruckt. Wo früher nur wenige sich haben Bücher leisten können, wird – so heißt es in freudiger Übertreibung – bald schon keiner mehr ihrer entraten müssen, wie arm er auch sei. Was früher im Verborgenen lag, tritt nun an den Tag.[45] Der Buchdruck wird zum Paradigma des Fortschritts, des Neuen schlechthin. Wenn Hans Folz den *Entcrist* bemüht, der *in eim papiren schacz* kommen werde, ist auch dies noch Ausdruck solch beunruhigten Fortschritts-

---

[42] Offensichtlich hat Folz hier aktuelle Argumentationen aufgenommen. In einem handschriftlich überlieferten *Auisamentum salubre quantum ad exercicium impressorie literarum* (Cod. lat. mon. 901 Bl. 202ʳ bis 205ᵛ) aus Nürnberg, dessen Abfassung in die Jahre zwischen 1480 und 1490 datiert wird, ist ausführlich von dem Schaden die Rede, den der Buchdruck anrichten könne. »Da dieser Schaden manchen vielleicht gering erscheine, will der Verfasser bei ihm länger verweilen. Gerade in dem Mißbrauch des Buchdrucks zur Verbreitung in die Volkssprache übersetzter Bücher der Heiligen Schrift erscheint ihm die neue Kunst unter Berufung auf Prophezeiungen des Jesaias geradezu als Vorläuferin des Antichrist. Die Bibelübersetzungen geraten dann in die Hände ungebildeter und neugieriger Laien. Das ist um so gefährlicher, weil derartige neugierige und unausgebildete Laien es verschmähen, das Wort Gottes aus dem Munde des Priesters zu hören, sondern sich, wenn sie Übersetzungen in Händen haben und sich mit anderen über die Auslegungen der Heiligen Schrift besprechen, für klüger halten als die Priester« (FERDINAND GELDNER: Ein in einem Sammelband Hartmann Schedels [Clm 901] überliefertes Gutachten über den Druck deutschsprachiger Bibeln. Gutenberg-Jahrbuch 5, 1972, S. 86–89). Die Forschung hat sich mit Ausnahme von HANS-FRIEDRICH ROSENFELD (Ein vergessenes zeitgenössisches Gutenberg-Zeugnis. Zentralblatt für Bibliothekswesen 59, 1942, S. 135–140) nicht mit dem schwer verständlichen Lied des Hans Folz beschäftigt. Auch die jüngste Monographie von FRITZ LANGENSIEPEN: Tradition und Vermittlung. Literaturgeschichtliche und didaktische Untersuchungen zu Hans Folz. Berlin 1980 (Philologische Studien und Quellen 102), S. 57f. streift das Gutenberglied nur kurz.

[43] Vgl. HANS WIDMANN: Gutenberg im Urteil der Nachwelt. In: ders. (Hrsg.): Der gegenwärtige Stand der Gutenberg-Forschung. Stuttgart 1972 (Bibliothek des Buchwesens 1), S. 256.

[44] Vgl. JOHANNES JANOTA: Hans Folz in Nürnberg. Ein Autor etabliert sich in einer stadtbürgerlichen Gesellschaft. In: HEINZ RUPP (Hrsg.): Philologie und Geschichtswissenschaft. Demonstrationen literarischer Texte des Mittelalters. Heidelberg 1977 (medium literatur 5), S. 74–91.

[45] ANTONIUS VAN DER LINDE: Gutenberg. Geschichte und Erdichtung aus den Quellen nachgewiesen. Stuttgart 1878, S. 151ff.; ders.: Geschichte der Erfindung der Buchdruckkunst. Band I-III. Berlin 1888, hier Bd. III, S. 696ff.; ALFRED SWIERK: Johannes Gutenberg als Erfinder in Zeugnissen seiner Zeit. In: HANS WIDMANN (Hrsg.): Der gegenwärtige Stand der Gutenberg-Forschung. Stuttgart 1972 (Bibliothek des Buchwesens 1), S. 79–90; HANS WIDMANN [Anm. 43], S. 250–272; ders.: Vom Nutzen und Nachteil des Buchdrucks – aus der Sicht der Zeitgenossen des Erfinders. Mainz 1973 (Kleine Drucke der Gutenberg-Gesellschaft 92).

bewußtseins, denn das Wort der ›Offenbarung Johannis‹ 21,5 *Ecce nova facio omnia* wird in der Exegese des ›Predigers‹ immer wieder dem *nihil sub sole novum* entgegengehalten.

Doch hilft es nichts, daß Folz die vorwärtsstürmende irdische Zeit noch einmal in den alten Kreislauf *sub sole* zurückzwingen will:

> *Doch west ez kunfftig Got der werd,*
> *Allso ist doch nicht newz auff erd.*

Denn das ist falsch. Was an Neuem geschieht, verliert nichts von seiner Neuheit *auff erd, sub sole,* dadurch daß es in Gottes Präszienz immer schon gewesen ist. Die christlichen Heilstatsachen sind der gültige und nie überholte Beweis dafür. Richtig dagegen ist, daß *got* (sc. *supra solem*) *nicht newes hat,* wie der Teichner an anderer Stelle formuliert.[46] Wenn aber der Buchdruck so ganz und gar aus der Ordnung der Welt und ihrem bisherigen Lauf herausfällt, wie Hans Folz (und nicht nur er!) behauptet, dann handelt es sich um ein *novum,* und das Wort des ›Predigers‹ ist, wenigstens in seinem traditionellen Verständnis, außer Kraft gesetzt.

---

[46] *so spricht auch her Salomon / daz wir nichtz newes han. / daz ist auch ze nemen dort: / ›waz ich nie gesach noch hort, / daz ist mir ain newe tat.‹ / aber got nicht newes hat. / also waz die raine maid / ye vor got ån under schaid* (464,39ff.). Vgl. Hugo von St. Victor: *Supra solem eat ubi non solum novum non est aliquid, sed nec transitorium; ubi et priorum memoria et praesentia futurorum, imo omnia praeterita et futura praesentia sunt; qui nec praeteritum nec futurum aliquid ibi est, ubi praesens est omne quod est, et omne quod est ibi est* (PL 175, Sp. 146). Die verkürzte Formulierung Augustins (cf. oben S. 181) zeigt jedoch, wie nahe der Irrtum liegt, der bei Hans Folz programmatisch wird.

# Teilnehmer der 8. Anglo-Deutschen Arbeitstagung

Jeffrey Ashcroft, St. Andrews
Horst Brunner, Würzburg
Betty C. Bushey, Marburg
Richard Byrn, Leeds
Michael Curschmann, Princeton
Alfred Ebenbauer, Wien
Cyril Edwards, London
Manfred Eikelmann, Münster
John Flood, London
Kurt Gärtner, Trier
Günther Ganser, Marburg
Peter Ganz, Oxford
Christoph Gerhardt, Trier
George T. Gillespie, Cardiff
Jürgen Glocker, Münster
Klaus Grubmüller, Münster
Wolfgang Harms, München
Walter Haug, Tübingen
Joachim Heinzle, Kassel
Nikolaus Henkel, Berlin
Timothy Jackson, Dublin
William H. Jackson, St. Andrews
L. Peter Johnson, Cambridge
Dieter Kartschoke, Berlin
Erika Kartschoke, Berlin
Joachim Knape, Bamberg

Gisela Kornrumpf, München
John Margetts, Liverpool
David R. McLintock, London
Volker Mertens, Berlin
John Morrall, Durham
Anna Mühlherr, Tübingen
Jan-Dirk Müller, Münster
Eberhard Nellmann, Bochum
Isolde Neugart, Tübingen
Norbert H. Ott, München
Nigel F. Palmer, Oxford
Ursula Peters, Konstanz
Silvia Ranawake, London
Werner Schröder, Marburg
Frank Shaw, Bristol
Hans-Hugo Steinhoff, Paderborn
David Sudermann, Tacoma
Burghart Wachinger, Tübingen
Werner Wegstein, Würzburg
Horst Wenzel, Essen
Ulla Williams, Würzburg
Werner Williams-Krapp, Würzburg
Roy Wisbey, London
Dieter Wuttke, Bamberg
Hans-Joachim Ziegeler, Tübingen